VACLAV SMIL

INNOVATIONEN

ERFINDUNGEN

VACLAV SMIL

INNOVATIONEN UND ERFINDUNGEN

Eine kurze Geschichte des Hypes und des Scheiterns

Aus dem Englischen von Dr. Ulrich Korn

FBV

Bibliografische Information der Deutschen Nationalbibliothek
Die Deutsche Nationalbibliothek verzeichnet diese Publikation in der Deutschen Nationalbibliografie. Detaillierte bibliografische Daten sind im Internet über http://d-nb.de abrufbar.

Für Fragen und Anregungen:
info@finanzbuchverlag.de

Wichtiger Hinweis
Ausschließlich zum Zweck der besseren Lesbarkeit wurde auf eine genderspezifische Schreibweise sowie eine Mehrfachbezeichnung verzichtet. Alle personenbezogenen Bezeichnungen sind somit geschlechtsneutral zu verstehen.

1. Auflage 2023

Türkenstraße 89
80799 München
Tel.: 089 651285-0
Fax: 089 652096

Die amerikanische Originalausgabe erschien 2023 bei The MIT Press unter dem Titel *Invention and Innovation: a brief history of hype and failure.*

Projektleitung: Fabian Neidl
Übersetzung: Dr. Ulrich Korn
Redaktion: Rainer Weber
Korrektorat: Anke Schenker
Umschlaggestaltung: Karina Braun
Satz: Daniel Förster
Druck: GGP Media GmbH, Pößneck
Printed in Germany

ISBN Print 978-3-95972-708-2
ISBN E-Book (PDF) 978-3-98609-363-1
ISBN E-Book (EPUB, Mobi) 978-3-98609-364-8

Weitere Informationen zum Verlag finden Sie unter

www.finanzbuchverlag.de

Beachten Sie auch unsere weiteren Verlage unter www.m-vg.de.

INHALT

KAPITEL 1

ERFINDUNGEN UND INNOVATIONEN

EINE LANGE GESCHICHTE UND DIE VERBLENDUNG DER MODERNE

Die Evolution unserer Spezies ist eine Geschichte von Veränderungen, die sowohl unsere physiologische Beschaffenheit als auch unser Verhalten betreffen und die eng mit den Resultaten menschlicher Erfindungen verknüpft sind. Das Wort Erfindung ist ein Sammelbegriff und enthält Elemente aus vier Hauptkategorien. Die erste Kategorie umfasst eine enorme Vielfalt von einfachen, handgefertigten Gegenständen, angefangen mit Steinwerkzeugen, die unsere Vorfahren angefertigt haben, sobald sie auf zwei Füßen standen und somit ihre freien Hände nutzen konnten, um komplizierte Aufgaben zu erledigen. Der Fortschritt bei der Werkzeugherstellung war, soweit wir ihn anhand von Ausgrabungen oder Entdeckungen in Höhlen beurteilen können, sehr langsam. Die ältesten rohen Steinwerkzeuge entstanden vor mehr als 3 Millionen Jahren. Größere, gut gefertigte Handbeile mit beidseitig bearbeitetem Stein und Cleavers (schwere, rechteckige Hauwerkzeuge mit Stil und scharfer Schneide an einem Ende, heute als »Hackmesser« ein Küchen-Utensil) folgten erst vor etwa 1,5 Millionen Jahren, hölzerne Speere mit Steinspitzen scheinen etwa eine halbe Million Jahre alt zu sein, und erst vor etwa 25 000 Jahren beherrschten die Jäger des

Jungpaläolithikums die handwerkliche Herstellung einiger zusammengesetzter Werkzeuge, darunter Dechseln, Äxte, Harpunen, Nadeln und Sägen sowie die dazugehörige Töpferei.

Die weitverbreitete Einführung des Ackerbaus war die Voraussetzung für die Erfindung zahlreicher landwirtschaftlicher Geräte. Die Domestizierung der Pferde zum Reiten begann mit Trensen und Zaumzeug (Steigbügel und Sättel kamen erst viel später). Für Zugtiere mussten viele besondere Hilfsmittel ersonnen werden, um sie vor Pflüge, Karren oder Wagen zu spannen: Kummets, Zügel, Zugstränge sowie Bauchgurte für Pferde und Joche für Ochsen. Alle sesshaften Gesellschaften beschäftigten sich mit der Herstellung von Holzmöbeln, dem Entwerfen und Brennen von Töpferwaren und dem Schmelzen von Erzen zur Herstellung von Werkzeugen und Waffen, und einige von ihnen waren darin besonders gut. Heutige Gesellschaften sind immer noch auf viele solche einfachen Produkte angewiesen, darunter Hämmer und Sägen, Holzstühle und -bänke sowie Tassen und Teller. Allerdings basiert nur noch ein winziger Teil ihrer Produktion auf handwerklicher Fertigung, da Maschinen die Arbeit übernommen haben.

Maschinen gehören zur zweiten Kategorie von Erfindungen, nämlich zu den neuen und mehr oder weniger komplexen Geräten oder Mechanismen, die sowohl für den stationären Gebrauch als auch für den Transport eingesetzt werden. Große Wasserräder, Windmühlen, hohe Hochöfen aus Stein mit wasserradbetriebenen Blasebälgen aus Leder und hochseetüchtige Segelschiffe gehörten zu den markantesten vormodernen Erfindungen dieser Kategorie. Im späten 19. Jahrhundert listeten die jährlichen Kataloge des US-amerikanischen Einzelhandelsunternehmens Sears, Roebuck and Company Tausende solcher Erfindungen auf, von Taschenuhren bis hin zu kleinen Nähmaschinen und großen Dreschmaschinen für Weizen, und die Produktpalette der jüngsten Zeit bietet immer wieder Beispiele für den Überfluss an Gütern: Wir haben heute mehr als 1000 Modelle von Mobiltelefonen auf dem Weltmarkt und in den USA etwa 700 verschiedene Modelle von Pkws (ich kann nicht mehr von Autos sprechen, da es sich bei den neuen Fahrzeugen meist um SUVs, Pick-ups und Vans handelt).

Neue Ideen müssen realisiert werden – sei es als einfache praktische Werkzeuge, als komplexe Maschine oder als noch kompliziertere Maschinenaggregate, die zum Inventar moderner Industrieunternehmen gehören und die heute oft hoch automatisiert sind: Autofabriken sind vielleicht das bekannteste Beispiel für technische Baugruppen, in denen Roboter alles übernehmen: vom Befördern und Positionieren der Teile bis hin zum Schweißen und Lackieren. Aus leicht verfügbaren Steinen und Holz lässt sich nur eine begrenzte Zahl von Werkzeugen, Maschinen und Bauten herstellen. Deshalb ist die dritte Kategorie der Erfindungen, zu der neue Materialien gehören, ein augenscheinliches Kennzeichen für den Fortschritt der Zivilisation: vom Zeitalter der Stein- und Holzverwendung bis zur Ära der Metalle, Gemische und (chemischen) Verbindungen. Die Erfindungen in der dritten Sparte waren zunächst aus Bronze, dann ging man zu Eisen und Stahl (einer weitgehend entkarbonisierten Eisenlegierung) über. Heute sind es Aluminium und ein Dutzend anderer gebräuchlicher Metalle sowie Glas, Zement (ein Gemenge verschiedener Materialien wie Kalkstein, Ton und Mergel) und, seit dem späten 19. Jahrhundert, eine immer noch wachsende Vielfalt von Kunststoffen. Jüngst kamen noch Verbundwerkstoffe auf Kohlenstoffbasis hinzu, die leicht und dennoch solider als Stahl sind.

Die vierte Kategorie von Erfindungen umfasst neue Produktions-, Betriebs- und Managementmethoden, die von geringfügigen, aber wirtschaftlich lohnenden Verbesserungen bis hin zu grundlegend neuen und hochgradig automatisierten Methoden der Massenproduktion, Informationsbeschaffung und Datenverarbeitung reichen. Eine der bemerkenswertesten und folgenreichsten Erfindungen dieser Art war die vollautomatische Blasmaschine von Michael Joseph Owens zur Flaschenherstellung aus dem Jahr 1904. Jahrhundertelang mussten Flaschen einzeln geblasen werden, im späten 19. Jahrhundert kamen dann die ersten halb automatischen Maschinen auf den Markt. In beiden Fällen waren es Kinder, die geschmolzenes Glas tragen, bearbeiten und es aus den Formen lösen mussten. Bis 1899 arbeiteten mehr als 7000 amerikanische Jungen unter diesen heißen und gefährlichen Bedingungen, wie auf zeitgenössischen Fotos zu sehen ist. Nur die Kinderarbeit in den Kohleminen war ähnlich entsetzlich. Im Gegensatz dazu holten Owens' Maschinen das Glas direkt aus dem Ofen, und der gesamte Prozess erforderte keinerlei menschliche Arbeit. Schon Owens' frühestes Modell konnte 2500 Flaschen pro Stunde herstellen, verglichen mit 200 Flaschen pro Stunde mit halb automatischen Geräten (Abb. 1.1).

Nach dem Zweiten Weltkrieg wurde fast jede etablierte Art der industriellen Massenproduktion durch die Einführung elektronischer Steuerungen (die heute in jedem neuen Reiskocher oder jeder Kaffeemaschine zu finden sind) umgestaltet – effizienter, billiger, schneller. Die Elektronik hatte einen noch größeren Einfluss auf die Erfassung, Verarbeitung und Verbreitung von Daten. Während des Zweiten Weltkriegs wurden die Begriffe »Taschenrechner« und »Computer« im Zusammenhang mit (meist jüngeren) Frauen verwendet, die mit der mühsamen Dateneingabe und -verarbeitung beschäftigt waren. Heute verfügt jeder kleine Laptop über eine Datenverarbeitungsleistung, die den fortschrittlichsten Computern der späten 1960er-Jahre vor der Einführung der Mikroprozessoren weit überlegen ist. Die Auswahl an elektronischen Geräten reicht von kleinen Überwachungsgeräten, von denen einige so winzig sind, dass sie auf dem Rücken fliegender Insekten angebracht werden können, bis hin zu riesigen Datenservern, die aufgrund ihres permanent hohen Strombedarfs in der Nähe kostengünstiger Energieversorgungsanlagen gebaut werden.

Im allgemeinen Sprachgebrauch meinen die Begriffe »Erfindung« und »Innovation« weitgehend dasselbe. Doch Innovation ist vielleicht am besten zu verstehen als der Prozess der Einführung, Übernahme und Beherrschung neuer Materialien, Produkte, Verfahren und Ideen. Demzufolge kann es viele Erfindungen ohne entsprechende Innovationen geben. Die ehemalige UdSSR ist vielleicht das beste Beispiel für diese Unstimmigkeit in der jüngsten Vergangenheit. Sowjetische Wissenschaftler haben viele bemerkenswerte Erfindungen hervorgebracht, von denen acht mit dem Nobelpreis ausgezeichnet wurden (darunter Landau und Kapiza für die Tieftemperaturphysik und Bassow und Prochorow für Laser- und Masertechnologie). Und die vorrangige, finanzkräftig unterstützte Forschungs- und Entwicklungsarbeit auf dem Gebiet militärischer Technologie führte dazu, dass die Waffen des Landes mit den Fortschritten der USA mithalten konnten.

Die Sowjetunion verfügte über 45 000 Atomsprengköpfe. Die MiG-29 und die Su-25 gehörten zu den besten Kampfflugzeugen, die je im Einsatz waren, und als amerikanische Ingenieure das erste Tarnkappenflugzeug der Welt entwarfen, machten sie sich die Gleichungen von Pjotr Ufimzew zunutze, um die Reflexionen elektromagnetischer Wellen an der Oberfläche des Flugzeugs vorherzusagen. Die UdSSR war auch auf dem wichtigsten

No. 766,768. PATENTED AUG. 2, 1904.

M. J. OWENS.

GLASS SHAPING MACHINE.

APPLICATION FILED APR. 13, 1903.

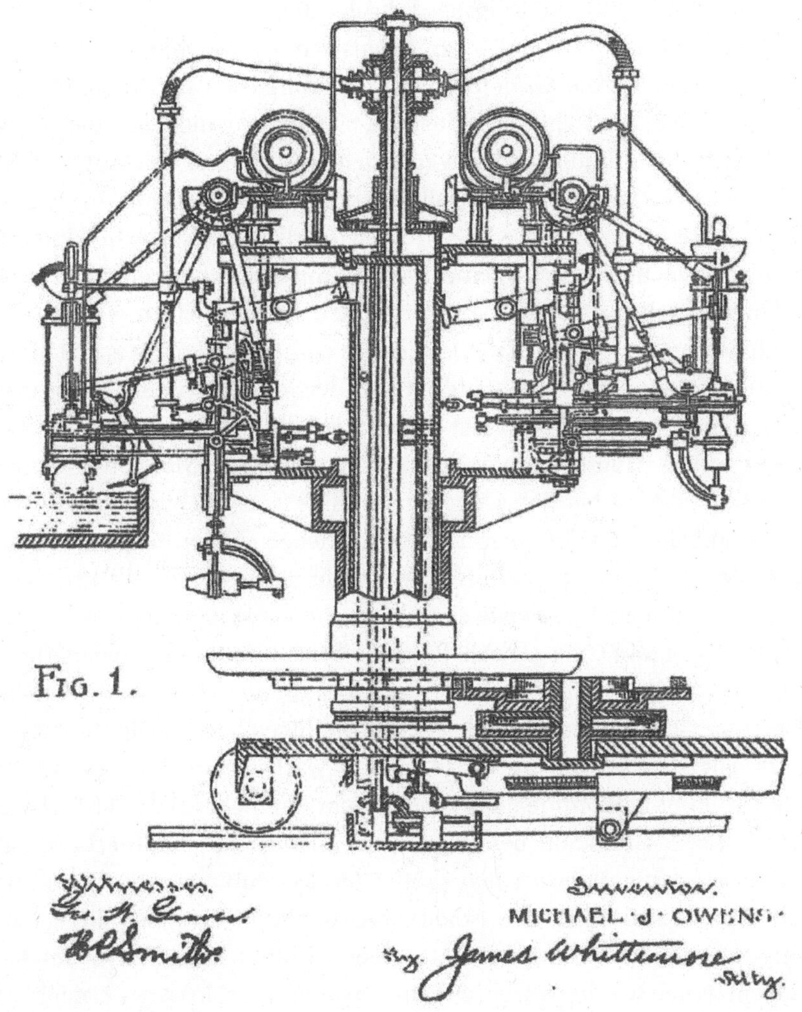

Witnesses.

Inventor.

MICHAEL J. OWENS

by James Whittemore Atty.

Abbildung 1.1 Die Maschine zur Glasformung von Michael Joseph Owens. US-Patent angemeldet von der Toledo Glass Company. *Quelle*: M. Owens, Maschine zur Glasformung (US-Patent 766, 768, angemeldet am 13. April 1903 und erteilt am 2. August 1904), https://patents.google.com/patent/US766768.

Energiesektor der Welt führend: Sowjetische Wissenschaftler und Ingenieure entdeckten die riesigen Kohlenwasserstofffelder Sibiriens, entwickelten die größte Öl- und Gasindustrie weltweit und bauten (zum Zeitpunkt ihrer Fertigstellung) die längsten Pipelines der Welt, die einen Großteil des europäischen Rohöl- und Erdgasbedarfs deckten.

Doch 1991, als das Land – bemerkenswerterweise ohne Gewalteinwirkung – zerfiel, litt die Sowjetunion unter zahlreichen Innovationslücken, angefangen bei den Schlüsselindustrien bis hin zu denjenigen, die zur Befriedigung der grundlegenden Verbrauchernachfragen benötigt wurden. Stahl ist das vorherrschende Metall der modernen Zivilisation. Anfang der 1990er-Jahre wurden in der EU, in Nordamerika und in Japan keine Siemens-Martin-Öfen mehr zu seiner Herstellung verwendet – einfache Sauerstofföfen hatten in den Fünfzigern begonnen, sie zu ersetzen –, aber dieses Verfahren aus dem 19. Jahrhundert (das in den 1860er-Jahren zur Stahlherstellung eingeführt wurde) wurde in den letzten Jahren der Sowjetunion immer noch verwendet, um fast die Hälfte der Metallproduktion des Landes zu decken. Und der Innovationsrückstand der UdSSR bei der Massenproduktion alltäglicher Konsumgüter, von Blue Jeans bis hin zu PCs, war einer der anhaltenden Gründe für die Unzufriedenheit der Bevölkerung und zweifellos ein Faktor, der zum Niedergang des Sowjetregimes beitrug.

Im Gegensatz zum sowjetischen Innovationsversagen ist die wirtschaftliche Entwicklung Chinas nach 1990 das beste jüngste und bislang historisch unerreichte Beispiel für eine Masseninnovation, die auf der schnellen Aneignung zahlreicher ausländischer Erfindungen beruht. Die chinesische Wirtschaft ist nicht etwa um das 14-Fache gewachsen und das durchschnittliche Pro-Kopf-Einkommen des Landes nicht um mehr als das 11-Fache gestiegen (beides inflationsbereinigt), weil inländische bahnbrechende Erfindungen in nie da gewesener großer Menge auftraten. Der Grund war vielmehr, dass Geräte oder Produktionsverfahren, die Jahrzehnte (oder Jahre, wenn es sich um die neuesten Fortschritte handelt) zuvor im Ausland entwickelt worden waren, auf ein neues, aufgeschlossenes Umfeld trafen und in großem Rahmen eingesetzt wurden. Resolute Anstrengungen des Landes und Billionen von Dollar an ausländischen Direktinvestitionen gingen einher mit einer breit gefächerten Übernahme der neuesten Maschinen, Designs und Verfahren. Dies geschah zum einen durch den Erwerb von Patenten und zum anderen durch die Weitergabe von Know-how seitens amerikanischer, europäischer und japanischer Unternehmen, die in den chinesischen Markt eintreten wollten. Diese legalen Übernahmen wurden begleitet von weitreichender und unerbittlicher Industriespionage.

Die Kommunistische Partei Chinas hat ihre Lektion aus dem Zerfall der Sowjetunion gelernt: keine Lockerung der Kontrolle wie bei Gorbatschows Versuch, ein nicht reformierbares politisches Regime zu reformieren. Es war vielmehr eine in ihrem Ausmaß beispiellose, von Innovationen geleitete wirtschaftliche Expansion, die zu einem raschen Anstieg der Lebensqualität führte und die Macht der Partei sogar noch festigte. Das allererste kommerzielle Handelsgeschäft nach Richard Nixons Besuch im Februar 1972, um sich »China zu öffnen«, war Chinas Erwerb der modernsten Anlagen der Welt zur Ammoniaksynthese, die von der amerikanischen M. W. Kellogg Company entwickelt worden waren. Diese Anschaffung war entscheidend, um eine weitere große Hungersnot in einem Land mit einer schnell wachsenden Bevölkerung und ohne moderne Düngemittelindustrie zu verhindern.

In der Folge gaben Tausende ausländischer Unternehmen (angeführt von den größten multinationalen Konzernen wie Toyota, Hitachi, Nippon Steel, GM, Ford, Boeing, Intel, Siemens und Daimler) ihr Know-how an China weiter. Und zwar indem sie in der Regel zu Joint Ventures gezwungen wurden, die das gesamte Fachwissen für chinesisches »Reverse Engineering« (das bedeutet den Nachbau eines bereits bestehenden Produkts) bereitstellten. Es ist nur allzu offensichtlich, dass China davon profitiert hat, als Spätzünder auf einer riesigen Innovationswelle zu reiten, die durch die Übernahme perfekter ausländischer Erfindungen ausgelöst wurde. Natürlich gingen auch Japan und Südkorea diesen Weg, angefangen in den 1950er- beziehungsweise 1970er-Jahren. Aber auf dem Weg dorthin wurden sie nicht nur zu entschlossenen Innovationsmächten, sondern auch zu wichtigen Volkswirtschaften mit Erfindungsgeist. Beachtliche Beispiele reichen von Sonys Führungsposition bei der frühen Entwicklung der Unterhaltungselektronik und Toyotas fehlerarmem Just-in-time-Fabrikmanagement bis hin zur Entwicklung fortschrittlicher Mikroprozessoren, Mobiltelefone und Batterien (unter anderem durch Samsung, SK Hynix, LG und Panasonic). Bislang gab es keine vergleichbar wichtigen, weltweit anerkannten und kommerziell lohnenden Beiträge aus China (obwohl manch einer behaupten könnte, Huawei solle miteingeschlossen werden).

Blickt man auf die lange Geschichte der Erfindungen zurück, ist es kaum überraschend, dass viele Historiker und Wirtschaftswissenschaftler beeindruckt waren, wie schnell diese Fortschritte an Fahrt aufgenommen haben. Die Häufigkeit und die Folgen der wirklich epochalen Erfindungen des 19. Jahrhunderts unterscheiden sich von dem viel weniger effektiven und wesentlich langsameren technischen Fortschritt des 18. Jahrhunderts – die Rede ist von der industriellen Revolution. Aber die Fortschritte des 20. Jahrhunderts waren vielleicht noch bemerkenswerter. Wie Joel Mokyr betont, fanden sie trotz zweier langwieriger Weltkriege und trotz des Aufstiegs totalitärer Regime statt, die ihre Herrschaft über weite Teile Europas und Asiens ausdehnten:

> *»In der Vergangenheit hätten solche Katastrophen ausgereicht, um Volkswirtschaften um Hunderte von Jahren zurückzuwerfen oder sogar ganze Gesellschaften zur Stagnation oder Barbarei zu verdammen. Doch keine von ihnen konnte die Kraft der immer schneller werdenden Innovationen im 20. Jahrhundert aufhalten, um ein schnelles Wachstum in weiten Teilen der industrialisierten und sich industrialisierenden Welt anzuregen.«*

Die Vorstellung von immer schnelleren Innovationen steht ganz oben auf der Liste der unablässig wiederholten Mantras des späten 20. und frühen 21. Jahrhunderts. Natürlich dient eine steigende Zahl von Patenten nicht als ideale Messlatte für diese Innovationsbeschleunigung (zu viele Patente schützen geringfügige Variationen und marginale Verbesserungen einflussreicher Entdeckungen). Es ist jedoch unbestreitbar, dass die dekadischen Gesamtzahlen der vom US-amerikanischen Patent- und Markenamt (USPTO) erteilten Anmeldungen, einschließlich der Erteilungen an Ausländer, von nur 911 im ersten Jahrzehnt des 19. Jahrhunderts auf fast 250 000 in den 1890er-Jahren und dann von etwa 340 000 im ersten Jahrzehnt des 20. Jahrhunderts auf etwa 1 653 000 in den 1990er-Jahren angestiegen sind – eine Steigerung um fast das 2000-Fache in 200 Jahren.

Natürlich hat dieser einfache, für Auswertungszwecke ungeeignete und in gewisser Weise offensichtlich irreführende Anstieg der Gesamtzahl der

Patente immer auch zweifelhafte Einträge und sogar einige wirklich kuriose Erzeugnisse enthalten. Im Jahr 1932 erstellten Alford Brown und Harry Jeffcot eine kleine Auflistung solcher Fälle aus den Akten des USPTO. Man muss sich fragen, welcher Teufel professionelle Patentbewerter geritten haben muss, solchen Dingen Patentschutz zu erteilen wie einem »verbesserten Sarg« (mit dem eine Person »nachdem sie das Bewusstsein wiedererlangt hat, über eine Leiter aus dem Grab und dem Sarg aufsteigen kann«) oder einem »Gerät zur Bildung von Grübchen«. Wenn Sie glauben, wir hätten solche albernen Dinge hinter uns gelassen, wird Ihnen ein regelmäßiger Blick auf die Website »Stupid Patent of the Month« der Electronic Frontier Foundation klar vor Augen führen, dass es an solchem Schwachsinn nicht mangelt. Ich greife hier das US-Patent 8.609.158 B2 heraus, das 2013 erteilt wurde. Ein langes Zitat ist notwendig, um zu verdeutlichen, wie fragwürdig das Patentierungsverfahren nach wie vor ist. Das Patent, das einer einzigen Erfinderin, Diane Elizabeth Brooks, gewährt wurde, ist für Dianes »Manna«,

> *»... ein potentes Medikament mit narkotischer Wirkung, das aus eindeutig und einzigartig kombinierten und verarbeiteten austauschbaren Samen und Samenderivaten hergestellt wird, die so stark sind, dass sie Depressionen, Gemütsstörungen, Symptome von Aufmerksamkeitsstörungen, Denkstörungen, Geisteskrankheiten, Schmerzen, Hasenscharten, körperliche Probleme, Lymphknotenkrebs und viele andere Krankheitssymptome beheben oder lindern. Es beseitigt Beulen im Nacken innerhalb von ein oder zwei Wochen und ist in den meisten Bereichen austauschbar ... Es ist extrem wirkmächtig und kann abgeschwächt werden, um Ihr kleines Kind mit Aufmerksamkeitsdefiziten wieder normal zu machen. Es ist ein unglaublicher Stimmungsstabilisator und mindert Psychosen. Verwenden Sie es für Krebspatienten und für Menschen mit Schmerzproblemen. Es wirkt.«*

Es übersteigt jegliches Vorstellungsvermögen, dass dieser Antrag tatsächlich genehmigt wurde. Es gibt jedoch auch viele sachlich begründete Bewilligungen, die gleichwohl immer noch in die Schublade »Es ist zum Kopfschütteln« fallen, so auch das 2012 an Apple erteilte US-Patent D670, 286S1 (insgesamt waren es zehn Antragssteller, darunter Steve Jobs und der Chefdesigner des Unternehmens, Jonathan Ive) für ein »tragbares Display«, das heißt für ein Rechteck mit abgerundeten Ecken (Abb. 1.2). Ich kann es mir nicht verkneifen, noch eine weitere amerikanische Patentanmeldung von Susan R. Harsh zu zitieren, und zwar für »ein Kit und eine Vorgehensweise, wodurch Schmierereien, welche mit der Hundenase auf einer Fläche entstanden sind, auf einer weiteren Ebene in eine Art Hundenasenkunst umgewandelt werden«. Erstaunlich ist, dass dieses Patent noch nicht erteilt wurde.

Es gibt in der Tat einige aufschlussreiche Methoden, innovative Musterideen zu bewerten und bahnbrechende Erfindungen zu erkennen (ich stelle sie im letzten Kapitel dieses Buches vor). Im Moment aber können wir nur auf die realen quantitativen und qualitativen Verbesserungen hinweisen, die – so die Überzeugung vieler – einer größer werdenden Flut von Erfindungen zu verdanken sind, und diese innovativen Erfolge nicht als etwas endgültig Abgeschlossenes betrachten, sondern als bloße Grundlagen für weitere und sich weiter beschleunigende Fortschritte. Moderne Erfindungen tragen das Versprechen allumfassender Errettung quasi in sich, da sie jedes sich uns stellende Problem aus dem Weg räumen, sei es technischer, ökologischer oder sozialer Natur. Darüber hinaus werden Lösungen nicht nur als kleine oder allmähliche Fortschritte in Aussicht gestellt, sondern als Veränderungen, die sich am besten mit Adjektiven wie »revolutionär«, »erneuernd« oder »bahnbrechend« beschreiben lassen. Und ihr nahendes weltveränderndes Potenzial soll alle Bereiche abdecken, von der Ernährung bis zur Langlebigkeit und von der Energieversorgung bis zu Reisen.

Wir haben die Zahl der unterernährten Menschen bereits auf weniger als ein Zehntel der Weltbevölkerung verringert. Warum also die Ernährungsengpässe nicht ganz beseitigen, und wenn wir schon dabei sind: Warum legen wir unsere Abhängigkeit von Feldfrüchten nicht ad acta, indem wir Nahrungsmittel in klimaregulierten Hochhäusern erzeugen oder synthetische Kapseln schlucken, die eine komplette Ernährung bieten? In den vergangenen zwei Jahrhunderten haben wir die durchschnittliche Lebenserwartung in den wohlhabenden Ländern bereits verdoppelt.

Warum also sollten wir sie durch ausgeklügelte Genmanipulationen nicht mindestens noch einmal verdoppeln oder uns mit CRISPR, der »Gen-

Abbildung 1.2 Die dritte Darstellung in Apples US-Patentanmeldung D670, 286S1 (ausgestellt im November 2012) zeigt ein »tragbares Display« – ein mittlerweile bekanntes Rechteck mit abgerundeten Ecken. *Quelle*: J. Akana et al., Portable display device (US Patent D670, 286S1, eingereicht am 23. November 2010 und erteilt am 6. November 2012), https://patents.google.com/patent/USD670286.

Schere«, den Weg zur Unsterblichkeit bahnen? Im selben Zeitraum haben die wohlhabenden Länder die Pro-Kopf-Energieversorgung vervielfacht (in unterschiedlichem Tempo). Warum also bauen wir das nicht weiter aus, während wir durch die Umwandlung erneuerbarer Energiequellen alle fossilen Kohlenstoffe als Energieträger abschaffen? Wir können bereits mit einer Geschwindigkeit von etwa 300 km/h auf der Erde und nahezu mit Schallgeschwindigkeit (fast 1000 km/h) in der Luft reisen. Warum also nicht auch mit Überschallgeschwindigkeit in unterirdischen oder hoch gelegenen Vakuumröhren oder in Passagierflugzeugen, die den Atlantik in ein paar Stunden überqueren?

Angesichts des exponentiellen (immer schnelleren) Tempos moderner Erfindungen wird uns stets aufs Neue gesagt, dass solche Zielsetzungen nicht außergewöhnlich kühn sind oder unrealistische Ambitionen verfolgen. Die Mathematik lässt sich dabei nicht umgehen: Es ist ein unvermeidliches Merkmal eines lang anhaltenden exponentiellen Wachstums, dass es in einer Singularität endet, einem Zeitpunkt, an dem eine Funktion einen unendlichen Wert erreicht, wodurch alles sofort möglich wird. Aber man muss kein Verfechter des aufkommenden Kults der Singularitäten sein, denn auch viel banalere Patentansprüche sind beeindruckend – und tauchen immer wieder auf. So werden Durchbrüche bei der Behandlung von Krankheiten (Medikamente, die angeblich Alzheimer heilen), der Speicherung von elektrischer Energie (die Erfindung von Batterien mit unerhörter Energiedichte) und sogar die Umbildung anderer Planeten in bewohnbare Welten (das sogenannte Terraforming des Mars) angekündigt. Die Realität ist weit weniger erhaben, und dieses Buch ist eine bescheidene Erinnerung an die Welt, wie sie ist, und nicht die Welt der übertriebenen Ansprüche oder, noch schlimmer, die imaginäre Welt der unhaltbaren Fantasien.

Bevor ich fortfahre, muss ich anmerken, dass ich mich hier nicht mit den zahlreichen Fehlentwicklungen befasse, die zu katastrophalen Ereignissen geführt haben (darunter so bekannte Tragödien wie der Untergang der *Titanic* im Jahr 1912 und die Katastrophe beim Start der *Challenger* im Jahr 1986). Auch nicht mit denen, die kommerziell nicht erfolgreich waren (Sonys Videorekorder Betamax, der von JVCs VHS verdrängt wurde) oder für ihre Peinlichkeiten berüchtigt sind (Edsel und Pinto von Ford oder Google Glass). Historiker, die sich mit dem technischen Fortschritt befassen, haben viele dieser Misserfolge in Studien ausführlich beschrieben, etwa über so hoffnungslose Konstruktionen wie die elektrischen Pflüge in Deutschland vor dem Ersten Weltkrieg oder die Gasturbinen von Chrysler für Autos. Und eine kürzlich erschienene Auflistung gibt einen Überblick über die zwölf peinlichsten Produktpleiten von Apple, vom Macintosh TV bis zum Power Mac G4 Cube.

Wer sich für diese gescheiterten Konstruktionen interessiert, sollte Susan Herrings 1989 erschienenes Buch *From the Titanic to the Challenger* lesen, in dem nicht weniger als 1354 solcher Fehlschläge des 20. Jahrhunderts aufgezählt sind, oder Michael Schiffers *Spectacular Flops*, in dem der Leser einige ältere Beispiele (einschließlich Teslas Weltsystem der drahtlosen Stromverteilung) und einige neuere Wahnvorstellungen (ein Bomber mit Kernreaktorantrieb) findet. Gleichzeitig muss der Tatsache Rechnung getragen werden, dass viele Fehlschläge bei der Konstruktion von technischen Objekten und Systemen nicht nur unvermeidlich sind, sondern sie sind auch wertvolle Lektionen darüber (wenn auch oft kostspielig und manchmal tragisch), was zu vermeiden und was zu korrigieren ist. Deshalb hat Henry Petroski sein Buch, das diesen Aspekten gewidmet ist, mit dem Untertitel *The Role of Failure in Successful Design* versehen.

Ebenso wenig geht es in diesem Buch um die vielen unerwünschten, oft ärgerlichen und manchmal sogar tödlichen Folgen vieler massenhaft verbreiteter und gänzlich etablierter moderner Erfindungen. Diese Begleiterscheinungen, Schattenseiten und Komplikationen wurden oft vorhergesehen. Viele von ihnen wurden genau beobachtet, bewertet und in monetären Aufwand und Kosten bei der Lebensqualität umgerechnet; zudem waren sie Gegenstand zahlreicher Forschungen und Bemühungen, sie zu verhindern oder zu entschärfen. Die Auswirkungen von verschreibungspflichtigen Medikamenten auf die Gesundheit und die Umwelt sind vielleicht die anerkannteste Kategorie von Nebenwirkungen in der heutigen Gesellschaft. Sie reichen von Unwohlsein bis zu rigorosen Gegenanzeigen aufgrund von Vorerkrankungen und von Arzneimittelmetaboliten in Flüssen und Gewässern bis zur Verbreitung von antibiotikaresistenten Bakterien. Letzteres ist ein sehr ernstes und inzwischen auch ein globales Problem. Wir wissen seit vielen Jahrzehnten um seine weiter fortschreitenden Auswirkungen, aber trotz wiederholter Ermahnungen und Versprechungen kommt der Suche nach neuen Antibiotika immer noch nur ein Bruchteil der Mittel und des Engagements zu, das sie verdient.

Nicht weniger bemerkenswert ist die Tolerierung der vielfältigen Schattenseiten, die mit der Erfindung des Autos mit Verbrennungsmotor einhergingen. Diese Motoren bedeuten für uns Mobilität, Bequemlichkeit und die sprichwörtliche Freiheit der Straße, sorgen aber auch für schädliche Emissionen, neu gestaltete Stadtbilder (selten zum Besseren) und derart viele Todesfälle, wie man sie bei keinem gängigen verschreibungspflichtigen Medikament tolerieren würde. Sogar in den wohlhabendsten Ländern hat man erst in den 1970er-Jahren damit begonnen, die Emissionen zu reduzieren (mit Katalysatoren, einer neuen Erfindung, die uns zu Hilfe kam). Aber wir haben immer noch keine wirksamen weitverbreiteten Lösungen für Autos als Teil einer vernünftigen Städteplanung, und die jährliche weltweite

Zahl der Verkehrstoten (einschließlich Fußgänger und Radfahrer) lag laut Schätzwerten zuletzt bei 1,35 Millionen.

Die Folgen bedeutender Erfindungen und unsere zum Teil beachtliche Duldung ihrer ungewollten Auswirkungen und Begleiterscheinungen ließen sich auf weitere Themen ausdehnen. Sie erstreckten sich von der ausgiebigen Nutzung synthetischer Stickstoffdünger bis zur Verschmutzung von Land und Wasser durch viele Kunststoffe – und sie würden ein langes Buch füllen, um sie auch nur oberflächlich zu behandeln. Hier entscheide ich mich für einen allgemeineren Ansatz für das Scheitern von Erfindungen. Dabei konzentriere ich mich auf die Tatsache, dass die Flut an grundlegenden und sehr erfolgreichen Erfindungen, die die moderne Zivilisation in den vergangenen 150 Jahren hervorgebracht hat, von einem zu Frustrationen führenden Fortschrittsmangel in vielen entscheidenden Bereichen begleitet wurde. Ferner richte ich meinen Fokus auf jene Innovationen, die sich – um es milde auszudrücken – weniger fruchtbar entwickelt haben, als ursprünglich erwartet. In diesem Buch untersuche ich drei Kategorien dieser gescheiterten Innovationen: unerfüllte Versprechen, enttäuschte Erwartungen und letztendliche Ablehnung.

Ich bin mir bewusst, dass einige Historiker des technischen Fortschritts den Begriff »gescheiterte Technologie« für irreführend halten, weil er (wie Tom Carroll auf dem Symposium über gescheiterte Innovationen 1989 argumentierte) auf die positivistisch gefärbte Lesart einer Dynamik hindeutet, »die einer potenziellen Innovation entweder innewohnt oder nicht«, während die weitaus wichtigere Unterscheidung darin besteht anzuerkennen, dass »Erfolg« oder »Misserfolg« von gesellschaftlichen Entscheidungen abhängt. Zweifellos sind technische Fortschritte nicht etwas Eigengesetzliches und werden in großem Maße von sozialen Bedingungen und Kontexten beeinflusst. Aber allzu offensichtlich schlagen die wichtigsten Einflüsse die andere Richtung ein, und oft liegt es nicht in der Macht offener Gesellschaften (oder sogar der Machthaber in Diktaturen) zu entscheiden, welche Innovationen sie annehmen oder nicht.

Ich beginne mit Erfindungen, nach denen eifrig gesucht wurde, und die, als sie schließlich auf den Markt kamen, allgemein (und oft begeistert) gepriesen und schnell markttechnisch verwertet wurden und sich weltweit durchgesetzt haben. Doch irgendwann, sogar Jahrzehnte später, erwiesen sie sich als so lästig und so schädlich für Mensch und Umwelt, dass man ihnen großes Misstrauen entgegenbrachte und sie in der Folge für die Zwecke, für die sie ursprünglich erfunden worden waren, gänzlich verboten wurden. Die Einführung von bleihaltigem Benzin ermöglichte den reibungslosen Betrieb von Verbrennungsmotoren. Es dauerte jedoch mehrere Jahrzehnte, bis die daraus resultierenden Emissionen eines neurotoxischen Schwermetalls allgemein als inakzeptabler Kompromiss erkannt wurden. In der Folge begannen die Länder, zunächst die USA im Jahr 1970, die Verwendung dieses Zusatzstoffs zu verbieten. Kurz darauf wurde der Einsatz von DDT als weitverbreitetes Mittel zur Insektenbekämpfung verboten, und 1987 wurde in einem weltweiten Abkommen ein Zeitplan für die sukzessive Abschaffung der Fluorchlorkohlenwasserstoffe festgelegt, die häufig als Kühlmittel verwendet werden und deren steigende Konzentration in der Atmosphäre mit dem Rückgang des stratosphärischen Ozons in Verbindung gebracht wurde.

Die nächste Kategorie gescheiterter Erfindungen, der ich mich widme, beinhaltet drei wichtige Beispiele für Fortschritte, deren anfängliches Versprechen die letztendliche Vorherrschaft in ihren jeweiligen Marktnischen zu sichern schien: Luftschiffe für einen kostengünstigen Langstreckenluftverkehr, Kernspaltung zum Zwecke der Stromerzeugung und Überschallflugzeuge für schnelle Interkontinentalreisen. Diese Innovationen wurden auf den Markt gebracht und kamen mehr oder weniger überall zum Einsatz. Allerdings erkannte man schon bald, dass sie ihr ursprünglich erhofftes Potenzial nicht erreichen würden. Chronologisch gesehen waren es zunächst Zeppeline, die konkret zum Scheitern verurteilt waren, und zwar auf spektakuläre Weise. Denn die in Flammen aufgehende *Hindenburg* wurde zu einem der meistreproduzierten Bilder einer technischen Katastrophe. Doch dieser tragische Unfall beendete nicht den Traum der Luftschifffahrt. Die Versuche, diese Transportart in den Lüften wiederzubeleben, wurden fortgesetzt, auch nachdem Passagierflugzeuge mit Düsenantrieb nach 1960 schnell die globale Luftfahrt erobert hatten, und in den ersten beiden Jahrzehnten des 21. Jahrhunderts gab es neue Vorschläge für bessere Zeppeline.

Die Kernspaltung ist ein Fall enttäuschter Erwartungen in viel größerem Ausmaß, und sie ist zweifelsohne das beste Beispiel für das, was ich als erfolgreiches Scheitern bezeichne. Trotz ihres beachtlichen wirtschaftlichen

Einsatzes (mehr als 400 Reaktoren sind auf drei Kontinenten in Betrieb) und trotz ihres wichtigen Beitrags zur Stromerzeugung in mehreren wohlhabenden Ländern bleibt ihr derzeitiger Anteil am Weltmarkt weit hinter dem zurück, was man in der Anfangsphase ihrer mit Begeisterung gefeierten Einführung von dieser komplexen Technik erwartet hatte: nichts anderes als die absolute Vorherrschaft bis zum Ende des 20. Jahrhunderts! Die Geschichte des Überschallflugs zeigt in gewisser Weise Ähnlichkeit mit diesen beiden Fällen: eine Zeit lang erfolgreicher als der Einsatz von Luftschiffen, letztlich nicht konkurrenzfähig, aber immer wieder durch neue Entwürfe wiederbelebt, deren Befürworter (wie auch die Unternehmen, die neue Reaktorkonstruktionen vorantreiben) behaupten, es werde diesmal anders sein, da die überdurchschnittlich schnellen Flugzeuge in der Lage sein werden, eine entwicklungsfähige Nische auf dem Weltmarkt zu erobern.

Die letzten Beispiele veranschaulichen relativ detailliert Erwartungen, die sich nicht erfüllt haben. Ich konzentriere mich auf nur drei Beispiele vieler höchst erstrebenswerter Erfindungen, deren massenhafte Kommerzialisierung wirklich große Veränderungen mit sich bringen würde und deren bevorstehender Erfolg seit Generationen verheißen wird, deren effektive und bezahlbare Verwirklichung jedoch stets jenseits des erkennbaren Horizonts zu liegen scheint. Die Idee von Hochgeschwindigkeitsreisen im Vakuum (oder, was wahrscheinlicher ist, in Röhren, in denen der Luftdruck auf einen kleinen Bruchteil des normalen atmosphärischen Drucks gesenkt wird) gibt es seit über 200 Jahren. Die jüngste, viel beachtete Wiederbelebung dieser Idee unter dem irreführenden Namen »Hyperloop« bietet eine gute Gelegenheit zu erklären, warum dieser generationenalte Traum noch immer auf eine praktische, günstige, zuverlässige und profitable Vermarktung wartet.

Mein zweites Beispiel für eine versprochene Erfindung, auf die wir immer noch warten, gehört zu einer weitaus weniger bekannten Sparte notwendiger Fortschritte, gleichwohl wäre sie tatsächlich eine der folgenreichsten Errungenschaften der Geschichte. Wenn die Getreideernten, die die Grundnahrungsmittel der Welt ausmachen (Weizen, Reis, Mais, Sorghum), einen bedeutenden Teil ihres Stickstoffbedarfs durch die Symbiose mit stickstoffbindenden Bakterien decken könnten – ähnlich wie Hülsenfrüchte, zum Beispiel Bohnen, Sojabohnen, Linsen und Erbsen –, würden wir nicht nur die Getreideernten weltweit steigern, sondern auch den Ausstoß und den Einsatz synthetischer Düngemittel reduzieren, wodurch viel Energie eingespart und mehrere Formen der Umweltverschmutzung vermieden würden. Mein letztes Beispiel ist die kommerzielle Nutzung der Kernfusion zur Stromerzeugung, ein Kunststück, das einige führende Physiker in den 1940er-Jahren erstmals angekündigt haben. Dies ist vielleicht das berühmteste und mit Sicherheit das meistpropagierte Beispiel der enttäuschten Erwartungen, und ich erörtere hier, mit welch erstaunlicher Hartnäckigkeit dieser Traum verfolgt wird, dessen Verwirklichung stets in weiter Ferne zu liegen scheint.

Natürlich kann jede dieser drei Kategorien der gescheiterten Innovationen mit weiteren Beispielen illustriert werden. Mit Blick auf die Erfindungen, die erst willkommen, später dann lästig waren, hätte ich die Geschichte der hydrierten Pflanzenöle hinzufügen können. Deren kommerzieller Erfolg begann 1911 mit der teilweisen Hydrierung von Baumwollsamenöl, was bei Procter & Gamble zu der Herstellung von Crisco (kristallisiertes Baumwollsamenöl) führte, ein Fett, das bei Zimmertemperatur seine feste Konsistenz beibehält. Die Verwendung von Transfetten (ungesättigten Fettsäuren) wurde auf eine Reihe preiswerter Butter- und Schmalzersatzstoffe ausgeweitet, die lange haltbar waren und sich gut zum Backen und Frittieren eigneten – bis die Ernährungswissenschaft sie mit einem erhöhten Cholesterinspiegel im Blut und einem höheren Risiko für Herzkrankheiten in Zusammenhang brachte und die Regierungen dazu übergingen, ihren Gebrauch im Alltag zu reglementieren.

Bei der Auflistung von Erfindungen, die die Welt beherrschen sollten, aber nie diese Bedeutung erlangten, hätte ich auch den Aufstieg und Fall von Blackberry erwähnen können. Das Mobiltelefon der CEOs und Präsidenten war für seine Sicherheitsfunktionen berühmt und angeblich dazu bestimmt, die Geschäftswelt zu dominieren. Aber seine Bedeutung währte nur etwa zehn Jahre: Das erste Smartphone kam 2002 auf den Markt, und 2013 konnte das Unternehmen nicht mehr mithalten und geriet in eine langwierige Talfahrt. Und wenn es um Erfindungen geht, auf die wir immer noch warten, dann wäre die Geschichte der Wasserstoffwirtschaft – vielleicht die ultimative, aber immer wieder aufgeschobene Lösung für die zunehmend dringlichere Notwendigkeit der globalen Dekarbonisierung – eine hervorragende Ergänzung.

Man könnte ein langes, interessantes Buch über Erfindungen schreiben, die ihren jeweiligen Produktions- oder Verbrauchssektor über Generationen hinweg, ja sogar mehr als ein Jahrhundert lang beherrschten, bevor sie recht schnell entweder ganz von der Bildfläche verschwanden oder nur noch als marginale Kuriositäten von exzentrischen Befürwortern am Leben gehalten oder wirtschaftlich an den Rand gedrängt wurden. Die bereits erwähnten Siemens-Martin-Öfen – ein System mit offener Feuerung – sind vielleicht das beste Beispiel für die erste Kategorie: Zwischen den 1870er- und den frühen 1950er-Jahren wurde der gesamte Primärstahl dadurch hergestellt, indem der Kohlenstoffgehalt von Gusseisen aus Hochöfen in diesen großen Behältern reduziert wurde.

Innerhalb einer Generation verschwanden die Hochöfen in Japan und Europa fast vollständig, in Nordamerika hielt man noch eine Zeit lang an ihnen fest, und einige dieser Öfen aus dem 19. Jahrhundert haben bis ins 21. Jahrhundert überlebt (Abb. 1.3). Ein Beispiel für einen noch schnelleren Abgang veranschaulicht eine Veränderung im Transportwesen: Ozeandampfer beherrschten fast ein Jahrhundert lang den interkontinentalen Passagierverkehr, bevor sie nur etwa ein Jahrzehnt nach der Einführung von transatlantischen Linienflügen in düsengetriebenen Flugzeugen verschwanden.

Und natürlich haben alle älteren Leser dieses Buches miterlebt, wie die neue Welt der Mikroelektronik viele Beispiele für den schnellen Beinahe-Untergang und das Randdasein von einst bewundernswerten Erfindungen hervorgebracht hat, deren Dienste mehr als ein Jahrhundert lang weltweit eine Vorrangstellung hatten. Schreibmaschinen wurden von PCs und später auch von tragbaren elektronischen Geräten verdrängt, Kameras durch Smartphones ersetzt und physische Formen der Musikaufzeichnung (Schallplatten, Kassetten, CDs) lösten sich gegenseitig ab, bevor der digitale Zugang sie alle ins Abseits drängte. Schreibmaschinen, Kameras und Schallplatten gibt es zwar immer noch, aber Erstgenannte werden nur noch von denjenigen als Secondhandprodukt erworben, die die mechanische Variante des Schreibens bevorzugen. Der Markt für Kameras mit austauschbaren Objektiven ist heute überwiegend auf Profi- und seriöse Naturfotografen beschränkt, und Musikaufnahmen sind eine nostalgische Nische in einer vom Streaming dominierten Welt.

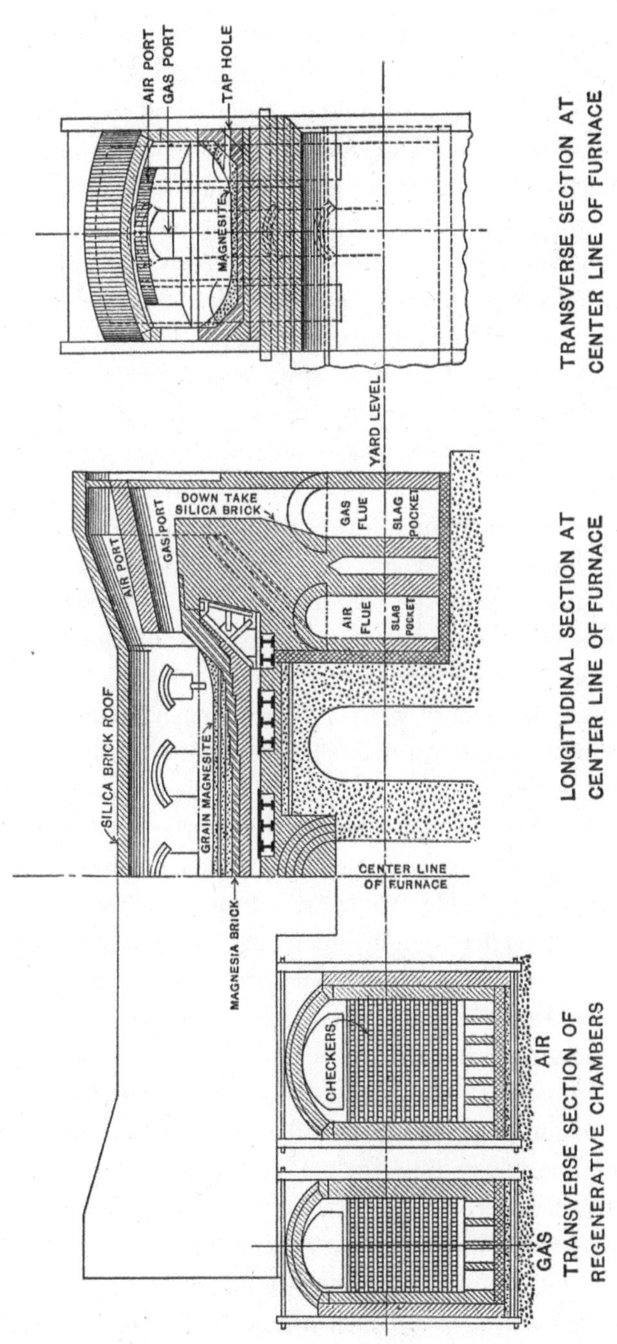

Abbildung 1.3 Schnitte durch einen Siemens-Martin-Ofen aus dem frühen 20. Jahrhundert. *Quelle*: Harbison-Walker Refractories, *A Study of the Open Hearth* (Pittsburgh: Harbison-Walker Refractories, 1909). Der letzte Siemens-Martin-Ofen in den USA wurde 1992, in China 2001 und in Russland 2018 stillgelegt.

Das letzte Kapitel dieses Buchs beginnt mit Anmerkungen zur überschwänglichen Berichterstattung über neue Erfindungen. Kritiklose Medienberichte über Durchbrüche und epochale Anfänge, oft unter naiv oder lächerlich formulierten Schlagzeilen sind zur Norm geworden, die zu falschen Schlussfolgerungen führt und ungerechtfertigte Erwartungen weckt. Diese Art der Reportage ist so üblich geworden, dass ich nur auf einige der ungeheuerlichsten Fälle der jüngsten Zeit eingehe. Anschließend stelle ich den inzwischen weitverbreiteten Glauben an ein immer schnelleres Innovationstempo den vielen unübersehbaren Anzeichen für technischen Stillstand und der Verlangsamung des Fortschritts gegenüber: Alles hat seine Grenzen, und Erfindungen und Innovationen können keine Ausnahmen sein. Folglich gibt es hier keine Seiten mit Schmeicheleien zu den jüngsten Prognosen über die anstehende Beherrschung durch künstliche Intelligenz (die alles Elektronische unter ihre Fittiche nimmt, von selbstfahrenden Vehikeln bis hin zu Flugzeugen ohne Piloten und Maschinen, und den Mensch bedeutungslos macht) oder über die willkürliche Erschaffung neuer Lebensformen (eine entfesselte Gentechnik, die auf alles angewandt wird, von Schädlingen bis hin zum menschlichen Gehirn).

Es liegt auf der Hand, dass wir viele Erfindungen brauchen, deren groß angelegte Einführung längst überfällige Mittel zur Verfügung stellen würde, um einige unserer größten Herausforderungen in den Bereichen Gesundheit, Umwelt und Wirtschaft zu bewältigen, von der Bekämpfung von Malaria bis zur Verringerung der (jetzt tatsächlich zunehmenden) globalen Einkommensunterschiede. Wie in der Vergangenheit werden wir in einigen Bereichen erfolgreich sein, in anderen jedoch versagen. Auch werden wir nicht ignorieren können, dass viele Errungenschaften ihre Grenzen haben und nicht das Ergebnis eines unbegrenzten Fortschritts sein werden. Wir sollten unseren allgegenwärtigen Zwang zu Voraussagen, wie neue Erfindungen unsere Zukunft gestalten werden, zügeln: Der Blick zurück auf solche Bemühungen zeigt sehr überschaubare Erfolge und ein Übergewicht an Misserfolgen. Eine bessere, sicherere und gerechtere Welt wird viele wirklich lebensverändernde Erfindungen erfordern, aber wir werden das Ausmaß oder das Ausbleiben dieser Erwartungen erst in der Rückschau erkennen – und wir müssen hoffen, dass einige der Punkte auf meiner Wunschliste noch vor Mitte des 21. Jahrhunderts Wirklichkeit werden.

KAPITEL 2

ERFINDUNGEN, DIE ERST WILLKOMMEN UND SPÄTER UNERWÜNSCHT WAREN

Jede Lösung eines komplexen Problems, jeder nützliche Fortschritt, der eine bestimmte abträgliche oder unerwünschte Folgeerscheinung abmildert oder aus der Welt schafft, jede Innovation, die eine bessere Performance, einen höheren Gewinn, ein besseres Handling oder mehr Komfort oder Sicherheit verspricht, hat ihre Kehrseite. Die Reichweite einer bestimmten Innovation und ihre Wirkungsmacht erstrecken sich von vorhersehbaren, erträglichen, überschaubaren (oder zeitlich begrenzten) Begleitumständen bis hin zu unvorhergesehenen, aber potenziell schwerwiegenden Folgen, die nicht leicht zu bewältigen sind. Einige von ihnen lassen sich nur dadurch beseitigen, dass man die ursprüngliche Lösung zugunsten eines besseren (völlig harmlosen) Ansatzes aufgibt oder, wenn das nicht möglich ist, sie zumindest durch eine weniger anstößige, etwas akzeptablere Wahl ersetzt.

Ich habe die drei meiner Meinung nach bekanntesten Beispiele für Lösungen ausgewählt, die sich letztlich als inakzeptabel für wichtige, gängige und, wenn man sich nicht mit ihnen befasst hat, nachteilige und kostspielige Probleme herausstellten. Alle drei Innovationen traten zwischen den beiden Weltkriegen in Erscheinung. Zwei von ihnen machten sich seit Jahrzehnten bekannte Verbindungen, Tetraethylblei und Dichlordiphenyltrichlorethan, zu eigen, während die dritte sich Dichlordifluormethan, eine neu entdeckte halogenierte Verbindung, zunutze machte; ich gehe chronologisch auf sie ein. Den Anfang macht die Einführung verbleiten Benzins (ab 1922 in den USA) als preiswerte, zweckmäßige und effektive Problemlösung des suboptimalen Betriebs von Verbrennungsmotoren, des sogenannten Motorklopfens – gemeint ist eine vorzeitige Zündung, die nicht nur die Effizienz der Energieumwandlung der Maschine verringert, sondern mitunter auch den Motor selbst erheblich beschädigt.

Einer der unglaublichsten Zufälle in der Historie des Innovationsgeistes ist, dass Thomas Midgley, derselbe Ingenieur, der die gemeinsame Suche der Unternehmen nach einem wirksamen Antiklopfmittel leitete, die schließlich mit verbleitem Benzin endete, nur wenige Jahre später (1928) der Kopf einer Forschergruppe war, die ein ungiftiges und nicht brennbares Dichlordifluormethan (CCl_2F_2) entwickelte, das unter dem Markennamen

Abbildung 2.1 Thomas Midgley Jr. (1889–1944), der Erfinder von verbleitem Benzin und FCKW-Kältemitteln. Porträt aus den 1930er-Jahren von Blank & Stoller, New York. *Quelle*: Williams Haynes Portrait Collection (Philadelphia, Science History Institute), Box 10. https://digital.sciencehistory.org/works/9s161624t.

Freon-12 verkauft wurde (Abb. 2.1). Dies war der erste von vielen Fluorchlorkohlenwasserstoffen (FCKW) – synthetische Verbindungen, die schnell zu den weltweit führenden Kühlmitteln wurden (Flüssigkeiten, die beim Arbeitstakt von Kompression und Expansion in Kühlschränken und Klimaanlagen Verwendung fanden). Sie wurden auch als gängige Treibmittel bei der Herstellung von Schaumstoffen, als Treibmittel in Milliarden von Aerosoldosen (mit Medikamenten, Farben oder Kosmetika) und als industrielle Entfetter und Lösungsmittel eingesetzt.

Das letzte Beispiel für eine hochwillkommene Innovation, die zu einer viel geschmähten Anwendung wurde, ist DDT (Dichlordiphenyltrichlorethan), das erste moderne, künstlich hergestellte Insektizid. Als Paul Hermann Müller mit seiner Suche nach einem wirksamen Mittel zur Schädlingsbekämpfung begann, war DDT bereits seit mehr als sechs Jahrzehnten bekannt. Doch erst Müllers systematische Suche nach einem effektiven Mittel führte zur Entdeckung der massiven insektentötenden Wirkung der Verbindung. DDT wurde fast umgehend von den Armeen des Zweiten Weltkriegs eingesetzt. Nach dem Krieg verbreitete sich sein Einsatz schnell zur Bekämpfung von durch Insekten übertragenen Infektionskrankheiten und zur allgemeinen Schädlingsbekämpfung im Ackerbau und in der Viehzucht. In etwas mehr als einem Jahrzehnt führten diese hemmungslosen Vorgehensweisen nicht nur zur Entstehung DDT-resistenter Insektenarten, sondern wurden auch mit schädlichen Auswirkungen auf die Fortpflanzung von Vögeln und schließlich auch mit einem erhöhten Risiko von Frühgeburten oder Babys mit geringem Geburtsgewicht in Verbindung gebracht. DDT wurde zu einem der destruktiven Sinnbilder, das die aufkommende Umweltbewegung zu instrumentalisieren wusste, um ihre Message einer verantwortungsvolleren Handhabung des Pestizids zu verbreiten.

Abgesehen von ihrem gemeinsamen Siegeszug und späteren Fall sind verbleites Benzin, FCKW und DDT auf ihre jeweils ganz eigene Art erst akzeptiert und dann gewissermaßen vom Markt verdammt worden. Als Benzin erstmals mit Blei versetzt wurde, gab es viele triftige Beweise für seine schleichende Neurotoxizität, und das neue Produkt stieß bei einigen Ärzten und Physiologen fast umgehend auf Widerstand. Im Gegensatz dazu war Freon-12 (auch bekannt als R-12) eine neue synthetische Verbindung, die in der Natur nicht vorkam und die zufälligerweise recht unreaktiv zu sein schien, wenn sie versehentlich in die Umwelt freigesetzt wurde, was sie ideal für Haushaltskühlmittel machte. Man mag Midgley dafür kritisieren, dass er Tetraethylblei als vorherrschendes Antiklopfmittel eingeführt hat, aber zu behaupten, wie Neil Larsen es tat, er sei »der schädlichste Erfinder der Geschichte«, ist Unsinn.

Im Jahr 1928 hätte man voraussehen können, dass die in die Atmosphäre freigesetzten FCKW, obwohl sie wesentlich schwerer als Luft sind, schließlich die Stratosphäre erreichen würden. Die turbulente Durchmischung der Atmosphäre macht das Gleiche mit CO_2, dem Treibhausgas Nummer eins, das ebenfalls schwerer als Luft ist. Aber erst ein halbes Jahrhundert später machten Fortschritte in der Erforschung der Atmosphärenchemie deutlich, dass in dunklen Polarwintern Chlor aus FCKW freigesetzt wird. Der Grund dafür sind Reaktionen, die auf der Oberfläche von Eispartikeln stattfinden. Und man erkannte, dass, wenn die Sonne zurückkehrt, die fotochemischen Reaktionen des freigesetzten Elements mit dem Ozon in der Stratosphäre die Konzentrationen des Gases verringern, das einen unentbehrlichen Schutz vor UV-Strahlung bietet. Gleichermaßen hatte man zuvor keine Erfahrungen mit DDT, denn vor seinem Einsatz gab es nur natürliche Insektizide wie Zitrus- und Eukalyptusöle oder Wasserlösungen aus Salzen oder Neemöl (das aus den Samen eines tropischen immergrünen Baumes, *Azadirachta indica*, gewonnen wird). Und auch wenn die ersten toxikologischen Studien der frühen 1940er-Jahre weitaus umfangreicher waren, hätten sie die langfristigen Gesamtwirkungen auf die Fortpflanzung der Vögel nicht enthüllt.

Ebenso unterschieden sich die Entwicklungsverläufe hinsichtlich ihrer Länge und ihrer Endphase. Zwischen der Einführung von verbleitem Benzin und dem kompletten weltweiten Verbot vergingen acht Jahrzehnte, wobei Indonesien das letzte Land war, das den Verkauf bis 2006 erlaubte. Dass FCKW potenziell für die Ausdünnung des stratosphärischen Ozons verantwortlich war, wurde 1974 veröffentlicht, 46 Jahre nach der Entwicklung von Freon-12. Und erst 1987 wurden im Montrealer Protokoll über Stoffe, die zu einem Abbau der Ozonschicht führen, die Maßnahmen festgelegt, die weltweit das Verbot der FCKW-Verwendung zur Folge hatten. Nach nur etwa zwei Jahrzehnten seit seiner Einführung erreichte DDT den Höhepunkt seines globalen Einsatzes. In den 1960er-Jahren begannen Maßnahmen zur Einschränkung und zum Verbot seines Gebrauchs. Heute ist die Substanz auf der ganzen Welt verboten, mit Ausnahme der kontrollierten Nutzung zur Bekämpfung von Malariamücken.

Die erfreulichste Lektion im Hinblick auf diese drei Fehlschläge ist unsere Fähigkeit, nicht nur bessere Alternativen zu finden, sondern auch internationale Vereinbarungen zu treffen, um die Verbote und Ersatzmittel (mit einigen denkwürdigen Verstößen) auf globaler Ebene wirksam zu machen und in die Praxis umzusetzen. Bei Benzin hatten wir solche Möglichkeiten bereits vor der unglücklichen Entscheidung, Blei als zweckmäßigsten Zusatzstoff hinzuzufügen, und die letztendliche Abschaffung des Schwermetalls wurde unvertretbar verzögert. Im Gegensatz dazu wurden die Maßnahmen zur Reduzierung und schließlich zur Abschaffung von FCKW als Ursache für den Abbau der Ozonschicht in der Stratosphäre zügig durchgeführt und führten zu einem der wirksamsten Abkommen auf unserem Planeten. Die Folgen des DDT-Verbots sind weitaus schwieriger abzuschätzen, denn nach der Einführung des Schädlingsbekämpfungsmittels wurden zahlreiche andere Pestizide entwickelt (nicht nur Insektizide, sondern auch Mittel zur Bekämpfung von Würmern und Pilzen). Studien zu den Auswirkungen auf die Gesundheit und die Umwelt haben gezeigt, dass die langwierige Anwendung vieler von ihnen kaum risikofrei ist.

Es gibt noch eine weitere beunruhigende Gemeinsamkeit. Diese drei Innovationen waren Produkte gezielter Unternehmensforschung (General Motors suchte nach einem Antiklopfmittel und besseren Kühlflüssigkeiten und Swiss Geigy nach effektiven Insektiziden). Ihre Vermarktung erforderte die Zulassung durch die Aufsichtsbehörden, doch konnte diese Genehmigung nicht verhindern, dass mit der Markteinführung potenziell gefährliche Umweltschadstoffe in Umlauf kamen. Tetraethylblei wurde nicht nur trotz der bekannten Risiken und gegen die massiven Einwände führender Gesundheitswissenschaftler zugelassen, sondern seine Verwendung weilte ein Leben lang, und sein Verbot war nicht (oder zumindest nicht in erster Linie) die Folge verspäteter Bedenken darüber, dass es zu Schädigungen des Nervensystems führt. Sowohl FCKW als auch DDT wurden zunächst nicht nur als nahezu perfekte Lösungen für technische Probleme begrüßt, sondern auch als Innovationen, die gesundheitliche Vorteile verschaffen, nämlich die Beseitigung giftiger (und potenziell tödlicher)

Kühlmittel, insbesondere in Haushalten, und die Ausrottung der üblichen Insekten als Überträger von (potenziell noch tödlicheren) Krankheiten.

Die Geschichte von Tetraethylblei ist zunächst einmal die Geschichte missglückter Maßnahmen im Bereich der öffentlichen Gesundheit: Wären die bekannten Risiken berücksichtigt worden, hätte es nicht Jahrzehnte später eine fehlgeschlagene Erfindung und die Notwendigkeit gegeben, die Verbindung zu verbieten. Mit FCKW und DDT sind andere, wesentlich mehr ernüchternde, aber auch erwartete Lektionen verbunden: Menschliche Eingriffe in die Umwelt bringen oft verzögerte, vielschichtige Risiken mit sich, die so weit von den ursprünglichen Bedenken entfernt sind und so weit über die vorstellbaren Komplikationen hinausgehen, dass nur die Zeit und immer mehr Vorkommnisse, die diesen Eingriffen geschuldet sind, uns diese unerwarteten, aber höchst folgenreichen Auswirkungen bewusst machen. Außerordentliche Gewissenhaftigkeit, Engagement und Fantasie sollten das Ausmaß solcher verzögert auftretenden Ereignisse verringern, aber es ist höchst unwahrscheinlich, dass ihr Wiederauftreten völlig ausgeschlossen werden kann.

VERBLEITES BENZIN

Die massenhafte Einführung von Straßenfahrzeugen mit Verbrennungsmotoren – im Jahr 2022 waren weltweit mehr als 1,4 Milliarden davon auf der Straße – ist ein perfektes Beispiel für eine hochkomplexe Innovation. Sie war das Ergebnis kombinierter Fortschritte bei der Konstruktion und Herstellung von Verbrennungsmotoren, Primärmetallen (Stahl, Aluminium, Nickel, Vanadium), Reifen (Gummi) und elektrischen Komponenten (Batterien, Schalter, Anlasser), die durch Verbesserungen der Maschinenoptimierung und der Produktion (Fließbandfertigung) integriert und durch die Erschließung zuverlässiger Kraftstoffquellen (Erdölförderung und -raffination) und wichtiger Infrastrukturen (befestigte Straßen, Pipelines, Tankstellen) ermöglicht wurden.

Die Frage, wer das Auto erfunden hat, lässt sich also nicht einfach beantworten. Gottlieb Daimler und Wilhelm Maybach bauten 1886 einen wassergekühlten Motor in eine Holzkutsche ein, und Karl Benz setzte unabhängig davon einen leichten Einzylindermotor auf ein dreirädriges Fahrgestell.

Doch das Einzige, was diese ersten fahrbaren Maschinen – groß, offen, langsam und klobig – mit den heutigen Straßenfahrzeugen gemeinsam hatten, war ihr Verbrennungsmotor (mit viel weniger Kraft und Leistung). Alles andere, von den Rädern bis zur Lenkung, vom Fahrgestell bis zur Position der Motoren, hat sich grundlegend geändert. Es dauerte die restlichen Jahre des 19. Jahrhunderts und brauchte die kombinierten Innovationen deutscher, französischer, britischer und amerikanischer Ingenieure, um diese unbeholfenen Hybridkonstruktionen, die zunächst wie pferdelose Kutschen aussahen, in die eigentlichen Vorläufer der modernen Autos zu verwandeln. 1901 war der von Maybach entworfene Mercedes 35 das erste im Wesentlichen moderne Kraftfahrzeug: immer noch ohne Dach, aber mit vier Zylindern, zwei Vergasern, mechanischen Einlassventilen, einem Motorblock aus Aluminium, einem in einer Schaltkulisse geführten Hebel, einem Bienenwabenkühler und Gummireifen.

Weitere Fortschritte folgten: Nur sieben Jahre später begann Henry Ford mit dem Verkauf seines Model T, des ersten in Massenproduktion hergestellten, erschwinglichen und langlebigen Personenkraftwagens, und 1911 entwickelte Charles Kettering, der später eine Schlüsselrolle bei der Entwicklung von verbleitem Benzin spielte, den ersten praxistauglichen elektrischen Anlasser, der das gefährliche Kurbeln von Hand überflüssig machte (Abb. 2.2). Und obwohl befestigte Straßen selbst im Osten der USA noch Mangelware waren, beschleunigte sich ihr Bau, wobei sich die Länge der asphaltierten Highways zwischen 1905 und 1920 mehr als verdoppelte. Nicht minder wichtig war, dass die Jahrzehnte der Rohölfunde und die Fortschritte in der Raffinerie die flüssigen Brennstoffe lieferten, die für den Ausbau des neuen Transportwesens benötigt wurden. 1913 führte Standard Oil of Indiana das thermische Cracken von Rohöl durch William Burton ein, ein Verfahren, das die Ausbeute an Benzin erhöhte und gleichzeitig den Anteil der flüchtigen Verbindungen verringerte, die den Großteil des Erdöls ausmachen.

Doch mit erschwinglicheren und zuverlässigeren Autos, besser befestigten Straßen und einer verlässlichen Versorgung mit richtigem Kraftstoff blieb immer noch ein Problem bestehen, das dem Verbrennungszyklus von Automotoren innewohnt: die Tendenz zu heftigem Motorklopfen. In einem einwandfrei funktionierenden Ottomotor wird die Gasverbrennung ausschließlich durch einen zeitlich abgestimmten Funken am oberen Ende des Brennraums eingeleitet, und die daraus resultierende Flammwand bewegt sich gleichmäßig durch das Zylindervolumen. Das Klopfen wird durch Spontanzündungen (kleine Explosionen, Mini-Detonationen) in den verbleibenden Gasen verursacht, bevor sie von der durch den Zündfunken ausgelösten Flammwand erreicht werden. Beim Klopfen entsteht hoher Druck (bis zu 18 Megapascal oder MPa, also fast das 180-Fache des normalen atmosphärischen Drucks), und die daraus resultierenden Schockwellen, die sich schneller als der Schall bewegen, lassen die Wände des Brennraums vibrieren und erzeugen die typischen Geräusche eines klopfenden, schlecht arbeitenden Motors.

Das Motorklopfen klingt bei jeder Geschwindigkeit alarmierend. Wird ein Motor jedoch stark beansprucht, kann starkes Klopfen zu schweren, irreparablen Schäden führen, zum Beispiel zu einem Erosionsschaden am Zylinderkopf, zu gebrochenen Kolbenringen und geschmolzenen Kol-

Abbildung 2.2 Charles F. Kettering (1876–1958), Erfinder des ersten praxistauglichen elektrischen Anlassers, langjähriger (1920–1947) Forschungschef bei General Motors und der Mann, der darauf bestand, den verbleiten Zusatzstoff »Ethylbenzin« (Ethybenzol) zu nennen.

ben. Außerdem verringert jedes Klopfen die Motorleistung und setzt mehr Schadstoffe frei, insbesondere führt es zu höheren Stickoxidemissionen. Die Klopffestigkeit, das bedeutet, dass der Kraftstoff in einem Ottomotor nicht unkontrolliert durch Selbstzündung verbrennt, basiert auf dem Druck, bei dem sich der Kraftstoff spontan entzündet, und wird allseits in Oktanzahlen gemessen, die in der Regel an Tankstellen angegeben werden. Oktan (C_8H_{18}) gehört zu den Alkanen (Kohlenwasserstoffe mit der Formel C_nH_{2n+2}), die zwischen 10 und 40 Prozent der leichten Rohöle ausmachen. Eines seiner Isomere (Verbindungen mit der gleichen Anzahl von Kohlenstoff- und Wasserstoffatomen, aber mit einer anderen Molekularstruktur), 2,2,4-Trimethylpentan (Iso-Oktan), wurde als Höchstwert (100 Prozent) auf der Skala der Oktanzahlen festgelegt, da es jegliches Klopfen verhindert. Je höher die Oktanzahl des Benzins ist, desto resistenter ist der Kraftstoff gegen Klopfen, und die Motoren können mit höheren Verdichtungsverhältnissen effizienter arbeiten. Die nordamerikanischen Raffinerien bieten heute drei Oktanwerte an: Normalbenzin (87), mittelschweren Kraftstoff (89) und Premiumkraftstoffe (91–93).

In den ersten beiden Jahrzehnten des 20. Jahrhunderts, der frühesten Phase der Automobilentwicklung, gab es drei Möglichkeiten, das schädliche Motorklopfen zu minimieren oder zu beseitigen. Die erste bestand darin, das Verdichtungsverhältnis von Verbrennungsmotoren relativ niedrig zu halten, unter 4,3 : 1. Fords Modell T, ein Verkaufsschlager, der 1908 auf den Markt kam, hatte ein Verdichtungsverhältnis von 3,98 : 1. Die zweite bestand darin, kleinere, aber leistungsstärkere Motoren zu entwickeln, die mit besserem Kraftstoff betrieben werden konnten, und die dritte war die Verwendung von Additiven, die eine unkontrollierte Zündung verhindern sollten. Ein niedriges Verdichtungsverhältnis bedeutete Kraftstoffverschwendung, und die geringere Motorleistung war in den Jahren des rasanten Wirtschaftswachstums nach dem Ersten Weltkrieg besonders besorgniserregend. Denn da sich Privatleute immer mehr leistungsfähigere und größere Autos kauften, machte man sich Sorgen um das langfristige Auskommen der heimischen Rohölversorgung und die zunehmende Abhängigkeit von Importen. Folglich boten Additive den einfachsten Ausweg: Sie ermöglichten es, Kraftstoff von geringerer Qualität in leistungsstärkeren Motoren, die mit höheren Verdichtungsverhältnissen effizienter arbeiteten, zu verwenden.

In den ersten beiden Jahrzehnten des 20. Jahrhunderts gab es ein großes Interesse an Ethanol (Ethylalkohol, C_2H_6O oder CH_3CH_2OH), sowohl als Kraftstoff für Autos als auch als Benzinzusatz. Zahlreiche Tests bewiesen, dass bei Motoren, die mit reinem Ethanol betrieben wurden, kein Motorklopfen auftritt, und in Europa und den USA wurden in der Folge Ethanolmischungen mit Kerosin und Benzin getestet. Zu den berühmten Verfechtern von Ethanol gehörten Alexander Graham Bell, Elihu Thomson und Henry Ford (obwohl Ford das Model T nicht, wie in vielen Quellen fälschlicherweise behauptet wird, für den Betrieb mit Ethanol oder als Fahrzeug mit Zweistoffbetrieb konzipiert hat; es sollte mit Benzin fahren); und Charles Kettering hielt es für den Kraftstoff der Zukunft.

Doch drei Nachteile erschwerten die groß angelegte Einführung von Ethanol: Es war teurer als Benzin, es war nicht in ausreichenden Mengen verfügbar, um die steigende Nachfrage nach Kraftstoff zu decken, und ein größerer Nachschub, selbst wenn es nur als vorherrschender Zusatzstoff verwendet worden wäre, hätte weite Teile der Pflanzenproduktion in Anspruch genommen. Zu jener Zeit gab es keine kostengünstigen Möglichkeiten, Kraftstoff in großem Rahmen aus zellulosehaltigen Abfällen wie Holz oder Stroh, die reichlich vorhanden waren, herzustellen: Zellulose musste zunächst durch Schwefelsäure hydrolysiert und die daraus entstandenen Zucker anschließend vergoren werden. Aus diesem Grund wurde der Kraftstoff Ethanol größtenteils aus denselben Nahrungsmittelpflanzen hergestellt, die auch (in wesentlich kleineren Mengen) zur Herstellung von Alkohol für den Verzehr sowie für medizinische und industrielle Zwecke verwendet wurden.

Die Suche nach einem neuen, wirksamen Additiv begann 1916 in den Dayton Research Laboratories von Charles Kettering unter der Leitung von Thomas Midgley, einem jungen, 1889 geborenen Maschinenbauingenieur. Im Juli 1918 wurden in einem Bericht, erstellt in Zusammenarbeit mit der U.S. Army und dem U.S. Bureau of Mines, Ethylalkohol, Benzol und Cyclohexan als die Verbindungen genannt, die in hochverdichteten Motoren kein Klopfen verursachen. Als Kettering 1919 von GM als Leiter der neuen Forschungsabteilung eingestellt wurde, betrachtete er es als seine Herausforderung, eine drohende Treibstoffknappheit abzuwenden: Man rechnete damit, dass die einheimischen Erdölvorräte in 15 Jahren erschöpft wären, und

»wenn es uns gelänge, die Kompression unserer Motoren zu erhöhen ... könnten wir die Kilometerleistung verdoppeln und damit diesen Zeitraum auf 30 Jahre verlängern.« Kettering sah zwei Möglichkeiten, um dieses Ziel zu erreichen: mit einem hochvolumigen Zusatzstoff (Ethanol oder, wie Tests zeigten, Kraftstoff mit 40 Prozent Benzol, der jeglichem Klopfen den Garaus machte) oder mit einer niedrigprozentigen Alternative, die ähnlich, aber besser ist als die 1-prozentige Jodlösung, die, wie man 1919 entdeckte, zufällig die gleiche Wirkung hatte.

Anfang 1921 erfuhr Kettering von Victor Lehners Synthese von Selenoxidchlorid an der University of Wisconsin. Die Tests zeigten, dass es sich um ein hochwirksames, aber erwartungsgemäß auch sehr korrosives Antiklopfmittel handelte, doch sie führten direkt dazu, Verbindungen anderer Elemente der Gruppe 16 des Periodensystems in Betracht zu ziehen: Sowohl Dimethylselenid als auch Dimethyltellurid zeigten noch bessere Eigenschaften als Antiklopfmittel, aber Letzteres war giftig, wenn es eingeatmet oder über die Haut aufgenommen wurde, und hatte einen starken Knoblauchgeruch. Tetraethylzinn war die nächste Verbindung, zeigte aber nur mäßige Wirksamkeit. Am 9. Dezember 1921 erzeugte eine Lösung von 1 Prozent Tetraethylblei (TEL) – $(C_2H_5)_4$ Pb – kein Klopfen im Testmotor und erwies sich bald auch bei einer Zugabe von nur 0,04 Volumenprozent als effektiv.

TEL wurde ursprünglich 1853 in Deutschland von Karl Jacob Löwig synthetisiert und war bisher gewerblich nicht genutzt worden. Im Januar 1922 wurden DuPont und Standard Oil of New Jersey mit der Produktion von TEL beauftragt, und im Februar 1923 wurde der neue Kraftstoff (mit dem Zusatzstoff, der dem Benzin an der Zapfsäule mit einer einfachen Handpumpe, dem sogenannten »Ethylizer«, beigemischt wurde) der Öffentlichkeit an einigen wenigen Tankstellen zur Verfügung gestellt. Noch während ihres engagierten Einsatzes für TEL räumten Midgley und Kettering ein, dass »Alkohol zweifellos der Kraftstoff der Zukunft ist«. Und Schätzungen zeigten, dass eine im Jahr 1920 benötigte 20-prozentige Mischung aus Ethanol und Benzin mit nur etwa 9 Prozent der Getreide- und Zuckerernte des Landes bereitgestellt werden konnte und gleichzeitig einen weiteren Markt für die US-Landwirte bot. In der Zwischenkriegszeit verwendeten viele europäische und einige tropische Länder Mischungen aus 10 bis 25 Prozent

Ethanol (hergestellt aus überschüssigen Nahrungsmitteln und Abfällen von Papierfabriken) und Benzin, allerdings für relativ kleine Märkte, da Familienautos in Privatbesitz in Europa vor dem Zweiten Weltkrieg nur einen Bruchteil des US-Durchschnitts betrug.

Andere bekannte Alternativen waren Raffinerieflüssigkeiten, die beim Steamcracking in der Gegenwart von Wasserdampf entstanden, sowie Benzolmischungen und Benzin aus naphthenhaltigen Rohstoffen (die wenig oder kein Wachs enthalten). Warum blieb GM in Kenntnis dieser Tatsachen nicht nur auf dem eingeschlagenen Kurs mit TEL, sondern behauptete auch noch (trotz seiner eigenen korrekten Erkenntnisse), dass es keine Alternativen gäbe? »Soweit wir zum jetzigen Zeitpunkt wissen, ist Tetraethylblei die einzige verfügbare Verbindung, die diese Ergebnisse erzielen kann.« Mehrere Faktoren erklären diese Entscheidung. Der Weg über Ethanol hätte die massenhafte Entwicklung einer neuen Industrie für einen Kraftstoffzusatz erfordert, die von GM nicht kontrolliert werden konnte. Außerdem war, wie bereits erwähnt, die empfehlenswerte Option, nämlich Ethanol aus zellulosehaltigen Abfällen (Ernterückstände, Holz) und nicht aus Nahrungspflanzen herzustellen, zu teuer, um praktikabel zu sein. Die Massenproduktion von Zellulose-Ethanol durch neue enzymatische Umwandlungen, die für das 21. Jahrhundert von epochaler Bedeutung zu sein versprach, hat die Erwartungen nicht erfüllt, und bis 2020 basierte die beträchtliche US-Produktion von Ethanol (das als Antiklopfmittel genutzt wird) weiterhin auf der Vergärung von Mais: Sie beanspruchte im Jahr 2020 fast genau ein Drittel der Maisernte des Landes.

Im Gegensatz dazu gab Midgleys TEL-Patent – mit dem wenig hilfreichen Titel »Methode und Mittel zur Verwendung von Motorkraftstoffen« –, das am 15. April 1922 angemeldet (und am 23. Februar 1926 erteilt) wurde, dem Unternehmen die volle Kontrolle über einen wirksamen Zusatzstoff, der in kleinen Mengen und kostensparend abgegeben werden konnte: TEL im Wert von einem Penny würde verhindern, dass durch Motorklopfen eine Gallone Benzin verbraucht wird (Abb. 2.3). Das Schlimmste von allem und wirklich unverzeihlich ist die Leugnung jeglicher möglichen Bedenken hinsichtlich der Auswirkungen von Blei auf die Gesundheit. Es begann damit, dass Kettering auf die ungenaue Bezeichnung des Zusatzstoffs (»Ethylbenzin«) beharrte, um absichtlich das Vorhandensein von Blei zu verheimlichen. Von diesem Schwermetall, das seit der griechischen Antike für seinen Giftgehalt bekannt war, wurde manchmal behauptet, es habe eine zentrale Rolle beim Untergang des Römischen Reiches gespielt, und zu Beginn des 20. Jahrhunderts war es als Ursache gesundheitlicher Probleme bekannt, die im Zusammenhang mit verschiedenen Gefahren auftraten, denen man im Berufsleben ausgesetzt war. Aber GM und seine TEL-Lieferanten ignorierten nicht nur die gesundheitlichen Auswirkungen von Blei. Entschlossen und wiederholt stellten sie Behauptungen auf, die darauf abzielten, jegliche Bedenken zu den gesundheitlichen Auswirkungen einer Verbindung, die in einem so großen Umfang aus Autoabgasen in die Umwelt abgegeben wird, zu minimieren oder sogar ganz zu verwerfen.

Im 19. Jahrhundert nahmen die Erkenntnisse um die Toxizität von Blei erheblich zu, als klar wurde, dass eine chronische Bleivergiftung schwere neurotoxische Schäden hinterließ, wobei ungeborene Kinder und Säuglinge besonders gefährdet waren. Es überrascht daher nicht, dass sich einige der führenden amerikanischen Gesundheitsexperten gegen den Bleizusatz in Benzin aussprachen und eine Untersuchung eventueller Gefahren forderten. GM und DuPont behaupteten, ohne irgendwelche Studien durchgeführt zu haben, dass die Straßen im Allgemeinen wahrscheinlich so frei von Blei sein würden, dass es unmöglich wäre zu erkennen, ob jemand Blei eingeatmet oder über Hautresorption aufgenommen hätte. Ende Oktober 1924 traten jedoch bei 35 Arbeitern in der TEL-Aufbereitungsanlage in New Jersey akute neurologische Symptome auf, und fünf von ihnen starben. Zufälligerweise veröffentlichte das Bureau of Mines seinen Untersuchungsbericht über TEL an dem Tag, an dem das letzte Opfer, das dem Antiklopfmittel intensiv ausgesetzt war, starb; und das Fazit des Berichts war, dass keine Gefahr für die Allgemeinheit bestand. Dies wurde unmittelbar von mehreren führenden Physiologen beanstandet, und am 20. Mai 1925 berief der operative Leiter der US-Gesundheitsbehörde als Reaktion auf die Bedenken der Öffentlichkeit eine Konferenz in Washington, D. C., ein, um sich mit den widersprüchlichen Behauptungen auseinanderzusetzen.

Bei diesem Treffen stellten GM, DuPont, Standard Oil und die Ethyl Corporation die Verwendung von TEL als eine Notwendigkeit dar, um den industriellen Fortschritt des Landes zu sichern. Frank Howard von der Ethyl Corporation erklärte: »Die fortgeführte Entwicklung von Kraftstoffen ist für

Feb. 23 , 1926. **1,573,846**

T. MIDGLEY, JR

METHOD AND MEANS FOR USING MOTOR FUELS

Filed April 15, 1922

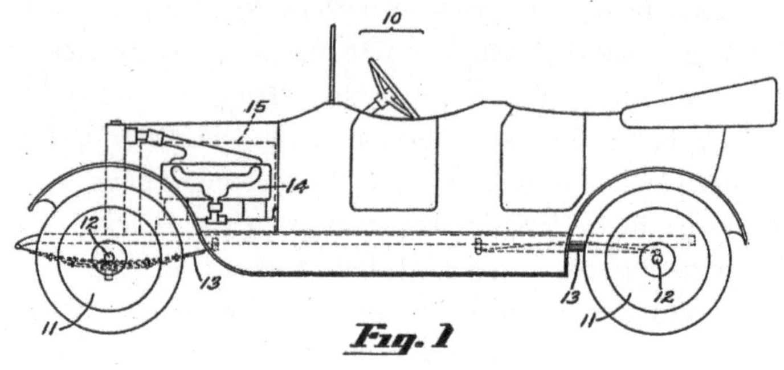

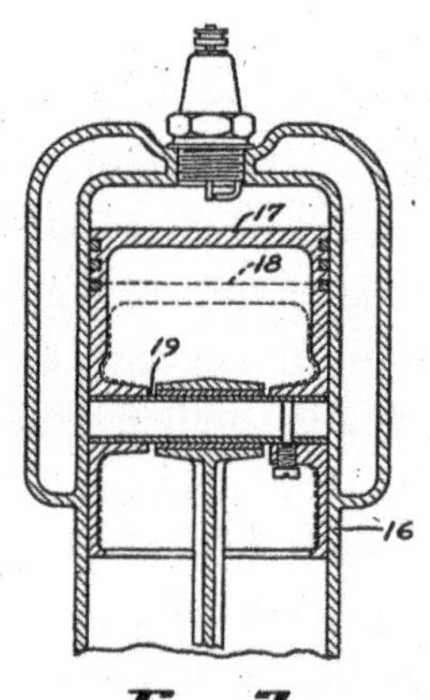

Fig. 2

Witnesses

Inventor
Thomas Midgley Jr.

By

Francis D. Hardesty
Attorney

Abbildung 2.3 Midgleys kurios benannter und nicht weniger eigentümlich illustrierter Patentantrag für die Verwendung von verbleitem Benzin in Automobilen. *Quelle*: T. Midgley Jr., Method and means for using motor fuels (US-Patent 1,573,846, eingereicht am 15. April 1922 und erteilt am 23. Februar 1926), https://patents.google.com/patent/US1573846.

unsere Zivilisation unerlässlich«, und sah in der Entdeckung von TEL ein »offenkundiges Geschenk Gottes«, um Öl zu sparen. Alice Hamilton, Ärztin an der Harvard Medical School, wies diese Behauptungen entschieden zurück und wies darauf hin, »dass Blei ein langsam wirkendes Summationsgift ist, das in der Regel keine auffälligen Symptome hervorruft, die leicht zu erkennen sind«, und kam zu dem Schluss: »Ich gehöre nicht zu denen, die glauben, dass die Verwendung dieses verbleiten Benzins jemals Gesundheitsrisiken ausschließen kann. Keine bleiverarbeitende Industrie hat sich jemals, selbst unter strengster Kontrolle, von den damit zusammenhängenden Gefahren freimachen können.« Die Konferenz endete mit der Ankündigung der Ethyl Corporation, die Produktion und den Vertrieb von verbleitem Benzin bis zum Vorliegen der Ergebnisse einer unabhängigen Untersuchung auszusetzen. Doch dieser augenscheinliche Sieg der TEL-Gegner war nur eine Verzögerung und eine Umgehung auf dem Weg zur massenhaften Einführung von verbleitem Benzin.

Die versprochene Studie begann im Oktober 1925 in Ohio und umfasste nur 252 Arbeiter, aufgeteilt in vier Gruppen. Zu den Kontrollgruppen gehörten 36 männliche Autofahrer und 21 Kfz-Mechaniker oder Tankwarte, die nicht mit verbleitem Benzin in Kontakt kamen. Die gefährdeten Personen hingegen waren 77 Chauffeure und 57 Tankwarte, die mit TEL angereichertem Benzin ausgesetzt waren, sowie 61 Männer in Fabriken, die bekanntermaßen mit Bleistaub belastet waren. Es ist nur allzu offensichtlich, dass eine Studie, die sich von der Planung bis zum Abschlussbericht nur über sieben Monate erstrecken durfte, völlig unzureichend war, um die langfristigen Auswirkungen der Bleiexposition aufzudecken. Der Schlussbericht, der dem operativen Leiter der US-Gesundheitsbehörde im Mai 1926 vorgelegt wurde, kam zu dem Fazit: »Es gibt keine triftigen Gründe für ein Verbot der Verwendung von Ethylbenzol als Beimengung für Motorkraftstoff, vorausgesetzt, dass der Vertrieb und die Verwendung durch angemessene Vorschriften kontrolliert werden.« Der Bericht fordert aber auch weitere Studien ein: »Der Ausschuss ist der Meinung, dass diese Untersuchung fortgeführt werden muss.« Aber sie verpuffte, bessere Studien fanden nie statt, und es setzte sich die Auffassung durch, dass der menschliche Fortschritt unter den von den führenden Vertretern der Industrie als belastend empfundenen Beschränkungen in nicht akzeptabler Weise gestoppt wäre –

ein Kurs, der zweifellos durch die wirtschaftliche Notlage des Landes nach 1929 unterstützt wurde.

1927 legte das Office of the Surgeon General, des operativen Leiters der US-Gesundheitsbehörde, einen freiwilligen Richtwert von nicht mehr als 3 Gramm TEL pro Gallone Benzin fest. Der amerikanische Standard für die Herstellung von verbleitem Benzin wurde nach und nach weltweit übernommen und sorgte für eine Verdoppelung des Verdichtungsverhältnisses (in der Regel auf 8,3 : 1 bis 10,5 : 1) und eine höhere Leistung der Automotoren. Neben der Energieeinsparung beim Autofahren ermöglichte Tetraethylblei im Flugbenzin die Entwicklung leistungsstärkerer, schnellerer und zuverlässigerer Motoren für Flugzeuge mit Kolbenmotoren, die im Zweiten Weltkrieg ihre Hochphase hatten, bevor sie von Gasturbinen verdrängt wurden. Nach dem Krieg, als die USA die unterbrochene Automobilisierung verstärkt wiederaufnahm und in Europa und Japan sich immer mehr Menschen Autos kauften, erreichte die Produktion von verbleitem Benzin neue Höhen. Diese Entwicklungen nutzte man, um die ursprünglichen Behauptungen der TEL-Befürworter zu rechtfertigen, die in dem Zusatzstoff einen grundsätzlichen Durchbruch für die US-Autoindustrie sahen, der ihre wirtschaftliche Macht und bis in die 1970er-Jahre ihre weltweite Vorherrschaft garantierte.

Bemerkenswerterweise erhöhte das Büro des Leiters der US-Gesundheitsbehörde 1958 den maximal zulässigen TEL-Zusatz auf 4,23 Gramm pro Gallone (g/gal; denn es gab keine Hinweise auf steigende Bleikonzentrationen im Blut oder Urin), wohingegen der tatsächliche Industriedurchschnitt in den 1950er- und 1960er-Jahren bei etwa 2,4 g/gal lag. In den drei Jahrzehnten zwischen 1945 und 1975 verbrauchten die USA fast 2 Billionen Gallonen Benzin. Das bedeutet (basierend auf dem Durchschnittswert von 2,4 g/gal), dass etwa 4,7 Millionen Tonnen Blei über die Auspuffgase von Fahrzeugen in die Umwelt gelangten, wobei die jährliche Menge in den frühen Siebzigern 200 000 Tonnen pro Jahr überstieg. In der Zwischenzeit machten Fortschritte in der Toxikologie deutlich, dass schwerwiegende gesundheitliche Folgen nicht auf eine relativ hohe akute oder chronische Exposition am Arbeitsplatz beschränkt waren. Die Absorption von Blei, so erkannte man in den 1940er-Jahren, führt bei Kindern zu Wachstumsverzögerungen, Verhaltensstörungen und geistigen Beeinträchtigungen. Und seit den 1970ern war uns klar, dass diese schädlichen Auswirkungen auch bei »stillen« Dosen auftreten, das heißt bei relativ niedrigen, lang anhaltenden asymptomatischen Expositionen, die alle durch ein Verbot von bleihaltigen Verbindungen vermieden werden könnten.

Die erste große Fundstelle einer solchen gesundheitsgefährdenden Exposition war Blei in Haushaltsfarben, das in Form von Bleioxid, Karbonat oder Chromat zugesetzt wurde, um Feuchtigkeit standzuhalten, die Haltbarkeit zu erhöhen und den Trocknungsprozess zu beschleunigen. Ihre Gefährlichkeit wurde zwar zu Beginn des 20. Jahrhunderts erkannt, aber erst 1977 wurden bleihaltige Farben in den USA verboten, während sie in Europa und Asien noch länger erlaubt waren. Blei in Benzin war eine weitaus größere Giftquelle für die Umwelt, aber die massive Verwendung und die sich daraus ergebende Umweltverschmutzung erregten in den 1950er- (denken Sie an die angehobenen Höchstwerte für Blei) und 1960er-Jahren wenig oder gar keine Besorgnis. Erst 1970, nach 44 Jahren weltweit steigender Bleiemissionen aus TEL-Benzin, begannen die USA endlich damit, das giftige Metall aus dem wichtigsten raffinierten Flüssigkraftstoff zu entfernen – und es waren keine gesundheitlichen Bedenken, die den entscheidenden Grund für diese Veränderung lieferten.

Zu dieser Zeit kam es in den Großstädten der USA immer wieder zu wiederholten und oft lang anhaltenden Phasen von fotochemischem Smog, einem Luftverschmutzungsphänomen, das durch komplexe atmosphärische Reaktionen von Kohlenmonoxid, Stickoxiden und flüchtigen Kohlenwasserstoffen entsteht, die bei der Herstellung, Verteilung und Verbrennung von flüssigen Brennstoffen freigesetzt werden. Fotochemischer Smog wurde erstmals in den 1940er-Jahren in Los Angeles beobachtet und trat schließlich saisonal in allen großen Metropolregionen auf. Mit dem U.S. Clean Air Act von 1970 erhielt die neu gegründete Environmental Protection Agency (EPA) die Befugnis, den Einsatz schädlicher Verbindungen zu regulieren. 1973 ordnete die Behörde eine deutliche Reduzierung der Autoemissionen sowie die schrittweise Entfernung von Blei aus allen Benzinsorten an.

Eine technische Lösung für den fotochemischen Smog wurde 1962 möglich, als Eugène Jules Houdry ein Verfahren patentierte, mit dem die Schadstoffe aus den Fahrzeugabgasen entfernt werden konnten, bevor sie in die Atmosphäre gelangten, und zwar durch den Einsatz von Katalysatoren.

Als Katalysator wurde Platin, ein seltenes Metall, verwendet, denn es wird durch in Abgasen enthaltenes Blei verseucht, entzieht ihnen sozusagen das Gift. Das machte die Einführung von bleifreiem Benzin von der Verfügbarkeit wirksamer Katalysatoren (die ab dem Modelljahr 1975 in allen Autos Pflicht waren) abhängig. Letztlich machten diese Katalysatoren einen entscheidenden Unterschied, da die Emissionen von Kohlenwasserstoffen und Kohlenmonoxid um 96 Prozent und die von Stickoxiden um 90 Prozent gesenkt wurden.

Im Jahr 1970 hatte bleifreies Benzin nur einen Anteil von etwa 3 Prozent am US-Markt. Bis 1975 stieg dieser Anteil auf 12 Prozent, und ab 1979 verlangte die US-Umweltbehörde EPA von allen Raffinerien, den durchschnittlichen Bleigehalt in bleihaltigen Kraftstoffen zu senken: bis 1980 auf nur noch 1 Gramm pro Gallone, bis 1985 auf 0,5 und bis 1988 auf 0,1 Gramm pro Gallone. Gleichzeitig beschleunigte die zunehmende Wachsamkeit für die gesundheitlichen Folgen der Bleibelastung – Studien zeigten negative Auswirkungen auf den IQ bei Kindern und auf Bluthochdruck bei Erwachsenen – die vollständige Abschaffung von verbleitem Kraftstoff. Im Jahr 1985 hatte bleifreies Benzin einen Marktanteil von 63 Prozent, 1991 waren es 95 Prozent. 1985 schätzte eine EPA-Studie den Nutzwert der endgültigen schrittweisen Abschaffung von Blei (was die Auswirkungen auf Kinder, die Verringerung anderer Schadstoffe und die Verbesserungen bei der Motorwartung betraf) auf mindestens das Doppelte der damit verbundenen Kosten (höhere Raffinerieausgaben) und auf das Zwölffache, wenn man die Folgekosten für Bluthochdruck bei erwachsenen Männern in die Rechnung miteinbezieht.

Schon bald zeigten sich einige messbare Auswirkungen: Als der stufenweise Ausstieg aus der Bleiverwendung fortschritt, sank die durchschnittliche Bleikonzentration bei amerikanischen Kindern zwischen 1976 und 1994 um fast 80 Prozent und lag 2015 nur noch bei etwa 5 Prozent des Niveaus Mitte der 1970er-Jahre. Eine aktuelle Studie unter der Leitung von Anna Aizer zeigt, dass selbst jetzt eine weitere Senkung der Bleikonzentration von den historisch niedrigen Werten aus beträchtliche positive Auswirkungen auf die Leseleistungen von Drittklässlern hat: Jede Einheit, um die die durchschnittliche Bleikonzentration im Blut sinkt, verringert die Wahrscheinlichkeit, dass ein Kind beim Lesen deutlich schlechter abschneidet, um etwa 3 Prozent. Andere Länder folgten dem Beispiel der USA. Japan verbot verbleites Benzin bereits 1986, aber in Europa begann man erst 1986 in Deutschland, 1988 in Frankreich und 1990 in Spanien die Verwendung von bleihaltigem Benzin zu reduzieren. Die EU verbot es schließlich im Jahr 2000, im selben Jahr wie China und Indien. Die beiden vorletzten Länder, die sich beharrlich verweigerten, waren Venezuela, das schließlich 2005 ein Verbot einführte, und Indonesien, das 2006 folgte, und erst im Juli 2021 stellte Algerien den Verkauf von verbleitem Benzin ein.

Was hat TEL verdrängt? Methyl-tert-butylether (MTBE) war Ende der 1990er-Jahre ein maßgeblicher Zusatzstoff, doch im Jahr 2000 kündigte die EPA an, ihn wegen seiner schädlichen Auswirkungen auf die Umwelt (seine Löslichkeit in Wasser führte zur Verunreinigung von Grundwasserschichten) auslaufen zu lassen. Das stellte die Raffinerien vor zwei wichtige Entscheidungen: entweder die neue Zusammensetzung von Benzin mit einem höheren Anteil an Kohlenwasserstoffen, die das Klopfen verhindern (bekannt als BTEX-Komplex), oder die Umstellung auf Ethanol. Zunächst wurde der BTEX-Komplex zum führenden Ersatzstoff: Diese Mischung von Kohlenwasserstoffen – Benzol, Toluol, Ethylbenzol und Xylol –, die in Flüssigkraftstoffen vorkommt, wird bei der Raffination abgetrennt und dem Benzin (das eine begrenzte Menge dieser Aromaten enthält) zugesetzt, um dessen Klopffestigkeit zu erhöhen. Bemerkenswerterweise war die Wirksamkeit von Benzolmischungen bereits bekannt und wurde sogar auf einigen US-Märkten verwendet, als GM 1925 mit der Einführung von TEL begann!

Mit dem fortschreitenden Ersatz stieg der durchschnittliche BTEX-Anteil von 22 Prozent auf 33 Prozent des Volumens bis 1990 und auf bis zu 50 Prozent bei Premium-Benzin. Dies führte zu neuen gesundheitlichen Bedenken, und die EPA legte schließlich den Grenzwert für BTEX auf 25 bis 28 Prozent des Benzinvolumens fest. Zum Glück gibt es keine besorgniserregenden Beeinträchtigungen für den Menschen, die durch die Verbrennung einer Benzin-Ethanol-Mischung verursacht werden, und aus Pflanzen gewonnenes Ethanol (in den USA überwiegend aus Mais, in Brasilien aus Zuckerrohr) wurde zum Antiklopfmittel Nummer eins. Der Aufstieg von Ethanol in den USA begann im Jahr 2005, als der Energy Policy Act die Mindestmengen an Biokraftstoffen festlegte, die den Kraftstoffen beigemischt werden müssen. Im Jahr 2020 machten Mischungen aus 90 Prozent

Benzin und 10 Prozent Ethanol (bekannt als E10) mehr als 95 Prozent des gesamten Kraftstoffs aus, der von den Benzinfahrzeugen des Landes verwendet wurde.

Leider kann ich nicht mit einer auch nur groben quantitativen Gegenüberstellung von Nutzen und Kosten abschließen, sondern nur mit ein paar unbestreitbaren Feststellungen. Die massenhafte Einführung von Tetraethylblei Mitte der 1920er-Jahre stellte eine schnelle und schmutzige Lösung für ein zentrales technisches Problem dar, und da sie eine höhere Motorleistung ermöglichte, war sie auch vorteilhaft für die Umwelt: Bei sonst gleichen Bedingungen führte sie zu niedrigeren Emissionsraten (im Verhältnis von Gramm/Kilometer); aber viel größere Fahrzeugflotten in späteren Jahren, die aus schwereren Autos bestanden, machten diese relativen Vorteile wieder zunichte, und die Gesamtemissionen aller mit Autos verbundenen Schadstoffe stiegen bis Mitte der 1970er-Jahre weiter an. Der Wert der Erfindung lag in ihrer Einfachheit, ihrer leichten Anwendbarkeit und ihren niedrigen Kosten, nicht in ihrer beispiellosen Großartigkeit, und ganz sicher war TEL nicht die einzige Möglichkeit, das Motorklopfen zu beheben.

Das Gefährliche der Erfindung, das von Anfang an offensichtlich war, aber mithilfe der irreführenden Bezeichnung Ethylbenzin kaschiert wurde, hatte ihre schlimmste toxische Gesamtwirkung auf Kinder, die Blei aus Autoabgasen ausgesetzt waren: in den USA sechs Jahrzehnte lang zwischen Mitte der 1920er- und Mitte der 1980er-Jahre, in der restlichen Welt hauptsächlich in der zweiten Hälfte des 20. Jahrhunderts. Wir haben viele Facetten der kumulativen Bleibelastung bei Kindern erkannt: schlechtere Ergebnisse bei allgemeinen Intelligenztests und beim Lesen, Beeinträchtigung der räumlich-visuellen Funktionen, des Gedächtnisses, der Aufmerksamkeitsspanne, der Verarbeitungsgeschwindigkeit und der Sprachfähigkeit sowie Auswirkungen auf die motorischen Fähigkeiten (manuelle Geschicklichkeit) und das affektive Verhalten. Darüber hinaus hat die Forschung keinen Schwellenwert gefunden, unterhalb dessen Blei keine Auswirkungen auf das zentrale Nervensystem hat. Eine Studie der Nationalen Akademie der Wissenschaften aus dem Jahr 1993 bestätigte, dass Blei selbst in extrem niedrigen Dosen neurologische Verhaltensstörungen verursacht.

Daher war die tragischste Folge des als Kraftstoffzusatz verwendeten Tetraethylbleis die unterschiedliche Minderung gleicher Erfolgschancen im

Leben aufgrund chronischer Expositionen gegenüber einem Nervengift in der Kindheit. Diese Exposition mag die Lebensspanne insgesamt nicht verkürzt haben, aber sie beraubte Millionen von Kindern der gleichen Chance auf ein erfolgreiches Leben. Natürlich war das Blei in Autoabgasen nur eine von mehreren unvermeidlichen Belastungen, denen Kinder mit niedrigem sozioökonomischen Status unverhältnismäßig stark ausgesetzt waren, aber aufgrund seiner unbestreitbaren neurotoxischen Wirkung kann es nicht als marginal und folgenlos abgetan werden. Es ist unmöglich, die kumulativen Auswirkungen dieser Expositionen über Generationen hinweg und auf globaler Ebene zu quantifizieren. Die Schlussfolgerung jedoch, dass nur wenige Erfindungen, die ursprünglich als perfekte Lösungen für ein technisches Problem gepriesen wurden, so viele vermeidbare Benachteiligungen bei einzelnen Menschen mit sich brachten wie verbleites Benzin, lässt sich nur schwer vermeiden.

Und wie lässt sich das große Rätsel der amerikanischen Gesellschaft erklären, das der führenden Autoindustrie und den Ölgesellschaften trotz der bekannten Risiken der Bleiexposition über Generationen hinweg einen Freibrief ausstellte, und das Versagen der Gegenseite, nach der anfänglichen Niederlage wieder aufzutauchen? Verblasste die Kombination aus chronischen, unsichtbaren und heimtückischen Enthüllungen einfach nur im Vergleich zu den Sorgen, die sich aus der beispiellosen Wirtschaftskrise der 1930er-, dem globalen Krieg der frühen 1940er-, dem Ansturm auf Wohlstand und dem Kalten Krieg der 1950er- und 1960er-Jahre ergaben? Hätten wir immer noch verbleites Benzin, wenn wir nicht dazu gedrängt worden wären, die unerträglichen Werte des fotochemischen Smogs zu reduzieren und Platinkatalysatoren zu vermeiden?

DDT

Das Töten von Insekten war noch nie eine einfache Aufgabe: Ihre Größe, ihre jahreszeitlich bedingte, oft explodierende Allgegenwart, ihre Anpassungsfähigkeit (ein Resultat ihrer langen Evolution, die vor etwa 400 Millionen Jahren begann) und – bei fliegenden Arten – ihre Bewegungsfreiheit in drei Dimensionen, sodass sie nur schwierig zu fassen sind, machen eine vollständige Ausrottung im großen Rahmen unmöglich, und selbst in kleinerem Maßstab erfordert die Eindämmung ihrer Zahl wiederholte und teure Bekämpfungsstrategien. Daher überrascht es ein wenig, dass eine gezielte, systematische Suche nach Verbindungen, deren Effizienz die relativ geringe und zeitlich begrenzte Wirkung natürlicher Insektizide weit überträfe, erst in den späten 1930er-Jahren begann.

Paul Hermann Müller promovierte 1925 in Basel in organischer Chemie und bekam eine Stelle in der Forschungsabteilung von J. R. Geigy, einer Schweizer Herstellungsfirma von Färbemitteln, deren Ursprünge bis in die Mitte des 18. Jahrhunderts zurückreichen. Müllers erste Aufgabe bestand darin, an synthetischen und aus Pflanzen gewonnenen Farbstoffen und Gerbstoffen zu arbeiten. Ein Jahrzehnt später befasste er sich mit der Synthese von Pflanzenschutzmitteln (Mottenschutz für Textilien) und entwickelte neue Produkte mit bakteriziden und insektiziden Eigenschaften sowie das quecksilberfreie »Graminon«, ein neues Desinfektionsmittel für Saatgut. Sein nächster Auftrag bestand darin, neue Insektizide zu entwickeln, die teure und oft nur geringfügig wirksame Produkte oder erschwingliche, aber giftige Arsenverbindungen ersetzen sollten: Der Aufstieg eines neuen Wirkstoffs zu weltweiter Bekanntheit begann letztlich mit einer weiteren Suche des Unternehmens nach besseren Alternativen.

Zu dieser Zeit gab es keine vielversprechenden Aussichten für bessere Insektizide. Der ideale Wirkstoff sollte bei möglichst vielen Arten eine schnelle toxische Wirkung zeigen, allerdings ungiftig für Säugetiere oder Pflanzen sein (oder nur eine minimale Toxizität aufweisen) sowie nicht reizend, geruchsneutral, persistent (chemisch stabil) und preiswert. Keines der damals bekannten Insektizide – darunter vor allem Pyrethrum (aus Blüten der Chrysanthemen gewonnen und meist aus Japan importiert), Rotenon (in einigen Hülsenfrüchten enthalten) und Nikotin (in Tabak und anderen Nachtschattengewächsen vorkommend) – hatte eine anhaltende Wirkung. Zudem waren die meisten von ihnen teuer und einige von ihnen giftig oder sie lösten Hautirritationen aus.

1939, nach vier Jahren Forschung und Testreihen mit 349 möglichen Kandidaten, fand Müller ein vielversprechendes Molekül. Experimente, durchgeführt von anderen Mitarbeitern in seiner Firma, zeigten, dass Verbindungen mit einer Chlormethylgruppe (-CH_2Cl) für Motten giftig waren, wenn sie von den Insekten oral aufgenommen wurden. Müller wurde auf einen Artikel aus dem Jahr 1934 im *Journal of the Chemical Society* aufmerksam, in dem zwei britische Autoren die Herstellung eines Diphenyltrichlorethans beschrieben. Umgetrieben von seiner Neugier wollte er wissen, ob die -CCl_3-Gruppe bei Kontakt eine insektizide Wirkung hatte. Daher synthetisierte er im September 1939 Dichlordiphenyltrichlorethan (DDT), und Tests ergaben sofort, dass es Wirkung zeigte, wenn Insekten damit in Kontakt kamen. Das wurde von keiner anderen bekannten Verbindung erreicht.

Es war jedoch kein unbekanntes Molekül: Diese chlororganische Verbindung wurde erstmals 1874 von Othmar Zeidler, einem österreichischen Chemiker, synthetisiert, als er an der Universität von Straßburg studierte (das nach der Niederlage Frankreichs 1871 zu Deutschland gehörte). Zeidler unternahm nichts, um die praktische Anwendbarkeit seiner Entdeckung zu nutzen, was in der zweiten Hälfte des 19. Jahrhunderts nicht ungewöhnlich war: In diesen Jahrzehnten gab es viele neue Synthesen organischer Verbindungen, die keine unmittelbare Verwendung fanden, darunter (wie bereits erwähnt) Tetraethylblei, eine metallorganische Verbindung, die 1853 erstmals künstlich hergestellt wurde, und Polyvinylchlorid (PVC), der heute zweitwichtigste Kunststoff der Welt (nur Polyethylen wird in noch größeren Mengen hergestellt), erstmals 1872 von Eugen Baumann synthetisiert.

Müllers Entdeckung von DDT – einer farblosen, geschmacksneutralen, fast geruchlosen kristallinen Verbindung – als wirkungsvolles Insektizid wurde schnell durch weitere Tests bestätigt, die zeigten, dass es Moskitos, Läuse, Flöhe, Sandfliegen und Kartoffelkäfer tötete. Schnell folgten Patente (1940 in der Schweiz, 1942 in Großbritannien, 1943 in den USA), und Geigy vertrieb das Insektizid fortan in zwei Konzentrationen, die 5 Prozent DDT (Gesarol-Spray gegen den Kartoffelkäfer) und 3 Prozent DDT (Neocid-Staub, hauptsächlich zur Bekämpfung von Läusen) enthielten. Dank der Vermittlung des US-Militärattachés in Bern gingen im November 1942 Proben in New York ein, und das US-Militär, dem das Pyrethrum ausging, begann, das Mittel zur Bekämpfung von Malaria, Typhus und Läusen einzusetzen, zunächst in Europa und dann auf den Pazifikinseln.

Die Ergebnisse waren überzeugend. Während zweier Sommermonate im Jahr 1943 in Sizilien verzeichnete die U.S. Army 21 482 Krankenhauseinweisungen wegen Malaria im Vergleich zu 17 375 Verwundeten und Toten. Ein Poster zur öffentlichen Gesundheit hatte recht: »Die Malariamücke setzt mehr Männer außer Gefecht als der Feind.« Die Feldversuche mit DDT begannen in Italien im August 1943. Bis 1945 waren die neuen Malariafälle um mehr als 80 Prozent zurückgegangen. Zudem wurde DDT willkürlich, aber hochwirksam eingesetzt, um die Typhusepidemie in Neapel zu stoppen. Ab Mitte Dezember 1943 wurden 1,3 Millionen Menschen mit DDT bepudert (sie mussten ihre Kleidung an den Hand- und Fußgelenken zusammenbinden und bekamen DDT-Pulver in den Kragen und den Bund gestreut), und zwei Monate später gab es in der Stadt keine neuen Typhusfälle mehr. Am Ende des Zweiten Weltkriegs und unmittelbar danach wurde DDT umfänglich von den alliierten Armeen bei der Evakuierung von Konzentrationslagern und Gefängnissen sowie bei der Rückführung von Deportierten eingesetzt.

Diese äußerst schnelle und hochwirksame Krankheitsprävention verschaffte DDT ein sehr positives Image im öffentlichen Bewusstsein, das durch die Nachkriegsanstrengungen zur Ausrottung von Malaria, zunächst in den USA und in Teilen Südeuropas, nur noch verstärkt wurde. 1948 erhielt Paul Müller den Nobelpreis für Physiologie/Medizin, und zwar »für seine Entdeckung des hohen Wirkungsgrads von DDT als Kontaktgift gegen verschiedene Arthropoden (Gliederfüßer)«. In der Begründung hieß es, dass »das Mittel ohne jeden Zweifel bereits das Leben und die Gesundheit von Hunderttausenden gerettet hat« (Abb. 2.4). Und die Zahl der ge-

Abbildung 2.4 Paul Hermann Müller erhielt 1948 den Nobelpreis für Physiologie/Medizin für seine Arbeit über DDT.

retteten Leben wuchs weiter: 1970 kam der US-Ausschuss für Forschung in den Biowissenschaften der Nationalen Akademie der Wissenschaften zu dem Schluss, dass »die Menschheit nur wenigen Chemikalien so viel zu verdanken hat wie DDT«, weil es in weniger als zwei Jahrzehnten seiner Anwendung 500 Millionen Todesfälle durch Malaria verhindert hatte.

Der Wirkstoff wurde zu einem der neuen Mittel (neben den neuen kurzstieligen, ertragreichen Weizen- und Reissorten, die zunehmend mit synthetischem Stickstoff gedüngt wurden) im globalen Kampf gegen Hunger, Unterernährung und Krankheiten.

In den USA wurde DDT im Oktober 1945 sowohl als landwirtschaftliches als auch als Haushaltspestizid für die Öffentlichkeit zum Verkauf freigegeben, und seine Anwendung im Pflanzenschutz nahm rasch zu. Natürlich gab es angesichts der Neurotoxizität des Mittels für Insekten Bedenken hinsichtlich seiner gesundheitlichen Folgen. Eines der ersten Gutachten wurde 1945 von Patrick Buxton veröffentlicht, einem führenden britischen Entomologen. Sein Fazit lautete, dass DDT sich sehr wirksam gegen Insekten erweise und gegenüber Säugetieren kaum toxische Wirkung zeige und dass hohe Dosen zwar zu pathologischen Veränderungen der Leber und zu Zittern führen können, es aber keine Anzeichen für eine Schädigung der Menschen gibt, die es herstellen oder anwenden. »Nach zwei Jahren vielseitiger Erfahrungen können wir meiner Meinung nach sagen, dass DDT als Insektizid harmlos ist.« Es gab jedoch Bedenken hinsichtlich der Persistenz von DDT: Mit DDT imprägnierte Kleidung konnte Läuse auch nach mehrmaligem Waschen töten, und dünne Filmschichten von DDT, die sich auf Wänden oder Glasscheiben absetzten, töteten Mücken und Fliegen noch viele Wochen lang.

Die ersten Berichte über schädliche Auswirkungen tauchten in den späten 1950er-Jahren auf, als sowohl der landwirtschaftliche Einsatz als auch das großflächige Versprühen von DDT zur Bekämpfung von Moskitos, Zeltraupen und Schwammspinnern üblich wurde. 1958 berichtete Derek Ratcliffe von der British Nature Conservancy über das vergleichsweise plötzliche Auftreten einer ungewöhnlich großen Anzahl zerbrochener Eier in den Horsten von Wanderfalken in den frühen Fünfzigern. Im selben Jahr veröffentlichte Roy Barker vom Illinois State Natural History Survey einen Artikel im *Journal of Wildlife Management*, in dem er auf »die Möglichkeit hinwies, dass mäßige Anwendungen von DDT unter bestimmten Bedingungen von Regenwürmern so konzentriert werden können, dass sie fast ein Jahr später eine tödliche Wirkung auf Rotkehlchen haben«. Dies beruhte auf der Wirkung einer im Frühjahr stattgefundenen Besprühung von Ulmen auf dem Hauptcampus der University of Illinois in Urbana mit einer 6-prozentigen DDT-Lösung zwischen Mai 1950 und Mai 1952: In dieser Zeit wurden 21 sterbende Rotkehlchen auf dem Campus gefunden, die alle erhöhte Konzentrationen von DDT oder dessen Metaboliten in ihrem Gehirn aufwiesen. Dieser Befund wurde Hauptbestandteil einer ausführlichen Anklageschrift gegen DDT, die vier Jahre später veröffentlicht wurde.

Im selben Jahr, in dem Ratcliffe und Barker ihre Ergebnisse publizierten, begann Rachel Carson – eine Meeresbiologin, die zuvor beim U.S. Fish and Wildlife Service beschäftigt war und 1952 ihren Job an den Nagel hängte, nachdem ihr zuvor veröffentlichtes Buch *Geheimnisse des Meeres* zum Bestseller avancierte und ihr finanzielle Unabhängigkeit verschaffte – die Aktivitäten einiger Gemeinden gegen die Verwendung von DDT zu recherchie-

Abbildung 2.5 Rachel Carson (1907–1964), deren Buch *Silent Spring* dazu beitrug, die amerikanische Öffentlichkeit gegen DDT aufzubringen. Quelle: U.S. Fish and Wildlife Service.

ren. Dabei handelte es sich um Kommunen insbesondere im Nordosten der USA, die von DDT-Sprühaktionen betroffen waren (Abb. 2.5). Diese Gruppierungen gründeten das »Committee Against Mass Poisoning« und beantragten in einem Fall sogar den Erlass einer einstweiligen Verfügung gegen das US-Landwirtschaftsministerium. Carson sammelte nun auch Informationen über die mit Pestiziden verbundenen Risiken. Ursprünglich wollte sie in einem Artikel für den *New Yorker* über diese Themen berichten. Als jedoch mehr Informationen vorlagen, beschloss Carson, stattdessen ein Buch zu schreiben. Das Manuskript wurde zunächst bearbeitet (und gekürzt), um ab Juni 1962 als Fortsetzungsserie im *New Yorker* zu erscheinen. Danach wurde es in einer Großauflage von Houghton Mifflin veröffentlicht und kam in die Auswahl des »Book of the Month«-Klubs, und schließlich wurde es von CBS für das Fernsehen adaptiert.

Dieser »Hattrick« machte das Buch zum bekanntesten Sachbuch der Sechziger. *Silent Spring – Der stumme Frühling* – stellte den Einsatz von DDT als einen der folgenreichsten Eingriffe des Menschen in die natürliche Ordnung der Dinge dar, und es wurde mit der Absicht verlegt, eine möglichst breite Öffentlichkeit zu erreichen. Der Titel bezieht sich auf einen Brief, den ein Einwohner von Hinsdale, Illinois, 1958 schrieb, nachdem die Ulmen dort mehrere Jahre lang mit DDT besprüht worden waren:

> *»In der Stadt gibt es fast keine Rotkehlchen und Stare mehr; Meisen waren seit zwei Jahren nicht mehr in meinem Vogelregal, und dieses Jahr sind auch die Kardinäle verschwunden. Die nistende Population in der Nachbarschaft scheint aus einem Taubenpaar und vielleicht einer Spottdrosselfamilie zu bestehen. Es ist schwierig, den Kindern zu erklären, dass die Vögel getötet wurden ... ›Werden sie jemals wiederkommen?‹, fragen sie, und ich habe keine Antwort darauf.«*

Daher das sinnträchtige Bild des stummen Frühlings, der über Amerika hereinbricht.

Mit Blick auf die Zukunft bietet Carson einige beängstigende Szenarien. In dem Kapitel »Ein Zukunftsmärchen«, mit dem das Buch beginnt, vermengt Carson bewusst realistische Möglichkeiten mit absolut unhaltbaren Übertreibungen hinsichtlich einiger Kinder, die fast augenblicklich sterben:

»Die Farmer erzählten von vielen Krankheitsfällen in ihren Familien. In der Stadt standen die Ärzte immer ratloser den neuartigen Leiden gegenüber, die unter ihren Patienten auftraten. Einige Menschen waren plötzlich und unerklärlicherweise gestorben, nicht nur Erwachsene, sondern sogar Kinder, die mitten im Spiel jäh von Übelkeit befallen wurden und binnen weniger Stunden starben. Es herrschte eine ungewöhnliche Stille. Wohin waren die Vögel verschwunden?«

Und im elften Kapitel des Buches, das sich mit der Toxizität von Insektenvernichtungsmitteln befasst, werden die Hersteller von Pestiziden unverblümt als Giftmischer »jenseits der Träume der Borgias« bezeichnet. Obwohl *Der stumme Frühling* den Einfluss des Menschen auf die Biosphäre aus einem größeren Blickwinkel betrachtete und Carson wiederholt darauf hingewiesen hatte, dass andere Pestizide, deren Rezeptur und Vermarktung der Einführung von DDT folgten, viel giftiger und weitaus schädlicher für die Flora und Fauna waren (»Endrin ... lässt den Stammvater dieser ganzen Gruppe von Insektiziden, DDT, im Vergleich dazu fast harmlos erscheinen«), machte sie DDT zum Kernstück der langwierigen Anklage des Buches: Im gesamten Buch bezieht sich Carson fast 200-mal darauf. Was auf die Veröffentlichung folgte, wurde nur mit Superlativen beschrieben.

Das Buch wurde sofort zu einem Bestseller (und blieb 86 Wochen lang auf der Bestsellerliste der *New York Times*). Es wurde als beispiellose Anklage, als »erschütternder Tsunami« von Enthüllungen betrachtet, der »die moderne Umweltbewegung ins Leben rief«, so wie Harriet Beecher Stowes *Onkel Toms Hütte* den Grundstein für eine breite Antipathie gegenüber Sklaverei gelegt und Thomas Paines *Common Sense* die radikale Stimmung zu Beginn der amerikanischen Revolution auf den Punkt gebracht hatte. Es konnte nicht ausbleiben, dass man Bücher über dieses Buch schrieb, und es wurde zu einer jener Publikationen, deren Botschaft selbst einer sehr großen Zahl von Menschen klar wurde, die es nie gelesen haben (und den Generationen, die nach seiner Veröffentlichung geboren wurden und davon gehört haben): DDT tötet und schadet in vielerlei Hinsicht.

Während das Buch zu einer breiten Unterstützung für ein Verbot von DDT führte, deckten weitere Untersuchungen bis dato unbekannte schädliche Wirkungen auf, die detailliert beschrieben wurden. Besonders erschreckend war, welche Rolle das Mittel bei dem katastrophalen Rückgang von Greifvögeln spielte, insbesondere für Wanderfalken und Weißkopfseeadler in manchen Teilen der USA. Hinzu kam der Nachweis, dass DDT für Rotkehlchen definitiv schädlicher war als ihre Exposition gegenüber Methoxychlor, einem anderen häufig verwendeten Insektizid, das erst 2003 verboten wurde. In den Jahren 1971/72 führte die neu gegründete US-Umweltbehörde EPA sieben Monate lang Anhörungen zu DDT durch, die insgesamt mehr als 9000 Seiten mitgeschriebener Zeugenaussagen ergaben. Edmund Sweeney, der Anhörungsbeauftragte der EPA, veröffentlichte einen 113-seitigen Bericht mit Untersuchungsergebnissen, Schlussfolgerungen und Anordnungen, der am 25. April 1972 im *Federal Register* (Amtsblatt der Bundesregierung der USA) veröffentlicht wurde. Er kam zu dem Schluss, dass DDT nicht verboten werden sollte, da es wichtige Verwendungszwecke hätte; es sei auch nicht der einzige Übeltäter in der Familie der Pestizide (wobei einige Ersatzstoffe schädlichere Auswirkungen hätten); es sei »keine krebserregende, mutationsauslösende oder Fehlbildungen erzeugende Gefahr für den Menschen«; und die Verwendungszwecke gemäß den Verordnungen »haben keine schädlichen Auswirkungen auf Süßwasserfische, Organismen in Mündungsgebieten, Wildvögel, andere Vögel oder andere Wildtiere«.

Doch nur sechs Wochen später verkündete der Leiter der Behörde, William Ruckelshaus, den Entschluss, das Mittel zu verbieten, und begründete seine Entscheidung mit einer Verknüpfung von Faktoren, die »ein Risiko für die Umwelt darstellen«. Die wichtigsten Bedenken, die seine Entscheidung rechtfertigten, waren die DDT-Konzentration in Organismen (sowohl auf dem Land als auch im Meer), seine Übertragung durch die Nahrungsnetze, seine Persistenz im Boden über Jahre (sogar Jahrzehnte), seine Kontamination aquatischer Ökosysteme, seine Letalität für viele nützliche Insekten, seine Toxizität für Fische, seine Rolle bei der Ausdünnung der Eierschalen von Vögeln und damit auch bei der Beeinträchtigung bei deren Fortpflanzung sowie sein mögliches Krebsrisiko. Diese Faktoren »stellen ein unbekanntes, quantitativ nicht bestimmbares Risiko für den Menschen und niedere Organismen dar«, folglich ein »inakzeptables Risiko«, das sich aus dem weiteren Einsatz ergibt, und rechtfertigten ein vorsorgliches Verbot der weitergehenden Verwendung als Insektizid für viele gängige Nutzpflanzen, darunter Baumwolle, Mais, Bohnen, Erdnüsse und Gemüse.

Diese Entscheidung fiel weniger als zwei Jahre, nachdem ein Ausschuss der Nationalen Akademie der Wissenschaften der USA hervorgehoben hatte, dass der Mensch schuld sei an DDT, und sie wurde nicht nur von den Unternehmen, die an der Herstellung und Anwendung des Insektizids beteiligt waren, scharf kritisiert. Auch Norman Borlaug, der mit seinen ertragreichen Züchtungen die weltweiten Erträge von Grundnahrungsmitteln erheblich steigerte und das Verbot für eine schreckliche Entscheidung hielt, sowie einige der führenden Entomologen des Landes schlossen sich der Kritik an. Mitten in der amerikanischen Debatte über das Verbot von DDT druckte die Zeitschrift *Science* den Brief eines Entomologen der University of California ab, der das Verbot als ein Urteil ansah, das geprägt sei von Emotionen und Mystik, und konstatierte, dass es trotz der weitverbreiteten und umfangreichen Anwendung von DDT keine Beweise für Schäden an Menschen oder Tieren durch legitime Anwendungen gebe. Ein anderer Biologe, diesmal von der Rutgers University, fragte sich, »wie weit diese absurde Kampagne gehen wird, um ein wirksames, sicheres und bewährtes Pestizid zu ersetzen«. Später, nachdem ihm vorgeworfen wurde, eine politische Entscheidung getroffen zu haben, erklärte Ruckelshaus seinen Gedankengang:

> *»Ich habe mit einem Reporter der Chemical Week gesprochen, der mich fragte, ob das Ganze politisch sei. Ich sagte: politisch mit kleinem ›p‹ – im Sinne einer Gesellschaft, die zu entscheiden versucht, welches Risiko sie für welchen Nutzen bereit ist zu akzeptieren. Aber ich spreche nicht von Politik mit großem ›P‹. In seinem Leitartikel stand dann, dass ich zugegeben hätte, dass es eine politische Entscheidung war.«*

Aber die Argumente gegen DDT beruhen weder auf Carsons erfundenen Übertreibungen noch auf Ruckelshaus' Entscheidung, die Erkenntnisse des Prüfers zu ignorieren. Der Entschluss, DDT zu verbieten, war durch ein tieferes Verständnis gerechtfertigt, das die Studien in den Jahren nach 1972 lieferten. Sie machten deutlich, dass die Auswirkungen des Mittels auf die Umwelt das vorsorgliche Verbot der meisten seiner Verwendungen rechtfertigten und dass das Verbot, entgegen einigen Behauptungen, keine größeren Folgen hatte, die es zu bedauern gab.

Das Verbot in den USA, dem das schwedische Verbot von 1970 vorausging, bedeutete nicht das Ende aller Verwendungszwecke der Chemikalie: Es konnten Ausnahmen gewährt werden, und in den Siebzigern wurde DDT in mehreren Bundesstaaten, darunter Louisiana, Kalifornien, Colorado, New Mexico und Nevada, zur Bekämpfung von typhus- und pestübertragenden Flöhen, Rüsselkäfern und Motten eingesetzt. Mit dem Ende des großflächigen landwirtschaftlichen Sprühens begann der DDT-Gehalt in Flora und Fauna (Fettgewebe, Blut) zu sinken, und die durch DDT und DDE (*Dichlordiphenyldichlorethylen*), ein Metabolit von DDT) verursachte Ausdünnung der Eierschalen wurde schließlich auf allen Kontinenten außer der Antarktis untersucht. Die Beeinträchtigung weist erhebliche zwischenartliche Unterschiede auf: Vor allem Hühner und Wachteln sind überhaupt nicht betroffen, während Raubvögel und fischfressende Arten aufgrund der Bioakkumulation von DDT und DDE im Fettgewebe am anfälligsten sind.

Da die Kalziumkonzentration im Blut der betroffenen Vögel normal bleibt, ist es sehr wahrscheinlich, dass DDE den Transport des Minerals durch die Drüsenschleimhaut der Eierschale beeinträchtigt und die Schalendicke um bis zu 50 Prozent (meist um 15 bis 25 Prozent) verringert. Direkte Messungen der Schalendicke von Eiern aus der Zeit vor DDE, die in Museumssammlungen aufbewahrt wurden, waren nicht möglich, ohne sie zu zerbrechen (der Inhalt des Eies wird durch winzige Löcher entnommen, was die Verwendung eines Mikrometers ausschließt), und Ratcliffe entwickelte stattdessen einen Index (Gewicht/Länge × Breite), der Vergleiche mit neu gesammelten Eiern ermöglichte. David Peakall, der später am National Wildlife Center in Ottawa arbeitete, erkannte, dass er dank der Persistenz von DDE dessen Gehalt in der ausgetrockneten Membran, die in den leeren Eiern verblieb, messen konnte. Es gelang ihm tatsächlich, jahrzehntealte Eier aus Museumssammlungen mit Hexan zu füllen, und chromatografische Analysen zeigten das Vorhandensein von DDE.

Seine Untersuchungen von britischen Wanderfalkeneiern ergaben keine Spuren von DDE in Eiern aus den Jahren 1933, 1936 und 1946, aber in vier von fünf Gelegen aus dem Jahr 1947 schon. Infolgedessen waren Wanderfalken bis Anfang der 1960er-Jahre in Großbritannien und im gesamten Osten der USA und im Süden Kanadas vollständig verschwunden. Zu den anderen Greifvögeln, die von der Ausdünnung der Eierschalen betroffen waren, gehörten Fischadler, Weißkopfseeadler, Sperber, Rotschwanzbussarde und erst zwischen 2006 und 2010 auch Kondore, die in Zentralkalifornien wieder angesiedelt worden waren und sich von den Kadavern der Seelöwen in der südkalifornischen Bucht ernährten, die in der Vergangenheit durch die Abwässer einer DDT-Fabrik verseucht worden war. Zu den fischfressenden Vögeln, die nachweislich Verluste erlitten haben, gehören Ohrenscharben, Braunpelikane, Schreiseeadler, Kanadareiher und der Brillensichler. Darüber hinaus bedeutet die Persistenz von DDT, dass einige Vogelpopulationen noch nicht zu einer normalen Eierschalendicke zurückgekehrt sind: Bei den grönländischen Wanderfalken sind seit Jahrzehnten stetige Zuwächse zu verzeichnen, aber die Rückkehr zum Normalzustand vor DDT wird möglicherweise nicht vor 2034 erfolgen.

Der allmähliche Rückgang von DDT und DDE sowie die Zucht in Gefangenschaft und die Wiederansiedlung von Greifvögeln in den am stärksten betroffenen Gebieten haben zu einer umfangreichen Erholung von zuvor ausgerotteten oder stark reduzierten Arten geführt. Aber wie hat sich das DDT-Verbot auf den Kampf gegen die malariaübertragenden Mücken ausgewirkt, die häufigste landwirtschaftliche Anwendung des Mittels? Zunächst gab es rasche Erfolge auf Sardinien, in Griechenland und im Süden der USA, doch in den 1950er-Jahren, als immer mehr Länder DDT großräumig versprühten, führte die natürliche Auslese zur Entstehung DDT-resistenter Mücken. Wie Morag Dagen feststellte, »hatten sich die Mücken an DDT angepasst, bevor die geplante weltweite Malariakampagne überhaupt begonnen hatte«.

Die europäischen und amerikanischen DDT-Verbote der frühen 1970er-Jahre galten anderswo nicht (und die Produktion des Insektizids für den Export wurde in den USA bis Mitte der Achtziger fortgesetzt), und Indien, der führende Anwender und Exporteur von DDT (vor allem nach Afrika), baute seine Produktion weiter aus: 1977 wurde im indischen Bundesstaat Maharashtra eine neue DDT-Produktionsanlage eröffnet und 2003 eine weitere im Punjab. Zu diesem Zeitpunkt war Indien jedoch nur noch einer der drei verbleibenden Produzenten (zusammen mit China und Nordkorea, Letzteres produzierte DDT in kleinen Mengen). In den späten Neunzigern begannen die Verhandlungen über ein globales Abkommen zur Beseitigung der schlimmsten persistenten organischen Schadstoffe. Sie fanden 2001 ihren Abschluss im sogenannten Stockholmer Übereinkommen, das im Mai 2004 in Kraft trat: Zunächst wurden neun Verbindungen verboten, darunter die Insektizide Aldrin, Chlordan, Endrin, Lindan und Mirex, zudem schränkte es die Verwendung von DDT für die Malariabekämpfung in tropischen Ländern ein.

Im Jahr 2006 überprüfte die Weltgesundheitsorganisation (WHO) ihre DDT-Richtlinien und bestätigte, dass das Mittel das wirksamste der zwölf für den Innenbereich zugelassenen Insektizide ist (es kann die Malariaübertragung um bis zu 90 Prozent reduzieren) und dass seine korrekte Anwendung weder Menschen noch Wildtiere schädigt. Im Jahr 2011 bekräftigte die WHO, dass »DDT nach wie vor für die Bekämpfung von Krankheitsüberträgern benötigt und eingesetzt wird, weil es keine Alternative mit gleichwertiger Wirksamkeit und praktischer Durchführbarkeit gibt, insbesondere in Gebieten mit hoher Übertragungsrate«, und erklärte, dass die Verringerung und endgültige Abschaffung seines Einsatzes von der Entwicklung alternativer Mittel und der finanziellen Unterstützung der ärmsten Länder abhänge. Indien blieb auch im zweiten Jahrzehnt des 21. Jahrhunderts der größte Nutzer und hat erst 2015 Verhandlungen über seinen Beitritt zum Stockholmer Übereinkommen aufgenommen. Bis 2019 haben elf Länder, darunter Indien, Mexiko, Brasilien und sechs afrikanische Länder südlich der Sahara, noch immer das Besprühen von Innenräumen mit DDT zugelassen, und die Tatsache, dass es nicht gelungen ist, Malaria weltweit auszurotten, kann nicht auf den eingeschränkten Einsatz von DDT zurückgeführt werden.

Im Jahr 2019 war die Krankheit in 87 Ländern mit etwa 230 Millionen Fällen endemisch, aber 91 Prozent aller Fälle entfielen auf die afrikanischen Länder südlich der Sahara, und nur zwei, Nigeria und die Demokratische Republik Kongo, machten fast 40 Prozent aus. Die misslungene Ausrottung der Krankheit ist auch auf Resistenzen zurückzuführen. Bis zum Ende des 20. Jahrhunderts entwickelten mehr als 50 Arten von Malariamücken eine ausgeprägte Widerstandsfähigkeit gegen DDT, darunter auch diejenigen, die im subsaharischen Afrika und in Asien zu den Hauptüberträgern von Malaria gehören, und auch Resistenzen gegen andere Mittel sind weitverbreitet. Im Jahr 2019 meldeten 73 Länder eine Widerstandsfähigkeit gegen mindestens ein Insektizid bei einer malariaübertragenden Art, und 28 Länder meldeten eine Resistenz gegen alle vier wichtigen Insektizidklassen. Diese Resistenz schwächt die Fähigkeit des Mittels zur Mückenbekämpfung erheblich, hebt sie aber nicht auf (seine Toxizität ist zwar viel geringer, aber es kann immer noch als Insektenschutz- und Reizmittel wirken). Trotz einiger Rückschläge trug der anhaltende Einsatz von DDT in den Fünfzigern und Sechzigern zur Ausrottung der Malariamücken in Nordamerika, Europa und weiten Teilen der Karibik bei. Warum nicht in Afrika?

Wie Michael Palmer feststellte, hängt die erfolgreiche Ausrottung nicht von einem einzelnen Wirkstoff ab, sondern von dem Gesamtvermögen, um mehrere Maßnahmen zur Vorbeugung, Kontrolle und Begrenzung der Krankheit durchzuführen, angefangen bei der wirtschaftlichen Entwicklung bis hin zu Hygiene, Überwachung und Behandlung: Die Überschneidung zwischen den hohen Zahlen von Malaria-Neuinfektionen und dem niedrigen Wohlstandsniveau ist nur allzu offensichtlich. Die Rolle von DDT bei der Malariabekämpfung ist nach wie vor umstritten: Neben den stets lautstarken Befürwortern eines totalen DDT-Verbots, die die Rolle des Mittels bei der Ausrottung der Krankheit nach 1945 herunterspielen, gibt es immer noch viele Befürworter von DDT, die jegliche Einschränkung seines Einsatzes als kontraproduktiv ansehen und behaupten, das DDT-Verbot habe zum Tod von Millionen Menschen geführt. Es gibt eine gemäßigte Haltung gegenüber DDT, die anerkennt, dass es in einigen Fällen immer noch keine bessere Bekämpfungsmöglichkeit gibt als das Besprühen von Innenräumen mit einem Insektizid – dass aber auch eine uneingeschränkte Kennzeichnung von DDT als sichere Wahl für diese Anwendung unhaltbar ist, da sie die gesammelten Beweise außer Acht lässt, die für eine Vorsichtsmaßnahme sprechen.

Keine menschliche Bevölkerungsgruppe war jemals in Gefahr (ohne Carson zu nahe treten zu wollen), dass ihre Kinder »beim Spielen plötzlich erkranken und innerhalb weniger Stunden sterben«. Mehr als 75 Jahre nach dem Beginn der großflächigen Anwendung von DDT haben wir jedoch ein recht gutes Verständnis der gesundheitlichen Auswirkungen dieses Pestizids. Wir wissen, dass eine akute Exposition gegenüber DDT viele Reaktionen hervorruft – von erhöhter Reizbarkeit, Zittern, Schwindel und Krampfanfällen bis hin zu Schweißausbrüchen, Kopfschmerzen, Übelkeit und Erbrechen. Langwierige berufsbedingte Expositionen können zu dauerhaften Verhaltensänderungen führen, die von einer verminderten Aufmerksamkeit und dem Verlust der Gleichzeitigkeit zwischen visuellen Informationen und körperlichen Bewegungen bis zu einer Vielzahl von neuropsychologischen und psychiatrischen Symptomen reichen.

Auf einer 2008 einberufenen Tagung, die sich mit den heutigen und damaligen Auswirkungen der DDT-Produktion befasste, wurden die Vorteile anerkannt, die sich daraus ergaben, dass durch Insekten übertragene Krankheiten in der Vergangenheit verhindert wurden. Man verwies aber auch auf die beträchtliche Exposition gegenüber DDT und DDE durch das kontinuierliche Versprühen von Insektiziden in Innenräumen, deren Risiken im Vergleich zur beruflichen Exposition kaum untersucht wurden. Wie bei so vielen anderen Schadstoffexpositionen sind Kinder, schwangere Frauen und immungeschwächte Personen am meisten gefährdet, und in malariaendemischen Gebieten, in denen DDT in Innenräumen versprüht wird, gibt es auch hohe Raten von HIV/AIDS. Aufgrund der lipophilen Natur von DDT/DDE, womit die Eigenschaft seiner Löslichkeit in Fett gemeint ist, kann längeres Stillen dazu führen, dass Säuglinge in Afrika ungewollt hohen Dosen ausgesetzt werden.

Eine im Jahr 2019 durchgeführte Auswertung von Studien, die im Lauf von sieben Jahrzehnten Forschung publiziert wurden, zeigt, dass die Beweise für die meisten Nichtkrebs- und Krebserkrankungen widersprüchlich sind, wobei nur wenige Studien einen Zusammenhang feststellen. Übereinstimmende Indizien zeigen einen Zusammenhang zwischen DDT-Belastung und Fehl- oder Frühgeburten, dem Auftreten von Giemen (Keuchatmung) bei Säuglingen und Kindern sowie Leberkrebs. Aber selbst in diesen Fällen handelt es sich um Beobachtungen und nicht um kausale Zusammenhänge. Außerdem wurden die meisten Studien, die einen Zusammenhang feststellen, ohne Kontrolle der Exposition gegenüber anderen chlororganischen Verbindungen durchgeführt, die mit DDT in Verbindung gebracht werden können. Es gibt in beschränktem Maße Hinweise auf einen Zusammenhang zwischen DDT und Non-Hodgkin-Lymphomen sowie Hodenkrebs. 2015 stufte die Internationale Agentur für Krebsforschung (IARC) DDT als »wahrscheinlich krebserregend für den Menschen« ein. DDT kann auch das Immunsystem unterdrücken und wirkt als eine endokrinschädigende Substanz, die möglicherweise das Auftreten von Brustkrebs erhöht.

Diese Geschichte der DDT-Verwendung macht deutlich, dass der Aufstieg und Fall von DDT eine gewisse Ähnlichkeit mit der, um es bildlich auszudrücken, Berg- und Talfahrt von verbleitem Benzin hat, dass aber die kumulativen Gesamtauswirkungen des großflächigen und jahrzehntelangen Einsatzes des Insektizids viel schwieriger zu beurteilen sind. Verbleites Benzin ermöglichte zwar eine höhere Verbrennungsleistung, aber es besteht kaum ein Zweifel daran, dass die gesundheitlichen Vorteile, die sich aus der Reduktion der Autoabgase ergaben, durch die Einführung eines bekannten und langlebigen Nervengifts in die Umwelt bei Weitem übertroffen wurden. Im Gegensatz dazu hätte die unleugbar positive Rolle von DDT bei der Beseitigung von Malaria in vielen Ländern und der Verringerung der Belastung dieser Infektionskrankheit in anderen Ländern noch positiver ausfallen können, wenn wir nicht auf die massive Besprühung von Nutzpflanzen zurückgegriffen hätten, die die Umwelt mit einem langlebigen Schadstoff belastet und zu einer weitverbreiteten Zunahme der DDT/DDE-Toleranz bei den anvisierten Insekten geführt hätte.

Am Ende war DDT nur eines von mehreren persistenten organischen Pestiziden, die verschwinden mussten. Der Rückgang begann 1971 in Schweden und vor allem in den USA mit der vorsorglichen Entscheidung der EPA im Jahr 1972. Im Jahr 2001 stand die Substanz an der Spitze der Liste der zwölf Chemikalien, die im Stockholmer Übereinkommen zur vollständigen oder nahezu gänzlichen Eliminierung vorgesehen sind. In Indien und einigen Ländern Afrikas werden zwar immer noch Innenräume besprüht, aber die Verlaufskurve vom Aufstieg (einhergehend mit dem Staunen darüber, wie lange die Wirkung des Insektizids anhält) bis zum Fall (hervorgerufen durch die Auswirkungen von DDT auf die Flora und Fauna und das Aufkommen einer weitverbreiteten Resistenz gegen DDT) hat nun fast ihr Ende gefunden.

DDT gehört heute zu den Erfindungen, die nicht nur willkommen waren, sondern als wahrhaftig transformativ angesehen wurden, nur um schließlich doch in die Klasse der unerwünschten Fortschritte verwiesen zu werden. Wäre es anders gekommen, wenn der Einsatz von Anfang an auf streng kontrollierte Maßnahmen zur Bekämpfung von Malaria beschränkt geblieben und der Wirkstoff nie für das großflächige Besprühen von Nutzpflanzen verwendet worden wäre? Vielleicht, aber der anfängliche Einsatz des Mittels durch die Armeen in den letzten Jahren des Zweiten Weltkriegs (zur Bekämpfung von Krankheitsüberträgern) und seine spätere schnelle Einführung als Hauptbestandteil der Grünen Revolution verhinderten eine solch vorsichtige und strikt kontrollierte Anwendung. Zumindest unter diesem Gesichtspunkt wurde DDT ein Opfer seines frühen Erfolgs.

FLUORCHLORKOHLENWASSERSTOFFE (FCKW)

Kühlungs- und Klimatisierungstechnik sind perfekte Beispiele für überall verbreitete Technologien, die für das Fortbestehen der modernen Zivilisation unerlässlich sind. Sie arbeiten jedoch dezent im Hintergrund, gelten als selbstverständlich, sind meist unsichtbar und erzeugen bei ordnungsgemäßem Betrieb nur leise Geräusche und den gewünschten Kältegrad. Kompressoren, also die Geräte, die das Kühlen und Gefrieren ermöglichen, arbeiten unaufhörlich. Sie sind in Metallkästen verborgen und für die Medienwelt von keinerlei Interesse, die ansonsten stets darauf erpicht ist, über die Fortschritte der künstlichen Intelligenz oder der Gentechnik zu berichten. Am besten vergleichbar mit Kompressoren sind Transformatoren. Es handelt sich dabei um noch zahlreichere Geräte, die dazu dienen, Spannungen zu erhöhen oder zu verringern, damit Strom über große Entfernungen übertragen werden kann (mit Ultrahochspannungen von bis zu 1100 Kilovolt) oder Handys betrieben werden können (mit Batterien von weniger als 5 Volt) und die dies, anders als manchmal laute Kompressoren, absolut geräuschlos tun.

Vor dem Aufkommen der modernen Kältetechnik beschränkten sich die Möglichkeiten zur Aufbewahrung von Lebensmitteln und Getränken auf das Schneiden, Transportieren und Lagern von Eis (das sich im 19. Jahrhundert zu einer bedeutenden saisonabhängigen Branche entwickelte) oder das Verdampfen von Wasser aus porösen Tongefäßen. Innenräume hingegen konnten nur durch Beschattung, dicke Wände oder eine Gebäudekonstruktion, die einen kühlenden Kamineffekt erzeugte, kühl gehalten werden. Im Jahr 1805 kam Oliver Evans auf die Idee eines Kühlsystems mit geschlossenem Kreislauf auf der Basis von Äther, und 1828 entwickelten Jacob Perkins und Richard Trevithick einen Luftkreislauf, doch beide Ideen kamen über ihren theoretischen Entwurf nicht hinaus. Der wirkliche Durchbruch gelang 1834, als Perkins eine mechanische Kältemaschine patentierte, die eine flüchtige Flüssigkeit, Ethylether (auch Diethylether), als Kühlmittel verwendete. Jedes moderne Kältesystem besteht aus den gleichen vier Teilen: Kompressor, Kondensator, Expansionsventil und Verdampfer, und der Perkins-Zyklus wurde zur Grundlage für neue industrielle Projekte der Kältetechnik.

1855 wurde in Cleveland die erste Eismaschine in Betrieb genommen, 1861 in Sydney die erste Gefrieranlage für Fleisch. Dampfmaschinen boten die erste zuverlässige Möglichkeit, Kompressoren anzutreiben, und ab den 1880er-Jahren bot die Elektrizität eine viel bessere (leise, saubere) Energieform an der Verwendungsstelle. Es gab jedoch keine perfekten Kältemittel, das heißt Verbindungen, deren Kompression und anschließende Expansion und Rekompression die Kühlzyklen in Gang setzte. In seinem historischen Überblick beschrieb James Calm die erste Generation von Kältemitteln, die in den ersten 100 Jahren der Industrie, das heißt in den 1830er- bis frühen 1930er-Jahren, verwendet wurden, als »alles, was funktionierte« und leicht verfügbar war: Die Liste umfasste Ether, Kohlenwasserstoffe von leichtem Methan (CH_4), Ethan (C_2H_6) und Propan (C_3H_8) bis hin zu schwerem Isobutan, Propylen, Pentan (C_5H_{12}), Kohlendioxid (CO_2), Ammoniak (NH_3), Schwefeldioxid (SO_2), Ethylchlorid (CH_3CH_2Cl), Methylformiat ($C_2H_4O_2$) und Tetrachlorkohlenstoff (CCl_4).

Das ideale Kältemittel sollte nicht brennbar, ungiftig und nicht reaktiv sein: Wenn es aus einer defekten Leitung oder einem schlecht funktionierenden Kompressor auslief, durfte keine Erstickungs- oder Vergiftungsgefahr von ihm ausgehen und es durfte sich nicht entzünden oder sich mit anderen Wirkstoffen verbinden, auf die es treffen könnte. CO_2 ist ungiftig und nicht brennbar, aber da es schwerer als Luft ist, kann es sich in der Nähe tief liegender Bereiche in geschlossenen Räumen ansammeln und durch die Verdrängung von Sauerstoff zur Erstickungsgefahr führen. In Ermangelung guter Alternativen wurden sogar einige brennbare Gase als durchaus akzeptabel angepriesen. 1922 hieß es in einer Anzeige, Propan sei »eine neutrale Chemikalie«, die »weder schädlich noch in irgendeiner Weise unerträglich« sei, und falls nötig könne »der Techniker ohne Unannehmlichkeiten in seinem Dampf arbeiten«. Propan hat zwar eine geringe Toxizität, aber da es schwerer als Luft ist, führt jedes Austreten des Gases in

Innenräumen dazu, dass es sich in Bodennähe ansammelt und die Gefahr mit sich bringt, sich zu entzünden oder zu explodieren.

1860 patentierte Ferdinand Carré einen Kühlkreislauf mit Ammoniak, und diese Verbindung wurde trotz ihrer inhärenten Risiken – Ätzungen für Haut, Augen und Lunge, akut giftig bei 300 ppm (parts per million) – zum bevorzugten Kältemittel in großen Industrieanlagen und ist es auch heute noch, weil es den besten reinen Kühleffekt (Wärmeaufnahme pro Einheit Kältemittel aus dem gekühlten Raum) erzeugt. Ammoniak ist zwar auch entflammbar (in Konzentrationen von 15 bis 28 Volumenprozent in der Luft), aber seine Entflammbarkeit ist geringer als die von Kohlenwasserstoff-Kältemitteln, und seine niedrige Geruchsschwelle (nur 20 ppm) macht es auch ohne Sensoren leicht erkennbar. Gleichwohl kommt es in großen Kühllagern immer wieder zu ungewollten Austritten, weswegen aufwendige Überwachungs- und Kontrollsysteme entwickelt wurden.

Ganz offensichtlich war keines dieser »natürlichen« Kältemittel – brennbare Kohlenwasserstoffe, ätzendes Ammoniak, giftiges Schwefeldioxid – eine sichere und hinnehmbare Wahl für den allgemeinen Küchenkühlschrank. In den späten 1920er-Jahren sollte dies zu einem offensichtlichen Hindernis für die massenhafte Einführung von Haushaltskühlschränken werden. Die ersten Modelle kleiner Kühlschränke für Lebensmittel kamen in den USA kurz vor dem Ersten Weltkrieg auf den Markt, aber ihre weiträumige Verbreitung hing auch vom Tempo der Elektrifizierung und den Stromkosten ab. Bis 1925 war die Hälfte der amerikanischen Haushalte an das Stromnetz angeschlossen, und die Strompreise fielen. Ein besseres Kühlmittel war die einzige grundsätzliche Verbesserung, die nötig war, um Kühlschränke so in Umlauf zu bringen wie Radios.

In der Zwischenzeit wurde General Motors (GM) zum Eigentümer des führenden Kühlschrankherstellers des Landes. Im Jahr 1915 hatte Alfred Mellows seinen ersten Kühlschrank entworfen, aber 1918, nachdem er nur eine kleine Anzahl der Geräte in Detroit verkauft hatte, wurde sein Unternehmen von William Durant, dem Gründer von GM, aufgekauft und dann an GM verkauft. Das Geschäft florierte jedoch nicht. Die Frigidaire-Konstruktion nutzte Schwefeldioxid (SO_2) als Kältemittel, und wegen des offensichtlichen Gesundheitsrisikos blieben die Kühlschränke draußen auf der Veranda und durften nicht in Krankenhäusern oder Restaurants aufgestellt werden

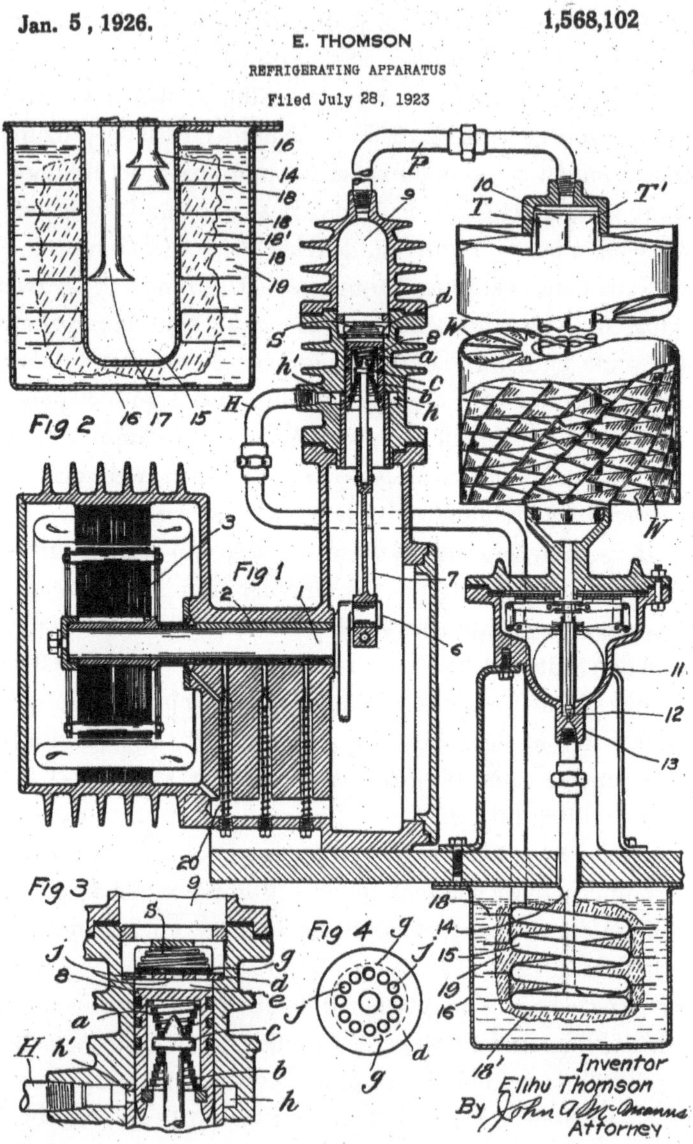

Jan. 5, 1926. 1,568,102

E. THOMSON

REFRIGERATING APPARATUS

Filed July 28, 1923

Fig 1 Fig 2 Fig 3 Fig 4

Inventor
Elihu Thomson
By John A. McManus
Attorney

Abbildung 2.6 Elihu Thomsons Patentanmeldung von 1926 für einen Haushaltskühlschrank mit Schwefeldioxid. Quelle: E. Thomson, Refrigerating apparatus (US Patent 1,568,102, eingereicht am 28. Juli 1923 und erteilt am 5. Januar 1926), https://patents.google.com/patent/US1568102A.

(Abb. 2.6). Hier kommt erneut Charles Kettering, der Leiter des GM-Forschungslabors, ins Spiel. Er erkannte, dass »die Kälteindustrie ein neues Kühlmittel braucht, wenn sie etwas erreichen will«. Mit Blick auf die Zukunft dachte er auch an einen riesigen Markt für Kühlanlagen (und schließlich Klimaanlagen) in tropischen Ländern sowie an Air Conditioning in Autos.

Wie schon beim elektrischen Anlasser und beim verbleiten Benzin wollte Kettering durch gezielte Forschung eine Lösung finden. Thomas Midgley, der nach seiner Arbeit an verbleitem Benzin jahrelang an der Cornell University an synthetischem Kautschuk gearbeitet hatte, erklärte sich bereit, die Suche nach einem besseren Kältemittel zu leiten. Seine engsten Forschungspartner waren Albert Henne, ein Experte für Fluorchemie, der vorschlug, dass die Substitutionen des Elements in chlorierten Verbindungen ein begehrtes Kältemittel ergeben könnten, und Robert McNary. Die erste Fluorchlorkohlenwasserstoffverbindung, die sie synthetisierten, war Dichlordifluormethan (CCl_2F_2), bekannt als F12 und verkauft unter dem Markennamen Freon, dessen Zwischenprodukt Trichlorfluormethan (CCl_3F, anderer Name: F11) war. Obwohl sie es nicht herstellten, war ihnen bewusst, dass sie auch die überfluorierte Alternative, Chlortrifluormethan (CF_3Cl), bekannt als F13, produzieren konnten.

Sie schnüffelten an F12 und überlebten das Experiment. Dann organisierten sie eine Reihe von Versuchen an Meerschweinchen, um zu beweisen, dass die Verbindung ungefährlich ist. Im April 1930 stellte Midgley Freon auf der Tagung der American Chemical Society vor. Zur Überraschung aller Anwesenden atmete er auf der Bühne ein wenig davon ein (ungiftig!) und atmete es langsam wieder aus, um es von einer Kerzenflamme zu unterscheiden (nicht brennbar!). Im August 1930 gründeten GM und DuPont eine Aktiengesellschaft für die Herstellung und Vermarktung der Verbindung, und im November 1931 erhielt Freon sein US-Patent (unter der allgemeinen Bezeichnung *Heat transfers*). Der geschäftliche Erfolg stellte sich sofort ein. Bis 1929 hatte GM den millionsten Kühlschrank ausgeliefert, und bis 1932 (obwohl sich das Land mitten in der größten wirtschaftlichen Rezession des Jahrhunderts befand) stieg die Gesamtzahl auf 2,25 Millionen Stück. Trotz der anhaltenden Wirtschaftskrise und des Zweiten Weltkriegs (mit der Mobilisierung der Industrie für die militärische Produktion) stieg der Anteil der US-Haushalte, die einen Kühlschrank besaßen, von nur 10 Prozent im Jahr 1930 auf fast 60 Prozent im Jahr 1945 und auf 90 Prozent im Jahr 1952.

Diese rasche Verbreitung von Kühlschränken fand dann im Europa der Nachkriegszeit und in Japan ihre Nachahmung (in einigen Ländern wurde die Marktsättigung in kaum mehr als einer Generation erreicht), und der Besitz von Kühlschränken begann sich auch in wohlhabenderen städtischen Familien in Ländern mit niedrigem Einkommen zu verbreiten. Anfang der 1970er-Jahre gab es in allen kaufkräftigen Ländern mehr Kühlschränke als Farbfernseher, und auch immer mehr Amerikaner profitierten von zwei wichtigen Anwendungen des Perkins-Zyklus: 1970 verfügte etwa die Hälfte aller Haushalte über eine Klimaanlage, ebenso wie mehr als die Hälfte aller Neuwagen. Zu diesem Zeitpunkt waren Kühlschränke in Haushalten und die weitverbreitete Raum- und Autoklimatisierung nur zwei, wenngleich sehr wichtige Anwendungen von FCKW. Die Verkettung erstrebenswerter FCKW-Eigenschaften – stabil, nicht korrosiv, nicht brennbar, ungiftig und erschwinglich – machte sie auch zur idealen Wahl für Aerosoltreibmittel (die in Produkten von Kosmetika über Farben bis hin zu medizinischen Inhalatoren verwendet werden), für die Herstellung von Dämmstoffen aus Kunststoff (einschließlich Polyurethanen, Phenolen und extrudiertes Polystyrol), die Reinigung empfindlicher elektronischer Schaltkreise und die Extraktion von Speise- und Aromaölen.

Dies führte zu einem exponentiellen Anstieg der FCKW-Produktion. Die jährliche weltweite Produktionsleistung der beiden vorherrschenden Verbindungen, F-11 und F-12, später bekannt als FCKW-11 und FCKW-12 oder R-11 und R-12, stieg von weniger als 550 Tonnen im Jahr 1934 auf mehr als 50 000 Tonnen im Jahr 1950, auf etwa 125 000 Tonnen im Jahr 1960 und dann auf den Höchststand von 812 522 Tonnen im Jahr 1974, wobei fast die Hälfte der Gesamtmenge auf die USA entfiel und die amerikanischen Unternehmen DuPont und Allied Signal, die britische ICI sowie die europäischen Unternehmen Akzo, Atochem, Hoechst, Kali-Chemie und Montefluos die größten Produzenten waren. Und was war mit den fast 10 Millionen Tonnen FCKW, die seit den frühen 1930er-Jahren in die Atmosphäre gelangt waren? Niemand wusste es – bis zu den ersten Messungen von FCKW-11-Konzentrationen in der Atmosphäre, die genau vier Jahrzehnte nach der Entdeckung von Midgley und seinem Team durchgeführt wurden.

1970 entwickelte James Lovelock, ein britischer Wissenschaftler, der vor allem für seine Gaia-Hypothese (die Erde als selbstregulierender Superorganismus) bekannt ist, ein Verfahren zur Messung des FCKW-11-Gehalts in der Atmosphäre. 1971 nahm er die ersten Messungen in Adrigole im Westen Irlands vor und wies die Verbindung nicht nur in den östlichen Strömungen der verschmutzten europäischen Atmosphäre nach, sondern auch in der sauberen Luft, die vom Atlantik kam. Er schlussfolgerte, dass ihr Vorhandensein »in der Atmosphäre in keiner Weise eine Gefahr darstellt«, dass die Existenz der Verbindung nur durch eine sehr empfindliche Technik der Elektronenabsorption nachgewiesen werden kann und dass ihre Konzentration, da es keine natürlichen gasförmigen Fluorverbindungen gibt, als Gradmesser für durch industrielle Schadstoffe verunreinigte Luftmassen dienen kann.

In den Jahren 1971 und 1972 maßen Lovelock und seine Kollegen auf einem Schiff, das auf dem Atlantik von England in die Antarktis fuhr, regelmäßig die Konzentration von FCKW-11 und fanden die Verbindung auf der gesamten Strecke in einer durchschnittlichen Konzentration von etwa 50 Teilen pro Billion, wobei die Werte auf der Nordhalbkugel (erwartungsgemäß) höher waren. Das Ergebnis war eindeutig: FCKW verbleibt in der Atmosphäre, und aufgrund ihrer Trägheit sammelte sich fast der gesamte Ausstoß nach 1930 in der Luft an. Aber stellte das Vorhandensein dieser Verbindungen, wie Lovelocks Gruppe schlussfolgerte, »keine absehbare Gefahr« dar, weil sie »keine störende Auswirkung auf die Umwelt haben« –, oder könnte ihre Anreicherung unerwünschte Folgen haben? Hypothesen, die das letztere Ergebnis nahelegen, wurden 1974 veröffentlicht. Richard Stolarski und Ralph Cicerone waren die Ersten, die vorschlugen, dass Chloroxide stratosphärisches Ozon erheblich verringern könnten, und zeigten, wie die Ozonmoleküle in zwei katalytischen Zyklen zerstört werden konnten.

Bald darauf brachten Sherwood Rowland und sein Doktorand Mario Molina das Chlor in FCKW direkt mit der Zerstörung der Ozonschicht in Zusammenhang, als sie eine kurze Abhandlung im renommierten Wissenschaftsmagazin *Nature* veröffentlichten, deren Titel »Stratospheric Sink for Chlorofluoromethanes: Chlorine Atom-Catalyzed Destruction of Ozone« (dt. etwa: »Stratosphärische Verringerung des Fluorchlormethans: Die Chloratom-katalysierte Zerstörung von Ozon«) die Bedenken erklärte und dessen

Veröffentlichung elf Jahre später zu einem Nobelpreis für Chemie führte. Durch die atmosphärische Durchmischung wird höchst langlebiges FCKW schließlich in die Stratosphäre transportiert, und was dort geschieht, hat Molina in seinem Nobel-Vortrag kurz und bündig zusammengefasst:

»FCKW wird nicht durch die üblichen Reinigungsmechanismen zerstört, mit denen die meisten Schadstoffe aus der Atmosphäre entfernt werden, wie durch Regen oder Oxidation durch Hydroxyl-Radikale. Stattdessen wird FCKW durch die kurzwellige ultraviolette Strahlung der Sonne zersetzt, allerdings erst, nachdem es in die obere Stratosphäre – wesentlich höher als die Ozonschicht – abgedriftet ist, wo es zum ersten Mal auf diese Strahlung trifft. Bei der Absorption der Sonnenstrahlung setzen die FCKW-Moleküle schnell ihre Chloratome frei, die dann an den folgenden katalytischen Reaktionen beteiligt sind:

$Cl + O_3 \rightarrow ClO + O_2$
$ClO + O \rightarrow Cl + O_2$ ...«

Chlor zerstört Ozon (O_3), wird dann aber wieder freigesetzt, um einen neuen Zerstörungszyklus zu beginnen. Ein einziges Atom des Gases kann etwa 100 000 Ozonmoleküle zunichtemachen, bevor es schließlich durch nach unten gerichtete Diffusion und Reaktionen mit Methan aus der Stratosphäre entfernt wird. Diese Hypothese war sehr besorgniserregend, da das Ozon in der Stratosphäre für die Evolution höherer Lebensformen lebenswichtig ist: Ohne Ozon bestünde das Leben auf der Erde nur aus Mikroben und Algen, denen die UV-Strahlung nichts anhaben kann. Vor etwa 2,5 Milliarden Jahren begann sich dank der Fotosynthese durch ozeanische Cyanobakterien eine sauerstoffhaltige Atmosphäre zu entwickeln, und die steigenden Konzentrationen von Sauerstoff in der Troposphäre führten schließlich zur Ansammlung von Ozon in der Stratosphäre, der obersten Schicht der Atmosphäre, die sich bis etwa 50 Kilometer über dem Boden erstreckt, mit den höchsten O_3-Konzentrationen in etwa 30 Kilometern, mehr als 20 Kilometer über dem Gipfel des Mount Everest.

Dieses Ozonschild ist für alle längeren Wellenlängen der ultravioletten Strahlung (unterhalb des sichtbaren Bereichs) durchlässig (UVA-Strahlung zwischen 320 und 400 Nanometer/nm, die für die Herstellung von Vitamin D unentbehrlich ist, wenn es von der Haut absorbiert wird, aber Sonnenbrand und Grauen Star verursachen kann). Das Ozon in der Stratosphäre schützt die Biosphäre jedoch vor der kürzesten (energiereichsten und DNA-schädigenden) UVB-Wellenlänge (280–320 nm), indem es alle Wellenlängen unter 295 nm absorbiert und so die Entwicklung von komplexem Leben auf dem Land und im Meer ermöglicht. Das marine Phytoplankton reagiert besonders empfindlich auf UVB-Strahlung, und der Ozonabbau würde zu einem Rückgang der fotosynthetischen Leistung führen. UVB-Strahlung wirkt sich auch auf das Fortpflanzungsvermögen und die Larvenentwicklung von Meerestieren aus, während sich ihre Auswirkungen auf dem Land zunächst in Katarakten und Hautläsionen bei Tieren und Menschen sowie in geringeren Ernteerträgen zeigen würden.

1975 lieferte Rodolphe Zander den ersten eindeutigen Beweis, dass FCKW in die Stratosphäre gelangt, indem er das Endprodukt seiner Photolyse identifizierte, und noch vor Ende des Jahrzehnts wurden zwei globale Messnetze eingerichtet. Das Monitoring zeigte einen stetigen Anstieg der Konzentrationen, dennoch gab es immer noch keinen Beweis dafür, dass der von Rowland und Molina beschriebene Prozess tatsächlich das Ozon in der Stratosphäre zerstörte. Aber die Vorsichtsmaßnahmen nahmen überall zu. Die weltweite Produktion von FCKW ging von ihrem Höchststand 1974 zurück; im März 1978 verboten die USA, Kanada, Norwegen und Schweden die Verwendung von nicht lebensnotwendigen Aerosolen; und 1980 verpflichtete sich die Europäische Gemeinschaft zu einer Begrenzung der FCKW-Belastung und zu einer 30-prozentigen Verringerung der Verwendung von Aerosolen.

In den Jahren 1982 und 1983 sagte die Nationale Akademie der Wissenschaften der USA voraus, dass die anhaltende Verwendung von R-11 und R-12 auf dem Niveau von 1977 den weltweiten Ozongehalt um 2 bis 4 Prozent und nicht, wie zuvor prognostiziert, um 10 bis 15 Prozent reduzieren würde. Im März 1985 wurde auf einer Konferenz von 43 Nationen die Wiener Konvention zum Schutz der Ozonschicht beschlossen. Sie versprach, geeignete Kontrollmaßnahmen zum Schutz der Ozonschicht zu ergreifen und bis 1987 ein verbindliches internationales Abkommen zu schließen. Diese Maßnahmen wurden umso dringlicher, als am 1. Mai 1985 in *Na-*

ture ein Artikel veröffentlicht wurde, der die Modellsimulationen, die vorhersagten, die Ozonstörung bleibe zumindest für das nächste Jahrzehnt auf niedrigem Niveau, widerlegte. Die Autoren unter der Leitung von Joseph Farman, der mit dem British Antarctic Survey zusammenarbeitete, berichteten, dass die Frühjahrskonzentrationen von Gesamt-O_3 in der Antarktis erheblich gesunken waren, eine Feststellung, die weithin und ziemlich ungenau als die jährliche saisonale Bildung des antarktischen »Ozonlochs« bekannt wurde.

Da die Zirkulation in der unteren Stratosphäre unverändert zu sein schien, erschienen chemische Ursachen am wahrscheinlichsten. Die Autoren behaupteten, dass die sehr niedrigen Temperaturen, die von der Wintermitte bis nach der Frühjahrstagundnachtgleiche (um den 21. März) herrschen, »die antarktische Stratosphäre besonders empfindlich für die Zunahme von anorganischem Chlor machen« und dass dies in Verbindung mit der für die polare Stratosphäre spezifischen Höhenverteilung der UV-Strahlung die beobachteten O_3-Verluste erklären könnte. Dieses Phänomen trat 1986 noch besser zutage, als Messungen mit Ballonsonden deutlich machten, dass die Chlorreaktionen auf den Oberflächen der polaren Stratosphärenwolken stattfanden. Diese Erkenntnisse in Verbindung mit der bekannten Langlebigkeit von FCKW – eine atmosphärische Lebensdauer von 46 bis 61 Jahren für FCKW-11 und von 95 bis 132 Jahren für FCKW-12 – verdeutlichten, dass ein wirksames globales Eingreifen erforderlich war.

Die Entscheidungen von DuPont, dem größten US-amerikanischen FCKW-Hersteller (etwa die Hälfte der gesamten Kältemittelmenge des Landes und Hersteller eines Viertels der weltweiten Produktion), waren maßgeblich. Spätere Analysen lobten und kritisierten die Abfolge der (manchmal widersprüchlichen) Beschlüsse des Unternehmens im Zusammenhang mit FCKW. Unbestreitbar ist jedoch, dass DuPont sich für ein baldiges Produktionsverbot eingesetzt und eine tragende Rolle bei der recht schnellen Bereitstellung kommerzieller Alternativen eingenommen hat. Noch vor der Entdeckung der Ozonzerstörung in der Antarktis erklärte das Unternehmen sich bereit, die Produktion von FCKW einzustellen, wenn unwiderlegbare Beweise für dessen Schädlichkeit vorlägen. Zudem war die Zusicherung des Unternehmens, Alternativen liefern zu können, für die

Zustimmung und rasche Ratifizierung eines noch nie da gewesenen globalen Abkommens von entscheidender Bedeutung. Das Versprechen der Industrie, bessere Ersatzstoffe zu liefern, wurde zweifellos durch die Tatsache begünstigt, dass die neuen Verbindungen fünf- bis zehnmal so viel kosten sollten wie die dominierenden Mittel FCKW-11 und FCKW-12.

So wurden Verhandlungen über ein verbindliches internationales Abkommen zur Begrenzung und schließlich zum Verbot von FCKW abgeschlossen, an denen auch die Industrie beteiligt war. Das ursprüngliche, 1987 unterzeichnete Montrealer Protokoll forderte eine 50-prozentige Produktionskürzung von fünf der am häufigsten vermarkteten Verbindungen. Spätere Änderungen verlangten, die Produktion aller FCKW und mehrerer teilhalogenierter Fluorchlorkohlenwasserstoffe (H-FCKW) komplett einzustellen. Im Jahr 1990 wurde in den Londoner Änderungen des Protokolls ein vollständiger Ausstieg aus den schädlichsten FCKW bis zum Jahr 2000 in den wohlhabenden Ländern und bis 2010 in den einkommensschwächeren Ländern festgelegt, und 1992 wurde auf der Kopenhagener Nachfolgekonferenz der Ausstieg auf 1996 vorverlegt.

Zu Beginn des 21. Jahrhunderts war FCKW-12 die einzige Verbindung, deren jährlicher Ausstoß noch über 100 000 Tonnen lag, und dieser Produktionsrückgang ging mit einem stagnierenden und dann einem langsamen Rückgang aller FCKW-Konzentrationen in der Atmosphäre einher. FCKW aus alten Kühlschränken, die nicht ordnungsgemäß entsorgt (ausgebaut und bei hoher Temperatur verbrannt), sondern einfach weggeworfen wurden, trugen noch lange nach Inkrafttreten des Produktionsverbots zur Belastung der Atmosphäre bei. Vor allem in China erreichte die Freisetzung von FCKW-11 und FCKW-12 im Jahr 2011 Höchstwerte, die erst im Jahr 2020 nachließen. Der Rückgang der atmosphärischen Konzentrationen erfolgt zwar langsam, aber stetig. Die Rekonstruktion früherer Werte und das Monitoring von FCKW-11 (seit 1977) zeigen, dass die Durchschnittswerte für die Nordhalbkugel von 0,7 Teilen pro Billion (ppt) im Jahr 1950 auf 177 ppt im Jahr 1980 gestiegen sind, 1994 einen Höchststand von 270 ppt erreichten und dann auf etwa 225 ppt im Jahr 2020 zurückgingen.

Welche Auswirkungen hatten die Verbote und Beschränkungen auf das Ozonloch über der Antarktis? Zwei Größen sind relevant: die Gesamtfläche und das Ausmaß des Ozonabbaus. Als die Ozonmessungen in der Antarktis

1956 begannen, lagen die Konzentrationen über dem Kontinent im Durchschnitt bei 300 Dobson-Einheiten – womit eine Maßeinheit zur Messung der Konzentration von Ozon in der Atmosphäre gemeint ist. Und dieses Niveau hielt sich bis Mitte der 1970er-Jahre. Der anschließende Rückgang ließ die Konzentrationen bis 1995 auf knapp über 100 Dobson-Einheiten sinken, gefolgt von einer Stabilisierung und einer langsamen Erholung (steigende Mindestkonzentrationen). Die UN-Einschätzung von 2018 kam zu

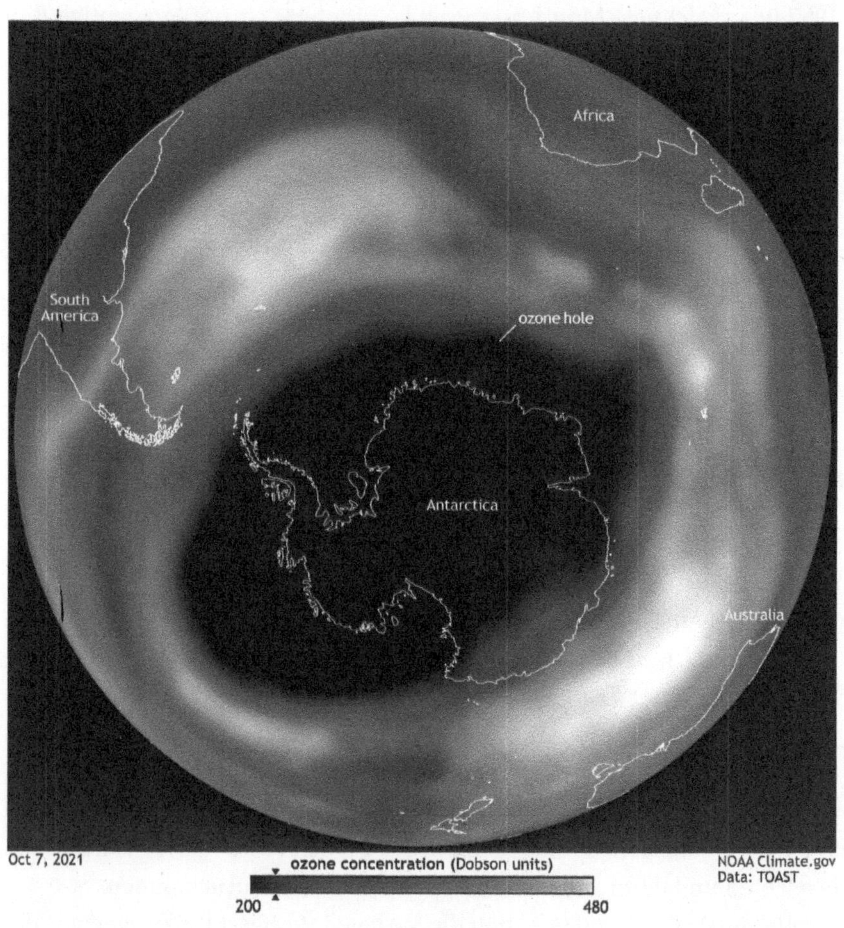

Abbildung 2.7 Ozonwerte auf der Südhalbkugel im Oktober 2021. Über der Antarktis herrschen weiterhin niedrige Ozonkonzentrationen. Quelle: NOAA Climate.gov.

dem Schluss, dass sich die Ozonschicht des Kontinents auf dem Weg der Besserung befindet und dass die Werte von vor 1980 bis 2060 wieder erreicht werden könnten. Aber das Gebiet mit erheblichem Ozonabbau (die Größe des »Lochs«) schwankt ständig. Im Jahr 2019 erstreckte es sich nur über etwa 8 Millionen km^2, die kleinste Fläche seit seiner Entdeckung. 2020 war es dreimal so groß und erreichte im Oktober einen Spitzenwert von etwa 24 Millionen km^2 (zum Vergleich: Die Antarktis hat eine Fläche von 14,2 Millionen km^2), und 2021 war es mit 24,7 Millionen km^2 sogar noch größer und damit das achtgrößte seit Beginn der Aufzeichnungen im Jahr 1979 (Abb. 2.7).

Und was wäre passiert, wenn es das Montrealer Protokoll und seine Änderungen nicht gegeben hätte? Die Antwort hängt natürlich von der Rate der FCKW-Produktion ab. Da der weltweite Output von FCKW bereits seit Jahren vor 1985 rückläufig war, stellt eine von Paul A. Newman und Mitarbeitern veröffentlichte Simulation einer zukünftigen Welt mit einer unregulierten FCKW-Produktion, die jährlich um 3 Prozent wächst (das heißt sich etwa alle 23 Jahre verdoppelt), ein Worst-Case-Szenario dar. Im Vergleich zu 1980 würde ein fortgesetztes Produktionswachstum bis 2020 17 Prozent und bis 2065 67 Prozent des weltweit gemittelten Ozons zerstören. In den Polarregionen hätte ein starker Ozonabbau langwierige Folgen, und bis 2060 würde sich die erythemwirksame Bestrahlung – UV-Strahlung mit der Folge von Hautrötung – im Sommer in den dicht besiedelten nördlichen mittleren Breiten mehr als verdoppeln. Es ist klar, dass eine Auswirkung, die nur ein Drittel oder ein Fünftel so groß ist, die getroffenen Maßnahmen gerechtfertigt hätte.

Der vielleicht einfachste Teil der Abschaffung von FCKW war seine Verwendung in der Präzisionselektronik und bei der Metallreinigung. Dies geschah durch den Ersatz durch No-Clean-Flussmittel und durch Lösungsmittel auf Wasserbasis. Den Verpflichtungen des Montrealer Protokolls im Falle von Massenanwendungen wie Kühlung und Klimaanlagen nachzukommen beruhte in erster Linie auf dem Austausch von FCKW durch H-FCKW, Verbindungen, die seit Jahrzehnten bekannt sind und deren Produktion und Vermarktung in großem Maßstab innerhalb weniger Jahre realisiert werden konnte. Da die meisten von ihnen durch chemische Reaktionen abgebaut werden, während sie durch die Troposphäre (die unterste

Schicht der Atmosphäre, die sich bis zu 10 oder auch 15 Kilometer über der Erdoberfläche erstreckt) diffundieren, beträgt ihr ozonzerstörendes Potenzial nur einen kleinen Bruchteil – 1 bis 15 Prozent – der am häufigsten verwendeten FCKW.

Aber H-FCKW sind nicht nur (wenn auch vergleichsweise weniger bedeutende) ozonzerstörende Gase, sondern sie tragen auch relativ stark zu einem noch schwieriger zu behandelnden Umweltproblem bei, nämlich zur globalen Erwärmung, ausgelöst durch die anthropogenen Emissionen verschiedener »Treibhausgase«. Vergleicht man die Gase anhand ihres Treibhauspotenzials (GWP) über einen Zeitraum von 100 Jahren, wobei CO_2 – das bei Weitem häufigste vom Menschen emittierte Gas – mit 1 bewertet wird, so ergeben sich 28 Punkte für Methan (aus der Erdgasproduktion und dem Transport sowie aus Reisfeldern und der Darmgärung von Wiederkäuern), 265 für Lachgas (aus Düngemitteln), 4160 für das inzwischen verbotene FCKW-11 und 10 200 für FCKW-12 – aber auch fast 2000 für das am häufigsten verwendete H-FCKW (CH_3CClF_2). Die Produktion dieser Gase sollte bis 2040 eingestellt werden, aber 2007 stimmten die Unterzeichner des Montrealer Protokolls, die aus einkommensstarken Ländern kamen, einem Ausstieg bis 2020 zu. In den einkommensschwachen Ländern begann der stufenweise Produktionsausstieg 2013 und soll bis 2030 abgeschlossen sein.

Die nächsten verfügbaren Ersatzstoffe sind teilweise halogenierte Fluorkohlenwasserstoffe (H-FKW). Da sie kein Chlor enthalten, beeinträchtigen sie das stratosphärische Ozon nicht und werden nicht durch das Montrealer Protokoll kontrolliert. Ihre weitverbreitete Verwendung wird durch die Tatsache verkompliziert, dass auch sie ein erhebliches Treibhauspotenzial haben: 12 400 für CHF_3 und 1300 für CH_2FCF_3 – die beiden führenden H-FKW. Rückblickend hat es den Anschein, dass die Suche nach dem idealen Kältemittel in die Situation der späten 1920er-Jahre zurückfällt, als wir alles verwendeten, was funktionierte. Die zweite Generation von Kältemitteln gab uns Sicherheit und Zuverlässigkeit, aber die Verbindungen stellten eine Gefahr für die Ozonschicht in der Stratosphäre dar. Die dritte Generation von Kältemitteln minderte das Ozonproblem erheblich oder beseitigte es ganz, trug aber zu den Treibhausgasemissionen bei.

All dies scheint auf eine kontinuierliche und sich beschleunigende Abfolge von Problemlösungen hinauszulaufen, die vielleicht keine Fehlschläge waren, aber doch wiederholt fehlerhaft. FCKW, die idealen synthetischen Kältemittel, die die älteren natürlichen Kühlmittel verdrängten, herrschten fast ein halbes Jahrhundert lang. H-FCKW waren in den reichen Ländern keine 40 Jahre lang vorherrschend; H-FKW, die kein Chlor enthalten, haben alle Bedenken hinsichtlich der Zerstörung der Ozonschicht vollständig ausgeräumt, aber ihr großflächiger Einsatz würde zu einem erheblichen Anstieg der anthropogenen Treibhausgasemissionen führen, und zwar umso mehr, wenn man den enormen künftigen Bedarf an Kühl- und Klimaanlagen in den einkommensschwachen tropischen und subtropischen Ländern Asiens und Afrikas berücksichtigt. Im Jahr 2020 waren etwa 1,8 Milliarden Klimaanlagen in Betrieb, mehr als die Hälfte davon in nur zwei Ländern, China und den USA. Aber das ist nur ein Bruchteil der potenziellen Gesamtzahl. Denn von den fast 3 Milliarden Menschen, die in den wärmsten Klimazonen der Welt leben, haben weniger als 10 Prozent eine Klimaanlage, verglichen mit 90 Prozent in den USA oder Japan.

Der Bedarf an wirksamen, ungefährlichen, preisgünstigen und umweltfreundlichen Kältemitteln ist daher größer denn je. Wieder einmal brauchen wir bessere Alternativen, aber die enormen Fortschritte in der Chemiewissenschaft nach 1930 lassen uns keine großen Gebiete unerforschter Möglichkeiten übrig, in denen wir neue Kältemittel finden könnten. Und zwar solche, die weder giftig noch entflammbar noch halogeniert (chlor- oder fluorhaltig) sind und gleichzeitig die wünschenswerten Siedepunkte, niedrigen Dampfwärmekapazitäten, niedrigen Viskositäten und hohen Wärmeleitfähigkeiten haben. Vor dem Hintergrund der sich ausbreitenden Sorge um die globale Erwärmung ist die Wahl von Flüssigkeiten mit niedrigem Treibhauspotenzial unerlässlich. Zu den Möglichkeiten, die in letzter Zeit als potenzielle kommerzielle Kältemittel untersucht wurden, gehören die alten »natürlichen« FCKW-Vorläufer: Kohlendioxid, Ammoniak und Kohlenwasserstoffe (Ethan, Propan, Cyclopropan) und Dimethylether sowie einige fluorierte Alkane (H-FKW) und fluorierte Alkene, Oxygenate sowie Stickstoff- und Schwefelverbindungen.

Wenn wir keine vielversprechenden neuen Kandidaten finden, werden wir dann auf ein oder zwei der alten »natürlichen« Kältemittel für den massenhaften Einsatz in Haushalten und Autos zurückgreifen können? Möglicherweise, aber nicht unbedingt. Eines wissen wir mit Sicherheit: Im Gegensatz zur Einführung von verbleitem Benzin war die Gefährdung des stratosphärischen Ozons durch FCKW ein wirklich unvorhersehbares Versagen einer Innovation. Daher halte ich einige Postings im Internet über Midgleys Rolle bei der Einführung von verbleitem Benzin und FCKW-Kältemitteln nicht nur für stark übertrieben, sondern auch für schlichtweg unzutreffend – für nichts anderes als schlecht informierten Geschichtsrevisionismus, wie es sich für das im Internet typische und schnell urteilende Expertentum geziemt. »Ein Mann erfand zwei der tödlichsten Substanzen des 20. Jahrhunderts« oder »Thomas J. Midgley gilt heute als einer der gefährlichsten Erfinder der Geschichte«. All das in dem Jahrhundert, in dem die Atomwaffen erfunden wurden. Aber die Frage, wen man dafür verantwortlich machen soll – Robert Oppenheimer, James Chadwick, Leo Szilard oder viele andere plausible Kandidaten –, zeigt, wie lächerlich solche Zuschreibungen sind.

Die unbedachte Bombardierung von Städten – also Aktionen, die die Erfindung und den Umbau von Luftfahrzeugen, die schwerer als Luft sind, ebenso erforderten wie die Gewinnung und Raffinierung von Flüssigbrennstoffen für ihren Antrieb und die Entwicklung von elektronischen Navigationssystemen, um sie zu ihren Zielen zu führen, sowie der Einsatz von Sprengstoffen mit enormer Kraft oder Brandbomben, um ein noch nie da gewesenes Ausmaß an Zerstörung aus der Ferne zu erzeugen – tötete im 20. Jahrhundert Millionen von Menschen (allein bei dem Angriff auf Tokio im Februar 1945 wurden mehr als 200 000 Menschen Opfer der Brandbomben), während FCKW keine sofortigen (und vermutlich auch nur sehr wenige verzögerte) Todesfälle zuzuschreiben sind. Und sollen wir wirklich Karl Benz, Gottlieb Daimler und Wilhelm Maybach für etwa 1,2 Millionen jährliche Todesfälle durch Autounfälle verantwortlich machen, weil sie die Vorläufer des modernen Autos erfunden haben?

KAPITEL 3

ERFINDUNGEN, DIE UNSER LEBEN BESTIMMEN SOLLTEN – UND ES NICHT TUN

Viele grundlegende wissenschaftliche und technische Durchbrüche wurden nicht als solche erkannt, als sie ans Licht kamen. Originalveröffentlichungen in Fachzeitschriften werden nur von einer kleinen Zahl von Experten gelesen, Patente werden übersehen und vergessen oder als nichtssagend abgetan. Abgelegene Wege, die zu Entdeckungen führten, werden vielleicht erst Jahrzehnte später wieder betreten – und erst dann können sie sich zu breiten Straßen entwickeln, die nicht nur zu neuen Industrien und neuen Produkten, sondern auch zu neuen Formen der gesellschaftlichen Organisation und Interaktion führen. Das vielleicht beste Beispiel aller Zeiten ist James Clerk Maxwells Erarbeitung und Entwicklung der Theorie der elektromagnetischen Wellen, ein grundlegender Vorstoß, den er in seinen Schriften zwischen 1865 und 1873 erbrachte. Maxwells Ideen bildeten die Grundlage für die gesamte moderne drahtlose Elektronik: Radios, Fernsehgeräte, Mobiltelefone, das Internet, GPS – all das sind nur übergeordnete technische Ausarbeitungen seiner grundlegenden Erkenntnis.

Unter den großen Fortschritten des 20. Jahrhunderts kann ich mir kein besseres Beispiel vorstellen als das erste Patent für ein »solid-state electronic device«, ein »elektronisches Festkörpergerät«, das dem deutschen Physiker Julius Edgar Lilienfeld zunächst 1925 in Kanada und dann 1926 in den USA erteilt wurde. Jahrzehntelang wurde die Idee eines Solid-State-Amplifiers, eine Erfindung, die dringend benötigt wurde, um die großen Massen an heißem Glas in Vakuumröhren zu ersetzen, drei Physikern der Bell Telephone Laboratories (BTL) zugeschrieben: Anfang 1948 meldeten John Bardeen und Walter Brattain ihr Patent für einen Spitzentransistor an, der mithilfe eines Germanium-Plättchens funktionierte, gefolgt von William Shockleys Anmeldung für einen Flächentransistor; die drei teilten sich 1956 den Nobelpreis für Physik. Aber BTL gab schließlich zu (auf seiner Gedenk-Website, die heute nicht mehr existiert), dass sie den Transistor lediglich neu erfunden hatten, und 1988, vier Jahrzehnte nach der Erteilung der BTL-Patente, stellte Bardeen klar, dass »Lilienfeld das Grundkonzept erdachte, um den Stromfluss in einem Halbleiter zu regeln, das dazu diente, ein verstärkendes Gerät zu bauen«, dass jedoch viele Jahre der Theorieentwicklung und Fortschritte in der Materialwissenschaft nötig waren, um seine Idee kommerziell zu verwirklichen.

Aber 10 oder 20 Jahre nach Lilienfelds großer Einsicht wären die Einzigen, die auf seine Idee gestoßen wären, Patentanwälte gewesen, die die Archive durchforstet hätten. Im Gegensatz dazu wurden einige wissenschaftliche Ideen und technische Fortschritte nahezu umgehend als vielversprechend begrüßt und weithin als bedeutende Schritte in neue Richtungen angesehen, als Anfänge lohnender Entwicklungen, die schwierige und anhaltende Herausforderungen lösen und neue Märkte schaffen würden. Die Geschichte des Penicillins und des anschließenden rasanten Aufstiegs der Antibiotika – ja, ihres exzessiven Übergebrauchs! – ist ein gutes Beispiel für diese erfüllten Erwartungen. Andere Innovationen haben jedoch einen enttäuschenden Verlauf genommen: Sie haben sich nicht wie erwartet entwickelt, ihr Aufstieg kam zu einem abrupten oder allmählichen Ende, oder sie fielen in die Bedeutungslosigkeit zurück. Ihr Schicksal reicht von einem kompletten kommerziellen Misserfolg bis hin zu einer enttäuschenden Stagnation.

Wie schon im ersten Kapitel habe ich drei bekannte Beispiele für diese unerfüllten – oder zumindest sehr eingeschränkt erfüllten – frühen Hoffnungen ausgewählt und behandle sie wieder in chronologischer Reihenfolge. Luftschiffe sind Gebilde, die leichter als Luft sind und ursprünglich – wie es sich für Artefakte gehört, die sich aus Heißluftballons ableiten – eine flexible Hülle hatten. Die späteren und viel größeren Konstruktionen waren jedoch starre Gefüge mit Gasbehältern im Inneren. Ihre Entwicklung begann vor den ersten ernsthaften Flugversuchen mit Flugzeugen, die schwerer als Luft waren, aber beide Techniken erzielten im ersten Jahrzehnt des 20. Jahrhunderts grundlegende Fortschritte. Im Jahr 1909, weniger als ein Jahrzehnt nach dem ersten Flug eines großen Starrluftschiffs mit Verbrennungsmotor, wurde die erste Fluggesellschaft der Welt mit einem Zeppelin-Luftschiff gegründet. Zeitungen und Zeitschriften veröffentlichten Berichte über die beeindruckenden Flugleistungen der neuen lenkbaren Luftschiffe und stellten Mutmaßungen über deren bevorstehende Eroberung des interkontinentalen Flugverkehrs an.

Diese Entwicklungen wurden durch den Ersten Weltkrieg gestoppt, aber 1930 führte der deutsche Zeppelin Linienflüge von Frankfurt nach New Jersey durch und schwebte über den Wolkenkratzern von Manhattan auf den Hudson River zu. Was für eine Zurschaustellung der neuen Flugfähigkeiten, was für ein Versprechen für zukünftige Fortschritte! Doch sieben Jahre später war die Passagierbeförderung in Luftschiffen, die leichter als Luft waren, nur noch eine kurze und abrupt beendete Episode in der Geschichte des Langstreckenflugs. Im Vergleich dazu scheint die unerfüllt gebliebene Vorherrschaft der Kernspaltung, einer Technik zur Stromerzeugung, die als ultimative Lösung für die Versorgung der Welt mit sauberem und günstigem Strom galt, in eine andere Kategorie zu gehören.

Schließlich wurde die nukleare Stromproduktion erfolgreich vermarktet: Reaktoren sind heute in mehr als 30 Ländern auf vier Kontinenten in Betrieb, und in allen außer in zwei dieser Länder, der ehemaligen UdSSR und Japan, haben sie eine erstaunliche Bilanz der sicheren und zuverlässigen Stromerzeugung vorzuweisen. All das ist wahr, aber es ist die Kluft zwischen den Versprechungen und den tatsächlichen Erfolgen, die die Behandlung der Kernspaltung in diesem Kapitel rechtfertigt. In den USA, dem Land, das mehr Kernreaktoren als jedes andere gebaut hat, wurde die Technologie anfangs als so überlegen angepriesen, dass sie zu billig wäre, um ihre Abgabe überhaupt zu messen (dies ist keine apokryphe Anspielung; Lewis L. Strauss, der damalige Vorsitzende der US-Atomenergiekommission, sagte dies 1954 vor der National Association of Science Writers in New York). Letztlich wurde sie aber für ihre enormen Überschreitungen der

Baukosten bekannt, und ihre weitere Entwicklung wurde vor allem wegen ihrer Unrentabilität aufgegeben.

Die meisten Staaten der Welt haben keine kommerzielle Entwicklung der Kernenergie in Betracht gezogen – zu den großen Volkswirtschaften, die sich von der Kernenergie ferngehalten haben, gehören Australien, Indonesien, Italien, Polen, Thailand und Vietnam –, und die Kernspaltung sorgte im Jahr 2020 für nur etwa 10 Prozent der weltweiten Elektrizität (mit nationalen Anteilen, die von 5 Prozent in China bis zu 70 Prozent in Frankreich reichen): ein kleiner Bruchteil des Beitrags, der vor einem halben Jahrhundert erwartet wurde. Darüber hinaus haben die beiden Katastrophen im Kernkraftwerk Tschernobyl im Jahr 1986 und in den drei Reaktoren von Fukushima Daiichi im Jahr 2011 die Ängste vor der Kernspaltung verstärkt, das heißt übertrieben und falsch interpretiert: Der Ausfall des japanischen Kraftwerks hat Deutschland, die größte Volkswirtschaft der EU, dazu veranlasst, sein Atomprogramm zu beenden, und selbst die Beanspruchung der Kernspaltung für eine kohlenstofffreie Stromerzeugung hat nicht ausgereicht, um sie zu einem wichtigen Bestandteil der jüngsten weltweiten Suche nach einer kohlenstoffarmen Wirtschaft zu machen.

Mein letztes Beispiel für ein unerfülltes Versprechen ist das Streben nach dem Überschallflug, das heißt nach einem Transport mit Geschwindigkeiten von mehr als 1235 Kilometern pro Stunde (km/h, gemessen auf Meereshöhe und bei 20 °C). Dies galt noch als Science-Fiction zu einer Zeit, als die ersten Luftschiffe und bald darauf die ersten Flugzeuge vor dem Ersten Weltkrieg mit der Passagierbeförderung begannen. Sogar Geschwindigkeiten, die nur halb so hoch waren, waren unmöglich, solange die benzinbetriebenen Kolbenmotoren die einzigen verfügbaren Antriebe waren. Wesentlich höhere Geschwindigkeiten wurden mit Düsentriebwerken (Gasturbinen) erreicht, der neuen Art der Verbrennungsmaschinen, die auf Zylinder, Kolben und Ventile verzichtete und sich stattdessen auf die kontinuierliche Verbrennung verließ, um für einen starken Antrieb zu sorgen. Erwartungsgemäß wurden solche Geschwindigkeiten erstmals von Militärflugzeugen in den späten 1940er-Jahren erreicht.

Als die Düsenflugzeuge in den 1950er-Jahren in den gewerblichen Liniendienst gingen, glaubten viele Ingenieure und einige Regierungen, dass der nächste Schritt darin bestünde, ihre Reisegeschwindigkeit (damals flogen sie mit etwa 85 Prozent der Schallgeschwindigkeit) auf Überschallgeschwindigkeit zu erhöhen. Dies würde die buchstäbliche Langeweile auf Interkontinentalflügen um die Hälfte oder mehr reduzieren – eine Leistung, die offensichtlich kommerziell attraktiv ist, aber auf viele technische und umweltbedingte Hindernisse stößt. Flugbegeisterte wissen, wie die jahrzehntelange Suche letztendlich gescheitert ist. Im letzten Abschnitt dieses Kapitels erzähle ich diese High-Tech-Saga und weise auf einige der jüngsten Bemühungen hin, die darauf abzielen, die Überschallfliegerei wiederzubeleben, diesmal beginnend mit kleineren Geschäftsflugzeugen.

LUFTSCHIFFE

Das frühe 21. Jahrhundert wird von der erfolgreichen Entwicklung vieler Flugzeuge, die schwerer als Luft sind, dominiert. Sie schufen schließlich ein riesiges weltweites System, das im Jahr 2019 (vor COVID-19) fast 4,5 Milliarden Passagiere auf mehr als 38 Millionen Flügen beförderte und insgesamt etwa 8,7 Billionen Passagierkilometer zurücklegte. Im Vergleich zu den großen (Hunderte von Passagieren fassenden), aber elegant aussehenden modernen Düsenflugzeugen erscheinen die Leichter-als-Luft-Luftschiffe (LTA) plump, veraltet, fürchterlich langsam, hoffnungslos ineffizient und absolut wetterabhängig und daher für den allgemeinen Einsatz in der modernen Luftfahrt ungeeignet. Aber das war in den ersten vier Jahrzehnten des 20. Jahrhunderts ganz sicher nicht die übereinstimmende Meinung von Experten oder der Öffentlichkeit, genauer gesagt bis 1937, dem Jahr, in dem die *Hindenburg* bei dem Versuch, nach einer weiteren ereignislosen Transatlantiküberquerung in Lakehurst, New Jersey, zu landen, in Flammen aufging und eine der bis heute bekanntesten und am besten dokumentierten Katastrophen verursachte.

Die Geschichte des LTA-Flugs begann mit Abenteuern in der Ballonfahrt. Am 19. September 1783 füllten Joseph-Michel und Jacques Étienne Montgolfier ihren Ballon (aus Baumwollsegeltuch und aufgeklebtem Papier) mit heißer Luft, beluden den Weidenkorb mit drei kleinen Tieren – einem Schaf, einer Ente und einem Hahn – und ließen ihn (angebunden) vor dem König und einer neugierigen Menge aufsteigen. Wie alle (Heißluft- oder Leichtgas-)Ballons war ihre kleine Stoffkonstruktion ein passives

Objekt, das entweder vom vorherrschenden Wind getragen wurde oder bei Windstille bewegungsunfähig war. Die Geschichte der lenkbaren LTA-Luftschiffe, deren Richtung und Geschwindigkeit durch eine Antriebsmaschine gesteuert werden konnte, begann – ergebnislos – weniger als ein Jahr nach der Demonstration der Montgolfiers, als die Brüder Anne-Jean und Nicolas-Louis Robert versuchten, einen kleinen und länglichen, mit Wasserstoff gefüllten Ballon mit Rudern anzutreiben. Im selben Jahr, 1784, entwarf Jean-Baptiste Marie Charles Meusnier ein viel größeres elliptisches Luftschiff, das von handgekurbelten Propellern angetrieben werden sollte – eine weitere undurchführbare Idee aus dem Reich der Fantasie.

Fast sieben Jahrzehnte vergingen, bevor Jules Henri Giffard am 24. September 1852 das erste echte Luftschiff startete. Es hatte eine *lenkbare* zigarrenförmige Form ohne festes Hüllengerüst, war 44 Meter lang mit einem Volumen von 3200 Kubikmetern (gefüllt mit Kohlengas) und wurde von einem 2,3-Kilowatt-Dampfmotor angetrieben, der 113 Kilogramm wog und einen 45,4 Kilogramm schweren Kessel benötigte, um einen dreiflügeligen Propeller anzutreiben. Diese schwere und sperrige Konstruktion war immer noch zu schwach, um gegen die vorherrschenden Winde zu fliegen, und das Schiff konnte nur langsam kreisen, schaffte nicht mehr als 10 km/h und legte zwischen Paris und Élancourt gerade einmal 27 Kilometer zurück.

Mehr als 30 Jahre vergingen, bis zwei französische Offiziere, Charles Renard und Arthur Constantin Krebs, am 9. August 1884 die erste vollends angetriebene Rundfahrt mit einem Luftschiff, *La France*, durchführten. Sein lang gestreckter Ballon hatte ein Volumen von fast 1900 Kubikmetern, und das Schiff wurde von einem batteriebetriebenen Elektromotor angetrieben, der einen Holzpropeller mit einem Durchmesser von 7 Metern drehte. Nachdem sie in 23 Minuten 8 Kilometer zurückgelegt hatten, landeten sie auf dem Paradeplatz, von dem sie gestartet waren. Weitere Flüge folgten in den Jahren 1884 und 1885. Das erste kleine Luftschiff, das von einem Verbrennungsmotor angetrieben wurde, wurde 1897 von Friedrich Wölfert in Berlin vorgeführt. Der eigentliche Durchbruch für den Flug mit einem motorgetriebenen Luftschiff begann 1899, als Ferdinand Graf von Zeppelin, damals ein pensionierter (entlassener) deutscher Armeegeneral, sich dem Bau seiner starren Konstruktion aus Aluminium zuwandte, mit einer undurchlässigen Außenhülle und (aufgehängten oder direkt angebrachten) Gondeln (Abb. 3.1).

Abbildung 3.1 Ferdinand Adolf August Heinrich, Graf von Zeppelin (1838–1917), ein unermüdlicher Pionier der Luftschifffahrt für den Personenfernverkehr.

Zeppelins Interesse an LTA-Flügen geht auf seinen kurzen Aufenthalt in den USA zurück, zunächst als Beobachter des Bürgerkriegs bei den Unionstruppen, im Anschluss besuchte er die sich immer weiter ausbreitende Westgrenze des Landes: In Minneapolis stieg er in einem mit Kohlengas aufgeblasenen Ballon auf (der zuvor von der Unionsarmee für Observierungszwecke genutzt worden war). In seinen Tagebüchern, die ein Jahrzehnt später entstanden, beschreibt er die Grundlagen der unverkennbaren Konstruktion seines Luftschiffes, eines starren Gebildes aus Ringen und Längsträgern, gefüllt mit einzelnen Gaszellen. Aber erst 1890, nach seinem erzwungenen Ausscheiden aus der Armee, als er 52 Jahre alt war, wandte er sich der Entwicklung und dem Bau von LTA-Luftschiffen zu. Am 2. Juli 1900 führte er den ersten Flug des *Luftschiffs Zeppelin 1* (LZ-1) durch.

Größere Luftschiffe folgten; einige wurden von der Armee erworben, andere, die nicht vertäut waren, durch Windböen und Feuer zerstört. Die Deutsche Luftschifffahrts-Aktiengesellschaft (DELAG), die erste Passagierfluggesellschaft der Welt, wurde im November 1909 gegründet, und bis zum Beginn des Ersten Weltkriegs wurden auf 218 Inlandsflügen mehr als 1500 Menschen befördert. LZ-13, die *Hansa*, startete im Juli 1912 und stellte neue kommerzielle Rekorde auf, indem sie auf 399 Flügen fast 45 000 Kilometer zurücklegte und bis nach Dänemark und Schweden flog – zu einer Zeit, als Flugzeuge noch kleine Holz- und Segeltuchkonstruktionen waren. Luftschiffe schienen das nächste große Ding im Langstreckentransport zu sein.

Im Jahr 1912 schrieben Thomas Rutherford MacMechen und Carl Dienstbach über die »Windhunde der Lüfte« und behaupteten, dass die großen Ozeandampfer »nur noch für kurze Zeit« ihre

> *»großspurigen Fahrten fortsetzen und die Nationen vielleicht noch ein Jahrzehnt lang ihre Schätze für schwimmende Festungen verschwenden werden. Aber das Ende ist nah. Morgen werden diejenigen, die über den Atlantik eilen wollen, ein Luftschiff nehmen. Für sie wird die Überfahrt eine Sache von Stunden sein.«*

Und nicht nur das: Großbritannien, die Herrin der Meere, die sich »eines Traums selbstgefälliger Zuversicht« erfreuen konnte, würde sich, wie der nächste Krieg zeigen sollte, der Bedrohung aus der Luft stellen müssen. Aber ein Luftschiff als Waffe ist möglicherweise so schrecklich, »dass es ein mächtiger Einflussfaktor bei der Förderung des Weltfriedens sein könnte«. Für die Autoren waren dies keine Träumereien, denn Demonstrationen und Beweise (erste Testflüge des Zeppelins über den Ozean) standen bereit: Wesentlich größere Luftschiffe wären doppelt oder dreimal so schnell wie der schnellste Ozeandampfer, »nichts als seine Größe begrenzt die Entfernung, die ein Zeppelin zurücklegen kann, und die Grenze der praxistauglichen Größe ist nirgends in Sicht« – und »kühne Menschen planen in der Tat Flüge über den Atlantik für die nahe Zukunft«.

Zeppelins Entwürfe profitierten von den neuen, leichten und leistungsstarken Verbrennungsmotoren sowie von den neuen Möglichkeiten der Funkkommunikation. 1908 begannen Wilhelm Maybach, der Miterfinder des ersten Automobils der Welt und Konstrukteur des Mercedes 35 (der als der erste wirklich moderne Autoprototyp gilt), und sein Sohn Karl mit dem Bau der Motoren für Zeppelins Luftschiffe. Der Erste Weltkrieg führte zu einer Unterbrechung der weiteren Entwicklung von Passagierluftschiffen, aber das deutsche Militär wurde zu einem Großkunden: Es erwarb fast 140 Luftschiffe, die zur Luftaufklärung und als Langstreckenbomber eingesetzt werden sollten.

Mehr als 100 davon waren Zeppeline (das Modell LZ-26, das 1914 erstmals vom Stapel lief, hatte ein Volumen von 25 000 Kubikmetern, eine Länge von 161 Metern, eine Nutzlast von 3 Tonnen und eine Reichweite von 3300 Kilometern); der Rest wurde von Schütte-Lanz gebaut, dem zweiten Unternehmen für den Bau von Luftschiffen des Landes, das die deutsche Regierung zur Zusammenarbeit mit dem Luftschiffbau Zeppelin zwang. Der erste Angriff, der von einem Luftschiff im Ersten Weltkrieg ausging, fand am 6. August 1914 auf Lüttich statt. Und zwar von dem LZ-17, das nach der Beförderung von fast 10 000 Passagieren vor Ausbruch des Krieges und einer Flugstrecke von fast 40 000 Kilometern zu einem Bomber umgebaut wurde; ein zweiter Angriff auf Antwerpen fand am 25. August 1914 statt. Es folgten Bombenangriffe auf Frankreich und England, wobei die Luftangriffe (die die Schlacht um Großbritannien vorwegnahmen) Tausende zivile Verluste mit sich brachten und erhebliche Sachschäden verursachten. England wurde in der Nacht vom 19. zum 20. Januar 1915 zum ersten Mal angegriffen.

Das Land war zunächst wehrlos. Im Jahr 1916 hatte jedoch eine Kombination aus Artillerie, Suchscheinwerfern, Kampfflugzeugen und des Umstands, dass man deutsche Funksprüche abfangen konnte, das Blatt gewendet. 1917 wurden 77 der 115 deutschen Luftschiffe, die zu Bombenangriffen entsandt worden waren, entweder abgeschossen oder vollständig außer Betrieb gesetzt. Ein unerwarteter Versuch fand im November 1917 statt, als ein LZ-104 (das *Afrika*-Schiff) zu einer noch nie da gewesenen Langstrecken-Luftbrücke aufbrach, um die deutschen Kolonialtruppen in Ostafrika zu versorgen. Das 226,5 Meter lange Schiff, das von fünf 180-kW-Maybach-Motoren angetrieben wurde, startete in Bulgarien, überquerte das Mittelmeer und schaffte es bis in den Zentralsudan (westlich von Khartum), bevor es zurückgerufen wurde und Bulgarien erreichte, nachdem es 6800 Kilometer in 95 Stunden zurückgelegt hatte. Graf Zeppelin starb vor diesem gescheiterten Versuch (am 8. März 1917), und nach dem Krieg übernahm Hugo Eckener, ursprünglich Psychologe, aber seit 1911 verbriefter Luftschiffpilot, das Unternehmen. Dessen Zukunft war ungewiss, da der Friedensvertrag jeden weiteren Bau deutscher Luftschiffe verbot.

Der erste beachtliche Erfolg nach dem Krieg gelang im Juli 1919, als das britische Luftschiff R-34 eine Rundreise zwischen Schottland und Long Island in New York unternahm. Es war das erste LTA-Luftschiff, das den Atlantik überquerte, nur einen Monat nachdem John Alcock und Arthur Brown mit ihrem modifizierten Vicker-Vimy-Bomber von St. John's, Neufundland, nach Clifden in Irland geflogen waren. Es gab jedoch keine weiteren bemerkenswerten Entwicklungen von LTA-Flügen von britischer Seite, und der Friedensvertrag schränkte, wie gesagt, den deutschen Luftschiffbau ein. Im Oktober 1924 wurde ein LZ-126 (umbenannt in *Los Angeles*) als Teil der deutschen Kriegsreparationen an die USA geliefert und diente der U.S. Navy bis 1940. Nachdem die vertraglichen Beschränkungen 1925 gelockert worden waren, mobilisierte Hugo Eckener, der Vorsitzende von Luftschiffbau Zeppelin, die Öffentlichkeit und die Regierung, um den Bau eines neuen Passagierluftschiffs zu unterstützen, das als Prototyp für noch größere und schnellere gewerbliche Konstruktionen dienen sollte. LZ 127 *Graf Zeppelin* erhob sich im September 1928 zum ersten Mal in die Luft, und in den weniger als neun Jahren, die es in Betrieb war, sollte es das Luftschiff zu vielen Premieren in der Fliegerei bringen (Abb. 3.2).

Im Jahr 1929 bereiste das Luftschiff Südeuropa, den Nahen Osten und Afrika, aber seine größte Leistung war die Umrundung der Erde, die zur Hälfte von dem Medien-Tycoon William Randolph Hearst finanziert wurde. Das Luftschiff flog von Lakehurst, New Jersey, in östlicher Richtung nach Friedrichshafen, dann weiter nach Tokio und Los Angeles und kehrte drei Wochen nach seinem Abflug nach New Jersey zurück. Im Jahr darauf flog es von Deutschland nach Brasilien und in die USA; 1931 war es auf einer Ark-

Abbildung 3.2 Das Luftschiff *Graf Zeppelin* über dem Deutschen Reichstag am 1. Oktober 1928. *Quelle*: Bundesarchiv Foto 102-06617.

tis-Expedition, und im selben Jahr nahm es den regelmäßigen Passagier- und Postverkehr zwischen Deutschland und Brasilien auf. Zu dieser Zeit hatte Zeppelin keinen Konkurrenten unter den damaligen Flugzeugen, die schwerer als Luft waren. 1931 hatte die Monomail von Boeing (die in einer späteren Version sechs Passagiere und Post beförderte) eine Reichweite von nur 925 Kilometern.

Trans- oder interkontinentale Reisen waren nur in mühsamen Etappen möglich: Für die Strecke von New York nach Los Angeles waren drei Zwischenstopps und mehr als 15 Stunden erforderlich. Als British Imperial Airways 1934 die Verbindung von London nach Singapur aufnahm, benötigten ihre Flugzeuge acht Tage und 22 Zwischenlandungen, einschließlich Zwischenstopps in Athen, Kairo, Bagdad, Basra, Schardscha, Jodhpur, Kalkutta und Rangun. Und während die Douglas DC-3 – die ab 1935 eingesetzt wurde und das am weitesten verbreitete und langlebigste kolbengetriebene Flugzeug der Geschichte werden sollte – etwa doppelt so schnell (240 km/h) war wie der Zeppelin, hatte sie eine maximale Reichweite von etwa 2500 Kilometern, nur ein Viertel der Reichweite des Zeppelins. Und die engen Innenräume der ersten kleinen Flugzeuge mit Metallrumpf in den frühen 1930er-Jahren waren kein Vergleich zu der Weiträumigkeit der Lounges und dem Speisesaal eines großen Luftschiffs.

Bis zum Juni 1937, als der *Graf Zeppelin* außer Dienst genommen wurde, hatte das Luftschiff 1,7 Millionen Kilometer zurückgelegt, mehr als 13000 Passagiere befördert, 144 interkontinentale Fahrten absolviert und 717 Tage – also fast zwei Jahre – in der Luft verbracht, und das trotz einiger Zwischenfälle während des Fluges, ohne dass Besatzung und Passagiere verletzt wurden. Im Gegensatz zu den früheren Zeppelin-Konstruktionen sollte das nächste Luftschiff mit inertem Helium und nicht mit brennbarem Wasserstoff gefüllt werden. Doch die Heliumversorgung (mit dem in Kohlenwasserstofffeldern gewonnenen Gas) blieb unter der Ägide der USA, und der Helium Control Act von 1927 verbot ausdrücklich den Export des Elements. Es ist nicht verwunderlich, dass man an dieser Entscheidung festhielt, nachdem die Nazis in Deutschland an die Macht gekommen waren; es gelang ihnen schließlich, den Einfluss des Nazigegners Hugo Eckener im Zeppelin-Konzern zurückzudrängen und Hakenkreuze an den Flossen des Luftschiffs anzubringen. Der Zeppelin LZ-129 *Hindenburg*, benannt nach dem deutschen Generalfeldmarschall im Ersten Weltkrieg und späteren Reichspräsidenten der Weimarer Republik Paul von Hindenburg (1925–1934), startete am 4. März 1936. Es war mit einer Länge von 245 Metern und einem Durchmesser von etwas mehr als 41 Metern das größte Luftschiff der Welt, hatte ein Volumen von 200000 Kubikmetern, wurde von vier Daimler-Benz-Dieselmotoren (je 890 kW) angetrieben und erreichte eine Geschwindigkeit von 122 km/h.

Das Luftschiff wurde zunächst für inländische Testflüge und Propagandaflüge der Nazis eingesetzt. Später unternahm es 17 Interkontinentalflüge, davon sieben nach Brasilien und zehn in die USA. Nur wenige Propagandabilder konnten mit denen der *Hindenburg* mithalten, die mit einem Hakenkreuz versehen über Manhattan zur Landung in New Jersey herabstieg. Die Passagierkapazität wurde von 50 auf 70 erhöht, die Innenausstattung der öffentlichen Räume und Aussichtsgalerien des Luftschiffs wurde ebenso gelobt wie die reibungslosen Starts und ruhigen Flüge. Obwohl die Interkontinentalflüge von 1936 geplant waren, befanden sie sich alle noch in der Test- oder Vorführungsphase. Der erste Verkehrsflug in die USA im Jahr 1937 startete am 3. Mai in Frankfurt. Die Landung in Lakehurst am 6. Mai nahm ein katastrophales Ende, wobei 35 der 97 Menschen an Bord ums Leben kamen.

Es hatte schon früher Luftschiffkatastrophen mit vielen menschlichen Todesopfern gegeben, aber mit Ausnahme der britischen R101, die 1929 bei ihrem ersten Langstreckentestflug über Frankreich durch einen Sturm zum Absturz gebracht wurde, bei dem 48 Menschen ums Leben kamen, handelte es sich bei allen um Militärflugzeuge: die *R38* der Royal Navy im Jahr 1921 (44 Tote), die *Roma* der U.S. Army im Jahr 1922 (34 Tote), die französische *Dixmude*, ein ehemaliger Zeppelin, im Jahr 1923 (52 Tote) und die mit Helium gefüllte *Akron* der USA im Jahr 1933 (73 Tote). Aber die *Hindenburg* war anders: Sie war das erste Verkehrsluftschiff, das durch eine Explosion und ein Feuer zerstört wurde, was seinerzeit auch dokumentiert wurde, und das erste in der langen Reihe der deutschen Zeppeline, die für den Passagiertransport bestimmt waren.

Die letzten Minuten dieser Katastrophe, einschließlich des anfänglichen Feuers, der Explosion und des Absturzes, wurden von mindestens fünf verschiedenen Nachrichtendiensten gefilmt: Pathé News, Paramount News, Movietone News, Universal Newsreel und News of the Day, wodurch das Unglück zum »ersten Medienereignis des 20. Jahrhunderts« wurde. Nachfolgende Analysen erläuterten, wie eine Kaskade von unwahrscheinlichen Ereignissen zu einer unvorhersehbaren Katastrophe führte: Natürlich waren mit Wasserstoff gefüllte Luftschiffe stets mit Risiken behaftet, wie jede Form der Fortbewegung, aber die bisherige Sicherheitsbilanz der deutschen Starrluftschiffe und ihre zahlreichen Landungen ohne Zwischenfälle in Lakehurst machten dieses besondere Ereignis unvorhersehbar. Argumente über die Unvermeidbarkeit oder Verhinderung der Katastrophe waren von Anfang an ohne Bedeutung: Die »filmreife« Katastrophe war zu spektakulär, um die Flüge fortzusetzen. Die kurze Ära der deutschen Passagierluftschiffe mit Wasserstoff-gefüllter Hülle fand ein abruptes Ende: Das nächste Schiff in der Reihe, das LZ-130, wurde 1938 fertiggestellt, absolvierte aber nur einige militärische Aufklärungsflüge, bevor es außer Dienst gestellt wurde.

Der Zweite Weltkrieg brachte die Rückkehr der militärischen Luftschiffe mit sich. Sperrballons kamen in den USA, Europa und Japan zum Einsatz, aber die USA waren die einzige Großmacht, die eine große Zahl von Luftschiffen einsetzte. Die Luftschiffe der K-Serie von Goodyear waren vorherrschend. Sie waren weder groß – mit einem Volumen von 12000 Kubikmetern und einer Länge von 76 Metern – noch sehr schnell, mit einer Höchstgeschwindigkeit von 80 km/h, konnten aber, angetrieben von zwei 317-kW-Motoren, bis zu 60 Stunden in der Luft bleiben. Die U.S. Navy setzte sie zur Minenräumung, zur Suche und Rettung, zum Auskundschaften und zur Aufklärung, zum Erspähen von US-feindlichen U-Booten und vor allem zum Geleitschutz von Schiffskonvois ein. Insgesamt patrouillierten die Luftschiffe fast 8 Millionen Quadratkilometer des Atlantiks, des Pazifiks und des Mittelmeers, und nur eines wurde von einem deutschen U-Boot abgeschossen.

Militärische LTA-Konstruktionen verschwanden nach dem Krieg nicht gänzlich von der Bildfläche. Zwischen 1952 und 1962 hatte die U.S. Navy ein geheimes Programm, bei dem Luftschiffe der ZPG-Klasse eingesetzt wurden, um Lücken im nordamerikanischen Radar-Frühwarnsystem zu schließen: Sie konnten mehr als 200 Stunden auf ihrer Station bleiben und lange Patrouillen ohne Treibstoff durchführen. In den 1960er-Jahren wurden diese Aufgaben von neuen, besseren Aufklärungsflugzeugen und, auf völlig sichere Weise, von Satelliten übernommen – aber die Luftschifflobby gibt niemals auf. Northrop Grumman baute 2012 den Prototyp eines Überwachungsluftschiffs, allerdings wurde der Auftrag im Jahr darauf gestrichen. Im Jahr 2015 verlor Raytheon, ein weiterer militärischer Auftragnehmer, seinen Prototyp des Spionageluftschiff JLENS (Joint Land Attack Cruise Missile Defense Elevated Neted Sensor System), nachdem es sich losgerissen hatte und über Pennsylvania abgetrieben war, was das Ende des 1998 begonnenen Entwicklungsvertrags bedeutete. Aber ich habe keinen Zweifel daran, dass der bestens bekannte industrielle Komplex des US-Militärs wieder Bedarf an neuen Aerostaten oder Luftschiffen heraufbeschwören wird; der Finanzierungsstrom wird weiterfließen.

Im Gegensatz dazu endeten alle realistischen Aussichten für Verkehrsluftschiffe auf interkontinentalen Strecken noch vor dem Zweiten Weltkrieg, und zwar nicht aufgrund der *Hindenburg*-Katastrophe, sondern wegen der Fortschritte beim Flugzeugantrieb. Bis Mitte der 1930er-Jahre konnte kein Flugzeug mit Luftschiffen konkurrieren, wenn es um die Kombination von Passagierkapazität (bis zu 70 Personen) und maximaler Reichweite (bis zu 10000 Kilometer) ging: LTA-Luftschiffe hatten einen klaren Vorteil bei der teuren, aber zuverlässigen und sicheren interkontinentalen Personenbeförderung. Doch selbst wenn die *Hindenburg* mit einer perfekten Sicherheitsbilanz weitergeflogen wäre, war sie zum Zeitpunkt ihres Starts bereits ein Anachronismus. Im Juli 1936, nur vier Monate nach der Jungfernfahrt der *Hindenburg*, unterzeichnete Pan Am Airlines einen Vertrag mit Boeing, um die ersten sechs der neuen B-314 Clipper des Unternehmens zu erhalten. Dabei handelte es sich um große Wasserflugzeuge, die bis zu 68 Passagiere befördern konnten und eine Reisegeschwindigkeit von knapp über 300 km/h erreichten. Das Flugzeug nahm im Februar 1939 den Liniendienst zwischen San Francisco und Hongkong auf und ging vor dem Krieg auf seine erste Reise nach England.

Außerdem war schon während des Zweiten Weltkriegs klar, dass es mit der Vorherrschaft der Kolbenflugmotoren bald vorbei sein würde, da die ersten neu entwickelten militärischen Düsentriebwerke (Gasturbinen) den Markt mit Passagierflügen erreichen und Langstreckentransporte mit Geschwindigkeiten nahe der Schallgeschwindigkeit ermöglichen würden. In der Tat erreichte die britische Comet, das erste – und unter keinem guten Stern stehende – Düsenverkehrsflugzeug der Welt, 1952 eine Reisegeschwindigkeit von fast 740 km/h, und 1958 kam die sehr erfolgreiche Boeing 707 – der Beginn der längsten Serie von Düsenflugzeugen – auf eine Höchstgeschwindigkeit von 897 km/h, was der aktuellen Boeing 787 mit 913 km/h sehr nahekommt. Damit waren die neuen Passagierflugzeuge schneller als die Zeppeline: Während die schnellsten Flugzeiten der *Hindenburg* zwischen Frankfurt und New Jersey fast 53 Stunden westwärts und 43 Stunden ostwärts betrugen, liegen die heutigen planmäßigen Flugzeiten von Boeings oder Airbussen bei 8:35 Stunden beziehungsweise 7:20 Stunden, und das unter weitaus kontrollierbareren Umständen.

Luftschiffe für den Personentransport mögen verschwunden sein, aber Träume von solchen Schiffen in anderen Funktionen – vor allem als Frachttransporter und fliegende Plattformen für wissenschaftliche Studien und die militärische Aufklärung – kommen immer wieder auf und scheitern. Der spektakulärste Misserfolg war der gigantische *Cargolifter* der gleichnamigen deutschen Firma. Das 1996 gegründete Unternehmen war börsennotiert und erhielt reichlich staatliche Unterstützung. Sein Ziel war ein Luftschiff von 550000 Kubikmetern (fast das Dreifache des Volumens der *Hindenburg*) für bis zu 160 Tonnen Fracht. Das Ungetüm wurde nie gebaut (wohl aber ein riesiger Hangar dafür); das Unternehmen ging 2002 in Konkurs, und die Luftschiffhalle, das größte jemals gebaute freitragende Bauwerk, ist heute ein tropischer Freizeitpark – aber die Website von Cargolifter ist immer noch im Netz und verspricht zukünftige LTA-Wunder.

Das Unternehmen ist nicht allein. Die jüngsten Verfechter von Luftschiffen weisen immer wieder darauf hin, dass die Fortschritte bei den Materialien, dem Antrieb und den elektronischen Steuerungen zusammengenommen eine hochfunktionelle, sehr zuverlässige, flexible und wirtschaftlich akzeptable (und auch nachhaltigere) Lösung für den LTA-Frachttransport ergeben könnten. Das US-Militär hat die Idee nie aufgegeben und unterzieht sie alle paar Jahre einer erneuten Überprüfung, angespornt durch die Erfahrungen in den jüngsten amerikanischen Kriegen und auf der Suche nach Luftschiffen, die sowohl für den Frachttransport als auch als Überwachungs- und Kommunikationsplattform in Höhen zwischen 18 und 24 Kilometern eingesetzt werden können. Man nimmt an, dass Frachtluftschiffe die Flexibilität, Verfügbarkeit und Lebensdauer der strategischen Jet-Airlifter-Flotte erhöhen, während Luftschiffe in großer Höhe für militärische Absicherungszwecke genutzt werden könnten, die derzeit nur mit unbemannten Luftfahrzeugen möglich sind, und zwar über viel längere Zeiträume.

An Befürwortern gewerblicher Anwendungsmöglichkeiten mangelt es nicht. Einige behaupten sogar, dass ein neu entstehender internationaler Wettbewerb zur Rückkehr der Luftschiffe führen wird, weil sie, so das hartnäckige Verkaufsargument, relativ kostengünstig sind, beträchtliche Lasten befördern können und, was in den frühen 2020er-Jahren vielleicht am verlockendsten ist, ihr Betrieb im Vergleich zu anderen Transportmitteln in der Luft nur sehr wenig Treibhausgasemissionen verursacht. Alle diese Starrluftschiffe haben Metallrahmen, die die Triebwerke, die Steuerflächen und den Frachtraum tragen. Der Auftrieb wird durch eine Reihe von mit Helium gefüllten Zellen ohne Druck gewährleistet.

Der Einsatz von Luftschiffen für den Gütertransport in der Arktis ist eine alte Idee, deren Verwirklichung nun als wertvolle Ergänzung zur Entwicklung der Region, das heißt zur Ausbeutung ihrer »Stranded Resources«

(Rohstoffe, deren Ertrags- oder Marktwert enorm sinkt), in einer Welt angesehen wird, die zunehmend wärmer wird. Diese Veränderungen erleichtern den Zugang für die Schifffahrt. Da aber Ölverschmutzungen in kalten Gewässern bekanntlich schwer in Grenzen zu halten und zu beseitigen sind, während der Zugang über den Landweg, der derzeit über gefrorene Winterrouten führt, aufgrund des schmelzenden Permafrosts schwieriger werden könnte, wird die saisonale Versorgung abgelegener Gemeinden per Lastwagen noch gefährlicher. Laut Barry Prentice werden Frachtluftschiffe als »das einzige denkbare Transportmittel« beworben, »das große, sperrige Lasten über große Entfernungen transportieren und in Gebieten ohne Infrastruktur arbeiten kann«. Ein weiterer möglicher Verwendungszweck ist der Transport von frischem Obst und Blumen von ihren subtropischen und tropischen Anbauorten zu den großen Märkten der nördlichen Halbkugel. Der Lufttransport von hawaiianischen Ananas nach Kalifornien wäre jedoch selbst im Jahr 2004, als der Vorschlag gemacht wurde, unrentabel gewesen, da der Anbau dieser Frucht seit den 1970er-Jahren stark zurückgegangen ist und die Inseln nur noch kleine Ananasproduzenten sind.

Im Jahr 2020 war es jedoch keine Science-Fiction-Website, sondern *Foreign Policy*, eine alle zwei Monate erscheinende Zeitschrift, deren Themenschwerpunkte die US-Außenpolitik, die internationale Politik und die Wirtschaft sind, die einen Artikel mit der Überschrift »The Age of the Airship May Be Dawning Again« (»Das Zeitalter der Luftschiffe könnte wieder anbrechen«) veröffentlichte. Der Artikel handelte davon, wie mehrere Unternehmen versuchten, »eindrucksvolle Luftschiffe« wieder aufleben zu lassen. Ein weiterer Bericht aus dem Jahr 2020, diesmal im *Robb Report*, trug die Überschrift »These New Luxury Blimps Hope to Become the Superyachts of the Skies« (»Diese neuen luxuriösen Kleinluftschiffe hoffen, die Superjachten der Lüfte zu werden«). Die Luftschifftechnik Zeppelin GmbH wurde 1993 an seinem ursprünglichen Standort am Bodensee wiederbelebt. Im September 1997, als der erste Zeppelin NT (New Technology) abhob, behauptete das Unternehmen, dass »der Mythos des Zeppelins erfolgreich wiedergeboren wurde«.

Das mit dem Mythos stimmt: Trotz der neuen Designs und neuen Materialien, einschließlich eines starren dreieckigen Gerüstes, des Heliums, einer reißfesten Hülle, der schwenkbaren Propeller und moderner »Fly-by-Wire«-

Avionik (Signalübertragungstechnik für die Flugsteuerung von Luftfahrzeugen), hat das Unternehmen keine lange Liste mit neuen Aufträgen. Das Gleiche gilt für das 2012 gegründete französische Unternehmen Flying Whales. Die Firma hat eine interessante Website, die mit der Animation eines Buckelwals beginnt, der sich anmutig durch die Bäume über das Blätterdach des Waldes und in die blaue Atmosphäre erhebt. Danach folgen Farbbilder, die zeigen, wie die 200 Meter langen Starrluftschiffe mit einer Nutzlast von 60 Tonnen für die Abholzung abgelegener Wälder und den Transport von Windturbinenteilen und Hochspannungsmasten an unzugänglichen Orten eingesetzt werden können. Die US-Regierung finanzierte das Luftschiff *Dragon Dream,* das einen abgeflachten elliptischen Querschnitt hatte. Der Prototyp wurde im Jahr 2013 schwer beschädigt, nachdem man mehrmals versucht hatte, ihn anzubinden (Abb. 3.3).

Das schwedische Start-up-Unternehmen Ocean Sky Cruises verspricht seit Jahren eine nachhaltige, sogenannte »dekarbonisierte Luftfahrt« mit Ausflügen per Luftschiff zum Nordpol. Die erste Saison mit Luxusflügen (acht

Abbildung 3.3 Eines von mehreren gescheiterten modernen Luftschiff-Revivals: das Demonstrationsmodell *Dragon Dream* in der Nähe seines Hangars. Bild von Aeros (jetzt gelöscht). Quelle: Parkhannah,https://commons.wikimedia.org/wiki/File:Dragon_Dream.jpg.

Doppelkabinen »mit großen Panoramafenstern, eigenem Bad und kleinem Kleiderschrank«) ist nun für 2024/25 vorgesehen. In den USA behauptete der CEO der 1993 gegründeten Worldwide Aeros Corporation im Jahr 2016, dass das Unternehmen bis 2023 eine weltweite Flotte von Aeroscraft-Luftschiffen in Betrieb haben werde. Und 2006 testete Lockheed Martin, ein führender militärischer Rüstungs- und Technologiekonzern, das P-791, ein hybrides Luftschiff, bestehend aus drei Hüllen, dessen Nutzlast sowohl durch statischen als auch durch aerodynamischen Auftrieb getragen wird und für den Frachttransport in ansonsten unzugängliche Gebiete konzipiert ist.

Es gibt auch Lighter Than Air Research, ein von Google-Mitbegründer Sergey Brin finanziertes Forschungs- und Entwicklungsunternehmen für Luft- und Raumfahrt. Hier ist man davon überzeugt, dass Luftschiffe »den humanitären Katastrophenschutz und Hilfsmaßnahmen ergänzen – und sogar beschleunigen – werden«, insbesondere in abgelegenen Gebieten, die mit dem Flugzeug oder dem Boot nur schwer zu erreichen sind, und dass seine »Familie von Flugzeugen mit null Emissionen« letztlich den Transport von Gütern und Menschen mit einem reduzierten globalen CO_2-Fußabdruck ermöglichen wird. Und als Krönung des Ganzen hat der russische Luftschiffhersteller Airshop Initiative Design Bureau Aerosmena (AIDBA) den geplanten Start eines riesigen untertassenförmigen Luftschiffs im Jahr 2024 angekündigt: Es soll eine maximale Nutzlast von 660 Tonnen, einen Durchmesser von mehr als 240 Metern haben und von Turboprops angetrieben werden, die hubschrauberartige Rotoren drehen. Aber der vielleicht bemerkenswerteste Neuzugang im Jahr 2022 ist die Bestellung von zehn mit Helium gefüllten, elektrisch betriebenen *Airlander*-Luftschiffen (Motto: »Rethink the Skies«). Die Schiffe sollen 100 Passagiere befördern können, und zwar durch das in Valencia ansässige Unternehmen Air Nostrum, das sie ab 2026 auf kurzen Inlandsstrecken einsetzen will.

All diese Ansprüche und Pläne haben eines gemeinsam: Sie berücksichtigen weder, wie sich eine rasche Ausweitung der LTA-Flotten auf die Lieferung von Helium auswirken würde, noch, wie hoch der tatsächliche Ertrag in der Luft sein könnte. In den USA lag der Heliumverbrauch in den vergangenen Jahren bei etwa 40 Millionen Kubikmetern pro Jahr, und zwar hauptsächlich für Magnetresonanztomografie (30 Prozent), Traggas (17 Prozent) sowie Analyse- und Laboranwendungen (14 Prozent). Ginge der gesamte Jahresverbrauch in Luftschiffe, würde er für etwa 200 große (zeppelinartige) Konstruktionen ausreichen. Die weltweiten Heliumvorkommen werden auf etwa 50 Milliarden Kubikmeter geschätzt, davon 40 Prozent in den USA, 20 Prozent in Katar und der Rest in anderen erdgasreichen Ländern wie Algerien, Russland und Kanada. Was die Flugfrequenz angeht, so verbringen moderne Düsenflugzeuge etwa 3000 Stunden pro Jahr (etwa 34 Prozent der Stunden in einem Jahr) im Flug. Würden große Flotten der geplanten Luftschiffe das erreichen? In Science-Fiction-Geschichten ist sogar von Vakuum-Luftschiffen die Rede, die mit nichts gefüllt sind, deren Hüllen aber dem atmosphärischen Druck standhalten können.

Der Himmel mag nicht gerade von all diesen versprochenen »neuen« Zeppelinen wimmeln. Aber trotz der grundsätzlichen Herausforderungen, die das Volumen, der Gaseinschluss und die Flugsteuerung mit sich bringen, wird die Verlockung von LTA-Luftschiffen wahrscheinlich nie verschwinden. Bei allen Maschinen, die schwerer als Luft sind, erfolgt der Auftrieb nur von außen, während LTA-Luftschiffe den internen Auftrieb durch die natürliche Tragkraft von leichten Gasen mit dem externen Auftrieb durch ihre Triebwerke kombinieren. Dadurch sind sie im Flug schwieriger zu steuern und auch ihre Konstruktion ist dadurch anspruchsvoller. Jedenfalls wurden die meisten LTA-Schiffe nicht, wie von ihren Schöpfern oft beabsichtigt, zu Prototypen erfolgreicher kommerzieller Serien: Man ging davon aus, dass Luftschiffe dominieren würden, aber stattdessen wurden sie zu Sternchen in der Geschichte der Fliegerei, zu marginalem Beiwerk in der enorm erweiterten globalen Welt des Flugs. Es ist so gut wie sicher, dass sich dies in nächster Zeit nicht wesentlich ändern wird.

KERNSPALTUNG

Die kontrollierte Energiefreisetzung aus der Kernspaltung von Uran hat sich in genau 60 Jahren von theoretischen Konzepten zur ersten kommerziellen Stromerzeugung entwickelt – eine bemerkenswert kurze Zeitspanne, wenn man die damit verbundene Komplexität bedenkt. Die ersten theoretischen Grundlagen wurden im Frühjahr 1896 durch Henri Becquerels Entdeckung der Radioaktivität von Uran gelegt. Elf Jahre später folgte Albert Einsteins berühmte Schlussfolgerung, dass »eine träge Masse einem

Energiegehalt μc^2 entspricht«, und zwischen 1911 und 1913 trugen Ernest Rutherfords Modell der Atomkerne sowie Niels Bohrs Struktur des von kreisenden Elektronen umgebenen Kerns zu den Grundlagen bei.

Die nächste Reihe grundsätzlicher Fortschritte kam in den Dreißigern des 20. Jahrhunderts: 1931 wurde zum ersten Mal ein leichtes Element, Lithium, in zwei Heliumatome aufgespalten (mithilfe von Hochspannungsstrom zur Beschleunigung von Wasserstoffprotonen). Ein Jahr darauf, 1932, kam James Chadwick zu dem Schluss, dass die einzige Möglichkeit, eine Erklärung für einige in Deutschland und Frankreich durchgeführten Experimente zu finden, nur darin bestehen konnte, die Existenz von Teilchen der Masse 1 und der Ladung 0 anzunehmen; das bedeutete die Geburt der Neutronen. In London, etwas mehr als sechs Monate nachdem Chadwick seine Entdeckung des Neutrons veröffentlicht hatte, kam Leó Szilard, einem ungarischen, im Exil lebenden Physiker und Schüler Einsteins, eine epochale Erleuchtung, als er auf eine grüne Ampel in der Southampton Row wartete und erkannte: »Wenn wir ein Element finden könnten, das durch Neutronen gespalten wird und das *zwei* Neutronen emittieren würde, wenn es *ein* Neutron absorbiert, dann könnte ein solches Element, vorausgesetzt, es liegt in einer ausreichend großen Masse vor, eine Kernreaktion auslösen.«

Er wusste nicht, wie er dieses Element finden sollte, aber am 12. März 1934 meldete er ein britisches Patent an, in dem Beryllium als der wahrscheinlichste Kandidat für die Spaltung aufgeführt war und in dem auch – richtigerweise – Uran und Thorium als weitere Kandidaten genannt wurden. Szilards Patentanmeldung wurde geheim gehalten, doch er war nicht der einzige Wissenschaftler, der Überlegungen zu Neutronen anstellte. In Deutschland erzeugten Otto Hahn und Fritz Strassmann durch die Bestrahlung von Uran mit Neutronen neue Isotope, und im Februar 1939 interpretierten Hahns langjährige Mitarbeiterin Lise Meitner, die zu diesem Zeitpunkt im schwedischen Exil lebte, und ihr Neffe Otto Frisch das Ergebnis korrekt als Kernspaltung. Das Atom war gespalten, und über die Konsequenzen waren sich alle gut informierten Physiker im Klaren: zum einen über die beispiellose Zerstörungskraft von Waffen, zum anderen über die Möglichkeit einer neuen Form der Stromerzeugung.

Der Ausgang ist wohlbekannt. Der Zweite Weltkrieg begann weniger als sieben Monate nach Meitners Bestätigung. Obwohl alle großen Kriegsparteien (die USA, die UdSSR, Deutschland und Japan) die Entwicklung von Atombomben vorantrieben, gelang es nur den USA mit ihrem beispiellosen Manhattan-Projekt – mit der Unterstützung Großbritanniens und der Beteiligung vieler europäischer Exilphysiker – noch vor Kriegsende, die ersten beiden Kernwaffen auf Hiroshima und Nagasaki abzuwerfen. Ein wichtiger Teil des kostspieligen (und immer noch andauernden) Wettrüstens nach dem Ende des Zweiten Weltkriegs bestand darin, Atomsprengköpfe auf praktisch unangreifbare U-Boote zu montieren. Die einzige Möglichkeit, für eine große Reichweite dieser U-Boote zu sorgen und sie für längere Zeit unter Wasser zu halten, war, sie mit der Kraft der kontrollierten Kernspaltung anzutreiben. Auch in diesem Rennen waren die USA die Ersten, als sie 1954 unter der Führung von Hyman Rickover ihr erstes Atom-U-Boot in Dienst stellten.

Schon während des Krieges zogen einige Physiker des Manhattan-Projekts die Möglichkeit in Betracht, Kernreaktoren für die Stromgewinnung zu nutzen, kamen jedoch zu dem Schluss, dass dies höchst unwirtschaftlich wäre. Diese Meinung setzte sich auch nach der Gründung der U.S. Atomic Energy Commission (AEC) durch und wurde in den späten 1940er- und frühen 1950er-Jahren von den führenden amerikanischen Energieversorgungsunternehmen geteilt. Abgesehen von den unerschwinglichen Kosten gab es keine zwingenden ressourcen- oder umweltpolitischen Gründe für die Entwicklung von Atomstrom. Die USA waren weltweit führend in der Stromerzeugung, aber das Land war auch der größte Produzent fossiler Brennstoffe auf der Welt, und neue große Kraftwerke, die mit Kohle, Öl und Erdgas betrieben wurden, deckten nicht nur den steigenden Bedarf, sondern taten dies auch zu niedrigeren Kosten für die Verbraucher, was zu einer massenhaften Anschaffung neuer Umwandler in Haushalt und Industrie führte. In den frühen Fünfzigern, weniger als ein Jahrzehnt nach dem Ende des Zweiten Weltkriegs, gab es in keinem Land eine überzeugende Politik oder Bewegung zur Bekämpfung der Umweltverschmutzung. Die mit der Verbrennung fossiler Brennstoffe verbundene globale Erwärmung und die daraus resultierende Notwendigkeit einer CO_2-neutralen Energie sollten noch mehr als drei Jahrzehnte lang außerhalb des politischen und wirtschaftlichen Spektrums bleiben.

Warum haben die USA dann beschlossen, ihr erstes Atomkraftwerk zu bauen? In den späten 1940er-Jahren begann David E. Lilienthal, der erste

Vorsitzende der AEC, davon zu sprechen, die Schuldgefühle wegen Hiroshima abzubauen. Er war der Meinung, die friedliche Entwicklung der Kernspaltung sei unerlässlich, um die ersehnte oder psychologische Erleichterung sowie Hoffnungen und Möglichkeiten für neue technische Fortschritte zu schaffen. Aber dieses Gefühl war nur einer der Faktoren, die die Aussichten einer nuklearen Zukunft veränderten. Die UdSSR testete 1949 ihre erste Bombe, und Lilienthal befürchtete, die Russen würden Amerika »bei der Entwicklung der friedlichen Seite des Atoms« überlegen sein. Großbritannien verpflichtete sich zu einem recht kühnen Programm, um Atomstrom auf der Grundlage eines neu entwickelten einheimischen Reaktordesigns zu erzeugen, und Anfang 1953 waren sich Präsident Eisenhower und Außenminister John Foster Dulles einig, dass »es sehr schlecht aussehen würde, wenn die Vereinigten Staaten bei der Kommerzialisierung von Atomstrom zurückblieben«. Die Politik, nicht die Wirtschaft, diktierte dem Land die Entwicklung der Elektrizitätserzeugung durch Kernenergie.

In Anbetracht dieser Tatsachen und trotz der erklärten Zweifel führender Kernphysiker und der Energieversorger des Landes mussten sich die USA an der Suche beteiligen, zumal solche Entwicklungen als Instrument des Kalten Krieges zur Beeinflussung neutraler Länder genutzt werden konnten. Präsident Eisenhower hat das in seiner Rede »Atoms for Peace« deutlich zum Ausdruck gebracht:

> *»Um den Tag zu beschleunigen, an dem die Angst vor dem Atom aus den Köpfen der Menschen und der Regierungen in Ost und West verschwindet ... um die Atomenergie für die Bedürfnisse der Landwirtschaft, der Medizin und anderer friedlicher Aktivitäten einzusetzen. Ein besonderer Zweck wäre die Versorgung mit reichlich elektrischer Energie in den Gebieten der Welt, denen es an Strom mangelt.«*

Der Wettlauf um die Atomenergie hatte begonnen, und für die USA war der schnellste Weg, den kleinen wassergekühlten Druckreaktor, den die Navy unter der Leitung von Hyman Rickover für den Antrieb von Atom-U-Booten entwickelt hatte, buchstäblich an Land zu ziehen. Die *Nautilus*, das erste atomgetriebene U-Boot der U.S. Navy, wurde zwischen Juni 1952 und Januar 1955 gebaut (Abb. 3.4). Die von Westinghouse gebauten thermischen

U-Boot-Reaktoren nutzten Wasser (mit einem Druck von bis zu 16 MPa) in einem geschlossenen Kreislauf zur Kühlung des Kerns (der zusammen mit spaltbaren Uranisotopen in Zirkonium-Stahlrohren eingebettet war); das erhitzte Wasser übertrug seine Energie auf einen Sekundärstromkreis, um Dampf für die Turbinen zu erzeugen. Das gleiche Reaktordesign wurde für das erste kommerzielle Nuklearprojekt der USA verwendet. Duquesne Light in Pennsylvania erklärte sich bereit, einen kleineren Teil der Projektkosten zu übernehmen, und Shippingport, Amerikas erster ziviler Kernreaktor – ein Symbol des »friedlichen und zielstrebigen Amerikas«, das dem Land ganz ohne Drohkulisse Respekt verschaffen sollte –, begann am 18. Dezember 1957 mit der Stromerzeugung, fast sechs Monate nach dem sowjetischen Kernkraftwerk Obninsk und ungefähr 15 Monate später als das britische Kraftwerk Calder Hall (Abb. 3.5).

Diese rein politische Entscheidung band die zukünftige nukleare Entwicklung des Landes an einen Reaktor, den weder die Physiker des Manhattan-Projekts noch die Experten der Energieversorger für die beste Option hielten. Zusammen mit den vorhergesagten hohen Erzeugungskosten führte dies dazu, dass die Stromversorger in den späten Fünfzigern genauso wenig Interesse an der Kernenergie hatten wie ein Jahrzehnt zuvor.

Abbildung 3.4 Die *Nautilus* im Hafen von New York im Jahr 1958. Quelle: U.S.-Navy-Foto mit freundlicher Genehmigung des Arctic Submarine Laboratory der US Navy.

Abbildung 3.5 Einsetzen des Reaktordruckbehälters im Kernkraftwerk Shippingport, Pennsylvania, im Jahr 1956. *Quelle*: Foto der Library of Congress.

Eine weitere politische Entscheidung folgte: Der Kongress griff ein und verabschiedete 1957 das Price-Anderson-Gesetz, das Investitionen in die Stromerzeugung aus Kernkraft weit weniger riskant machte, indem es die private Haftung reduzierte und im Falle eines katastrophalen Unfalls, bei dem ionisierende Strahlung freigesetzt wurde, noch nie da gewesene staatliche Entschädigungsleistungen garantierte.

Das kommerzielle Interesse erfuhr keinen unmittelbaren Aufschwung, und die nächste Phase begann erst im Dezember 1963, als eine Analyse der Jersey Central Power and Light Company zu dem Schluss kam, dass ihr geplantes Kernkraftwerk in Oyster Creek Strom kostengünstiger erzeugen würde als ein Kohlekraftwerk. Die Baugenehmigung folgte ein Jahr später, und im November 1965 sorgte ein großer Stromausfall im Nordosten der USA für einen weiteren Anreiz, in die neue Form der Stromerzeugung zu investieren. Die Zahl der neuen Aufträge von Energieversorgern stieg 1966 auf 20 und 1967 auf 30 Reaktoren, bevor sie 1969 auf unter 10 Reaktoren sank. Insgesamt wurden zwischen 1965 und 1969 83 neue Reaktoren gebaut. Doch im nächsten Jahr wendete sich das Blatt zugunsten der Atomstromerzeugung: Der Kongress verabschiedete den Clean Air Act von 1970, der darauf abzielte, die Emissionen aus mobilen und stationären Industriequellen durch die Einführung der National Ambient Air Quality Standards und der New Source Performance Standards zu begrenzen. Große Kohlekraftwerke waren landesweit die größten Verursacher von Feinstaub, Schwefel- und Stickstoffoxiden (die zum sauren Regen beitragen), während die Kernkraftwerke keine dieser Luftschadstoffe ausstießen.

Den bei Weitem größten Auftrieb erhielt die Kernspaltung jedoch 1973 dank einer weiteren unerwarteten Reihe von Ereignissen. In jenem Jahr nutzte die Organisation erdölexportierender Länder (OPEC), die gegründet wurde, um sich bessere Preise für den weltweit benötigten Brennstoff zu sichern, die schwächelnde Ölförderung in den USA (obwohl die Vereinigten Staaten bis 1977 der größte Produzent der Welt blieben), indem sie den von ihr festgesetzten Rohölpreis verfünffachte und sogar vorübergehend die Ölexporte in die USA blockierte. Die anschließende Energiekrise in den Vereinigten Staaten beendete die lange Periode des schnellen Wirtschaftswachstums nach dem Zweiten Weltkrieg und erschwerte die Aussichten auf eine zuverlässige Energieversorgung. Die einheimische Stromerzeugung durch Kernenergie, unabhängig von unvorhersehbaren Importen, erschien sehr attraktiv: 1973 bestellten die US-amerikanischen Energieversorger 42 neue Kernreaktoren. Außerdem herrschte zunehmende Übereinstimmung darüber, dass auf diese sich rasch entwickelnde erste Ära der Kernenergie bald eine zweite Ära mit weitaus effektiveren »Schnellen Brütern« folgen würde.

Im Gegensatz zu Kernreaktoren (ob wasser- oder gasgekühlt), die das in Hülle und Fülle vorkommende Isotop ^{238}U oder das leicht angereicherte ^{235}U spalten (von seinem natürlichen Vorkommen von 0,7 Prozent auf höchstens 3 bis 5 Prozent), würden sie ein hoch angereichertes Isotop von Uran-235 (15 bis 30 Prozent) als Quelle schneller Neutronen verwenden. Und zwar zu dem Zweck, das reichlich vorhandene, aber nicht spaltbare Isotop ^{238}U, das sich in einer Hülle um den Reaktorkern befindet, in spaltbares Plutonium (^{239}Pu) umzuwandeln. Flüssiges Natrium würde die erzeugte Wärme ableiten, und ein Brutreaktor schließlich mindestens 20 Prozent mehr spaltbaren Brennstoff produzieren, als er verbraucht. Szilard hatte Brüterreaktoren bereits 1943 ins Auge gefasst, und 1945 entwarfen Alvin Weinberg und der Physiker des Manhattan-Projekts, Harry Soodak, ein Konzept für ihr Design.

Nach dem Zweiten Weltkrieg wurden sowohl in den USA als auch in der UdSSR kleine Brüter getestet, und Anfang der 1970er-Jahre waren versuchsweise sogenannte schnelle flüssigmetallgekühlte Brutreaktoren (LMFBR, das Metall ist flüssiges Natrium, verwendet zu Kühlungszwecken) nicht nur in den USA und der UdSSR, sondern auch in Großbritannien, Frankreich, Deutschland, Italien und Japan in Betrieb. 1973 hatte Alvin Weinberg »keine großen Zweifel daran, dass ein nuklearer Brüter sich als erfolgreich erweisen wird« und dass es »recht wahrscheinlich ist, dass Brüter die letzte Energiequelle des Menschen sein werden«. Dieses Fazit schien nicht außergewöhnlich zu sein, denn es herrschte ein allgemeiner wissenschaftlicher Konsens über die Zweckmäßigkeit dieser Technik und ihren möglichen Erfolg, eine Überzeugung, die von führenden Vertretern der Industrie geteilt wurde. In den späten 1960er- und frühen 1970er-Jahren rechnete die AEC damit, dass 1000 Reaktoren bis zum Jahr 2000 in den USA in Betrieb sein würden. 1974 prognostizierte General Electric (GE), die wirtschaftliche Einführung der Brüter werde bis 1982 stattfinden; ferner behauptete GE, die gesamte Energieerzeugung aus fossilen Brennstoffen sei bis 1990 verschwunden, und bis zum Ende des Jahrhunderts werde bis auf einen winzigen Bruchteil der gesamte in den USA verbrauchte Strom aus Brutreaktoren stammen.

Die Wirklichkeit sah jedoch ganz anders aus, und zwei französische Begriffe scheinen hier sehr angebracht zu sein: Das *dénouement* war ein *débâcle*. Die Hauptursachen dafür waren das unerwartete plötzliche Ende der jahrzehntelangen Verdoppelung des Strombedarfs, die übermäßigen Regulierungsmaßnahmen, die dem Bau neuer Anlagen auferlegt wurden, die daraus resultierende massenhafte Auftragsstornierung für Druckwasserreaktoren, das Versäumnis, die Brüter aus den Träumen der Physiker in eine auch nur halbwegs brauchbare technische Realität umzuwandeln, und das durch katastrophale Unfälle neu entfachte Misstrauen der Öffentlichkeit gegenüber der Kernspaltung zur Stromerzeugung. Ich werde jeden dieser Aspekte kurz erläutern, aber gewiss nicht versuchen, eine anteilige Schuld zuzuweisen (ich bin mir nicht sicher, ob das überhaupt möglich ist).

Es ist jedoch klar, dass kein einziger Faktor wichtiger war als der schnelle Rückgang der Stromnachfrage. Ein jährliches Wachstum von etwa 7 Prozent, das in jedem Jahrzehnt zu einer Verdoppelung der Nachfrage führte, war, mit Ausnahme des Rückgangs während des Krisenjahrzehnts der 1930er-Jahre, die Norm seit dem Ende des Ersten Weltkriegs: In den Zwanzigern hatte sich die Stromerzeugung fast genau verdoppelt, in den 1940er-Jahren wuchs sie fast um das 2,2-Fache, und zwischen 1950 und 1960 hatte sie sich nochmals fast exakt verdoppelt. In den 1970er-Jahren stieg sie jedoch nur um etwas weniger als 50 Prozent, gefolgt von einer Zunahme von etwa 33 Prozent in den 1980er-Jahren, 25 Prozent in den 1990er-Jahren, weniger als 9 Prozent im ersten Jahrzehnt des 21. Jahrhunderts. Überhaupt kein Anstieg war zwischen 2010 und 2019 zu verzeichnen (ein Vergleich, der das von COVID-19 betroffene Jahr 2020 einschließt, ergibt einen Rückgang von 3 Prozent).

Anfang der Siebziger hatten die größten neuen, in der Regel aus mehreren Blöcken bestehenden Wärmekraftwerke eine Kapazität von mehr als 2 Gigawatt, und die neuen Kernkraftwerke waren ähnlich groß (oder hatten sogar über 3 Gigawatt), und selbst unter idealen Umständen hätten ihre Planung und ihr Bau fast ein ganzes Jahrzehnt gedauert. Aber auch das hatte sich geändert. Im Jahr 1974 wurde die AEC abgeschafft und durch die Nuclear Regulatory Commission ersetzt, die eine anscheinend endlose Reihe von regulatorischen Eingriffen vornahm, die die neuen Projekte verlangsamten und gleichzeitig ihre Kosten in die Höhe trieben. Die Manager der Energieversorger waren es gewohnt, mit einer praktisch garantierten Verdoppelung der Stromnachfrage in einem Jahrzehnt und der Fertigstellung neuer großer Kraftwerke in fünf bis sechs Jahren zu rechnen. Jetzt aber wurden sie mit einer stetig sinkenden Nachfrage und sich hinziehenden Bauzeiten konfrontiert und sahen sich einer Zukunft gegenüber, in der es möglicherweise keine Nachfrage nach Strom gäbe, der von Anlagen erzeugt wurde, die nach 10 bis 15 Jahren Bauzeit zu erheblich höheren Kosten fertiggestellt wurden.

In vielen Fällen bestand der einzige Ausweg aus dem Dilemma darin, die bestellten Anlagen aufzugeben. Bis 1975 reduzierten sich die Neubestellungen auf vier Reaktoren, und es gab 13 Auftragsstornierungen. Die letzten Aufträge für zwei neue Reaktoren (und 14 Stornierungen) kamen 1978, und 1979 wurde das schon immer vorhandene Misstrauen der Öffentlichkeit gegenüber der nuklearen Stromerzeugung – das unauslöschliche Erbe der Verquickung von Bomben und Reaktoren, vermischt mit der Angst vor unsichtbarer und nicht spürbarer Strahlung – durch den Unfall im Kraftwerk Three Mile Island in Pennsylvania noch verstärkt, obwohl keine Strahlung aus dem Kraftwerk austrat. Das Unbehagen der Öffentlichkeit wurde durch die Kernschmelze im ukrainischen Kernkraftwerk Tschernobyl im Mai 1986 nur noch untermauert. Im Gegensatz zu den amerikanischen Reaktoren verfügte der sowjetische Reaktor über keinen Sicherheitsbehälter (sprich: Reaktorgebäude), und die Strahlung breitete sich über ein großes Gebiet in der Ukraine, in Weißrussland sowie in Mittel- und Nordeuropa aus; 31 Menschen starben fast auf der Stelle, 134 Menschen wurden wegen eines akuten Strahlensyndroms behandelt. Und obwohl gründliche Langzeituntersuchungen keine Hinweise auf eine höhere Krebsinzidenz oder eine höhere Sterblichkeitsrate in der am stärksten betroffenen Bevölkerung ergaben, haben der Unfall und die Notwendigkeit, den Reaktor mit einem Schutzmantel zu umgeben und die Unversehrtheit des Bauwerks für viele Generationen zu gewährleisten, unweigerlich das Image der Kernspaltung als zuverlässige und saubere Alternative zur Stromerzeugung untergraben.

Diese Auswirkungen waren vor allem in Europa zu spüren. Bereits 1986 war die gescheiterte Aussicht auf Kernspaltung nicht mehr zu retten: In den 1980er-Jahren gab es in den USA keine neuen Reaktoraufträge mehr, sondern nur noch Stornierungen, die sich schließlich auf 120 Einheiten beliefen. Das berühmteste Beispiel für die Folgen endloser Bauverzögerungen und enormer Kostenüberschreitungen war der Zusammenbruch des Washington Public Power Supply System. Im Jahr 1975 plante das Energieunternehmen, 2,5 Milliarden Dollar für zwei Kernkraftwerke auszugeben. Nachdem dieser Betrag ausgegeben worden war und klar wurde, dass die Fertigstellung der Anlagen fast 12 Milliarden Dollar kosten würde, wurden im Januar 1982 alle Arbeiten an den beiden Standorten eingestellt, und der Energieversorger gab im Juni 1983 auf, was zum größten Ausfall von Kommunalobligationen in der Geschichte der USA führte. 1985 bezeichnete *Forbes* in seinem Bericht über Amerikas Erfahrungen mit der Kernspaltung das Atomprogramm des Landes als »die größte Managementkatastrophe in der Geschichte der Wirtschaft, ein Desaster monumentalen Ausmaßes ... Nur die Blinden oder die Voreingenommenen können jetzt glauben, dass das Geld gut angelegt war«.

Große Verluste bei den Unternehmen ließen sich natürlich nicht vermeiden. Das berühmteste Beispiel war Westinghouse Electric, gegründet 1886 von George Westinghouse, einem der Wegbereiter der frühen Elektroära. Zwischen den 1950er- und 1990er-Jahren wurde es zusammen mit GE zum führenden Hersteller von Kernkraftwerken, aber Stornierungen und Kostenüberschreitungen führten zu seinem Untergang. 1998 wurde Westinghouse Power Generation an Siemens verkauft, und im Jahr darauf kaufte British Nuclear Fuels die Westinghouse Electric Company. 2006 übernahm Toshiba das Unternehmen, aber 2017 ging das Reaktorgeschäft erneut in Konkurs (aufgrund von Verlusten bei mehreren im Bau befindlichen US-Reaktoren), und das Unternehmen plant nun eine Dreiteilung, die bis 2024 abgeschlossen sein soll.

Wie hoch sind die tatsächlichen Kosten für das unerfüllte Versprechen der Kernspaltung? Im Jahr 1999 kam der Nuclear Information and Resource Service zu dem Ergebnis, dass die amerikanische Atomindustrie mehr als 96 Prozent aller Gelder, etwa 145 Milliarden Dollar (in Dollar von 1998), erhielt, die der Kongress zwischen 1947 und 1998 für Forschung und Entwicklung im Energiebereich bereitgestellt hat. Im Jahr 2021 wären das etwa 167 Milliarden Dollar, und die Alternativkosten (Opportunitätskosten) dieser Investition lägen jetzt bei mehr als 1 Billion Dollar. Die Realkosten, die sich aus dem gesamten Zeitraum der Kernspaltung ergeben, werden erst nach langer Zeit bekannt sein. Denn sie müssen auch die Kosten für die Stilllegung der Reaktoren und die Lagerung hoch radioaktiver Abfälle über eine noch nie da gewesene Zeitspanne von Hunderten bis Tausenden von Jahren einschließen, die eine ewige, wenngleich problematische Umsicht erforderlich macht, die noch keine Nation zufriedenstellend in den Griff bekommen hat!

Die führende Rolle Amerikas beim Ausbau der Kernspaltung wirkte sich auf die globalen Entwicklungen aus. Im Jahr 1973 gab es 132 Reaktoren, die etwa 173 Terawattstunden Strom erzeugten. Der Schritt der OPEC hätte der Atomindustrie zugutekommen müssen, denn er bot den reichen

Volkswirtschaften Europas und Nordamerikas eine zuverlässige Energieversorgung, die gegen plötzliche Preiserhöhungen durch ein Produktionskartell immun war. Und tatsächlich waren 15 Jahre später, im Jahr 1988, weltweit mehr als dreimal so viele Reaktoren, nämlich 416, in Betrieb und erzeugten zehnmal so viel Strom (1727 Terawattstunden) wie 1973. Aber das war eine unvermeidliche Folge der langen Zeitspannen, die für die Fertigstellung neuer Anlagen benötigt wurden. Dann setzte die große Stagnation ein, als die Aufträge für neue Reaktoren in der gesamten westlichen Welt fast verschwanden und die Zubauten in Russland und Asien nur mit der Stilllegung alter Anlagen Schritt hielten.

Im Jahr 2020 gab es weltweit 443 in Betrieb befindliche Reaktoren, nur etwa 6 Prozent mehr als drei Jahrzehnte zuvor. Ihre größeren durchschnittlichen Kapazitäten und höheren Kapazitätsfaktoren (einige Reaktoren arbeiten jetzt mehr als 90 Prozent der Zeit) führten jedoch zu einer nuklearen Stromproduktion von etwa 2500 Terawattstunden, etwa ein Drittel mehr als 1990 – aber kaum mehr als im Jahr 2000! Und die besten von der Internationalen Atomenergiebehörde veröffentlichten Prognosen zeigen Folgendes: Der geplante Bau neuer Reaktoren (vor allem in China) wird gerade ausreichen, um die Stilllegung alter Reaktoren zu kompensieren (viele sind inzwischen seit mehr als vier Jahrzehnten in Betrieb, also viel länger als ursprünglich geplant). Und die neuen Kapazitäten werden bis 2030 gerade die Stilllegungen ausgleichen, die in den 2020er-Jahren stattfinden. Selbst bei einer sehr großzügig geschätzten alternativen Prognose, die von einem anhaltenden Reaktorbau ausgeht, liegt die Kapazität von Kernspaltungen bei 4,5 Prozent der weltweiten Gesamtkapazität und damit unter dem Wert von 5,3 Prozent im Jahr 2019, während die niedrig geschätzte alternative Prognose mehr als eine Halbierung des Anteils der derzeitigen Kapazität bei 2,3 Prozent sieht.

Was die einzelnen Länder betrifft, war der Rückzug von der Kernenergie die Norm. In Europa stieß die Kernspaltung nicht auf allgemeine Zustimmung: Mehrere Länder, darunter Österreich, Dänemark, Griechenland, Irland, Italien, Norwegen, Polen und Portugal, haben kein einziges Kernkraftwerk gebaut. Deutschland und Schweden haben sich für einen vorzeitigen Atomausstieg entschieden, und selbst die erfolgreichsten nationalen Atomprogramme sind inzwischen auf dem Rückzug. Nach dem Unfall im Kernkraftwerk Calder Hall baute Großbritannien bis 1971 25 Magnox-Reaktoren (die inzwischen alle abgeschaltet sind), 14 fortschrittliche gasgekühlte Reaktoren (die leicht angereicherte UO_2-Pellets in Stahlrohren verwenden) und einen Druckwasserreaktor. Die gesamte Stromerzeugungskapazität ist seit 1999 rückläufig, sie dürfte bis 2025 die Hälfte ihres Maximums erreichen. Zwei neue Reaktoren sollen in den Jahren 2026 und 2027 in Betrieb genommen werden, aber ihr Bau, der ursprünglich im Jahr 2011 geplant war, wurde durch Probleme behindert.

Das französische Atomprogramm war der bei Weitem erfolgreichste Versuch in der westlichen Welt, die Stromgewinnung auf Kernspaltung umzustellen. Électricité de France stützte sich dabei auf standardisierte Konstruktionen von amerikanischen Druckwasserreaktoren. Es fand in der Öffentlichkeit breite Zustimmung, und seine 59 über das ganze Land verteilten Reaktoren lieferten schließlich fast 80 Prozent des gesamten Stroms in Frankreich (in jüngster Zeit ist der Anteil geringer) und ermöglichten beträchtliche Verkäufe an Nachbarstaaten. Doch 1991 gab das Unternehmen seinen letzten Auftrag für einen Reaktor auf. Das sowjetische Atomprogramm, auf ewig von der Kernschmelze in Tschernobyl geprägt, wurde in Russland nach dem Ende der UdSSR fortgesetzt, aber im Jahr 2020 produzierte Russland nur noch etwa 21 Prozent des landesweit benötigten Stroms. Japan, das über kein eigenes Öl und Gas verfügt, begann mit einem starken Ausbau des Atomstroms und deckte schließlich 30 Prozent des Gesamtbedarfs durch Kernspaltung ab. Die Kernschmelze von drei Reaktoren im Kraftwerk Fukushima Daiichi im März 2011 führte zur vollständigen Abschaltung aller Reaktoren und stoppte den weiteren Ausbau der Kernenergie, sodass der Beitrag der Kernspaltung im Jahr 2020 nur noch knapp über 5 Prozent lag.

Und die Brüter? Ihre Entwicklung beruhte auf mehreren Irrtümern: dass Uran-235, ein spaltbares Isotop, so knapp sei, dass seine Ressourcen keine groß angelegte nukleare Stromproduktion unterstützen könnten, dass die technischen Probleme innerhalb eines angemessenen Zeitraums überwunden werden könnten und dass die Kosten konkurrenzfähig sein würden. In den USA wurde Anfang der 1970er-Jahre ein großes Vorführprojekt eines Brüters aus verschiedenen politischen Gründen auch vom damaligen Präsidenten Richard Nixon befürwortet. Es wurde von der AEC begrüßt, um das Fortbestehen dieser Organisation zu rechtfertigen (ihr ursprünglicher Auftrag war die Bereitstellung von angereichertem Uran für Atombomben und Reaktoren, was bereits viele Jahre zuvor erreicht worden war), und es genoss beträchtliche Unterstützung im Kongress. Im Jahr 1971, als die Finanzierung des Demonstrationsbrüters begann, wurden die Kosten auf nicht mehr als 400 Millionen Dollar geschätzt, wobei die Stromversorger bereit waren, fast zwei Drittel der Gesamtkosten zu übernehmen. Innerhalb eines Jahres hatten sich die veranschlagten Kosten fast verdoppelt, und 1981, als der Clinch-River-Brüter zum größten öffentlichen Bauprojekt der USA geriet, wurden die Gesamtkosten auf mehr als 3 Milliarden Dollar veranschlagt.

Technische Probleme mit der Konstruktion und die steigenden Kosten für die Wiederaufbereitung (das Trennen von Plutonium aus abgebrannten Brennelementen) trieben die Kosten in die Höhe, und als das Projekt 1983 abgebrochen wurde, hatte es 8 Milliarden Dollar gekostet. Im Jahr 2021 wären das 20 Milliarden Dollar, aber das hat andere Länder nicht davon abgehalten, weitere Milliarden zu verschwenden. Vor allem Frankreich stellte 1986 ein großes Kernkraftwerk fertig (das 1,2-GW-Superphénix, auch Creys-Malville genannt), aber der unfallträchtige Reaktor, der längere Zeit außer Betrieb war, wurde schließlich 1998 abgeschaltet. Japans Brüterprogramm wurde am 8. Dezember 1995 nach dem Austritt von fast 650 Kilogramm flüssigem Natrium eingestellt. Letztlich beliefen sich die Kosten für die aufgegebenen Entwicklungen von Kernreaktoren (ebenfalls in Dollar des Jahres 2021 gerechnet) auf fast 16 Milliarden Dollar in Japan, fast 11 Milliarden Dollar in Großbritannien, 8 Milliarden Dollar in Deutschland und fast 7 Milliarden Dollar in Italien. Rechnet man Russland, China und Indien hinzu, beliefen sich die Kosten auf fast 100 Milliarden Dollar. Diese Summe verdeutlicht die Macht der Atomlobbys und (entgegen allen Anzeichen) den hartnäckigen Glauben der Experten, welche die Aufgabe haben, Regierungen zu beraten.

Ende der 1980er-Jahre war auch klar geworden, dass die andere Option für das zweite Atomzeitalter, nämlich der Einsatz von viel besser konzipierten, kleineren und weniger teuren, aber zuverlässigeren und grundsätzlich sicheren Kernspaltungsreaktoren, nicht so bald kommen würde. Diese Entwürfe standen bereits zur Debatte, bevor sich die USA auf Druckwasserreaktoren für U-Boote festgelegt haben. Seit den frühen Achtzigern gab es viele mehr oder weniger detaillierte Konzept- und Pilotanlagenvorschläge, insbesondere für SMRs (*Small Modular Reactors* – »kleine modulare Reaktoren«), aber keine neuen radikalen Ansätze. Es gab auch keine verbindliche Zusage, die Wiederbelebung gut getesteter Kapazitäten, die aus der Kernspaltung gewonnen wurden, als Teil einer vielschichtigen Strategie zur Reduzierung der CO_2-Emissionen, die von der weltweiten Primärenergieversorgung ausgehen, zu beschleunigen. Es stimmt, dass sich einige ehemalige entschiedene Gegner der Kernspaltung zu begeisterten Befürwortern einer umfassenden nuklearen Stromerzeugung gewandelt haben. Einige Regierungen – vor allem Frankreich, aber auch die USA und Großbritannien – setzen unter anderem auf Kernspaltung, um für eine schnellere Dekarbonisierung zu sorgen.

In den frühen 2020er-Jahren ist es schwieriger geworden, mit den Nachrichten über Regierungen und private Investoren Schritt zu halten, die Pläne für die Entwicklung weiterer Versionen eines SMR mit weniger als 300 Megawatt elektrischer Leistung ankündigen. Zu den interessierten Ländern gehören Kanada, China, die Tschechische Republik, Russland, Südkorea und die USA. Rolls Royce, das erste Unternehmen, das in die Erzeugung von Kernenergie einsteigt, hat nun in Aussicht gestellt, in Großbritannien bis zu 16 solcher kleinen Reaktoren zu bauen. Einige der Entwürfe kehren wieder dazu zurück, Flüssigsalz zu verwenden, ein Verfahren, das vor Jahrzehnten aufgegeben wurde: Kleine Reaktoren mit Flüssigsalz werden von dem Unternehmen Kairos Power in Kalifornien und mit staatlicher Unterstützung in China entwickelt, und im Oktober 2020 hat das US-Energieministerium dem Unternehmen TerraPower aus Seattle Mittel für »Natrium« bewilligt, einen schnellen Natrium-Reaktor mit einer Dauerleistung von 345 Megawatt, der die produzierte Energie in geschmolzenem Salz speichert.

Und dann gibt es da noch die Start-ups für Mikroreaktoren wie Oklo, deren Reaktor abgebrannte Brennelemente aus konventionellen Großreaktoren verwenden könnte, um gerade einmal 1,5 Megawatt Strom zu erzeugen – genug für einen Industriestandort oder einen Universitätscampus. Auf der Website des Unternehmens ist jedoch ein großes Chalet aus Holz und Glas vor einer Bergsilhouette abgebildet, was unmissverständlich auf die »grüne« Herkunft des Projekts hinweist, das ohne menschliches Zutun betrieben werden soll. Angesichts der bisherigen Erfahrungen mit Versprechungen für Atomstrom ist es nur vernünftig abzuwarten, aus wie vielen dieser angekündigten Pläne – selbst mit dem zusätzlichen Anreiz einer beschleunigten Dekarbonisierung – tatsächlich funktionierende Prototypen werden und wie viele davon dann den zweiten Schritt machen, um den Grundstein für zukünftige wirtschaftliche Möglichkeiten zu legen. Auf jeden Fall hat keine Nation ein bestimmtes, gründliches und verbindliches neues Engagement für ein Programm zum Bau von Reaktoren angekündigt, das über mehrere Jahrzehnte laufen müsste.

Das vielleicht Bedauerlichste hinsichtlich der schwer verfehlten Versprechen der Kernspaltung – die im Jahr 2021 etwa 5 Prozent der gesamten installierten Kapazität und etwa 10 Prozent der gesamten wirtschaftlichen Stromerzeugung bereitstellte, statt die Industrie mit Tausenden von Reaktoren, die meisten davon Brüter, zu dominieren – ist, dass wir keine Entschuldigung für die unvermeidliche Unwissenheit haben, die alle neuen Unternehmungen erschwert. Die kompetentesten Wissenschaftler, Ingenieure und Manager der Energieversorger waren sich der meisten Herausforderungen (von der Vermarktung suboptimaler Reaktorkonstruktionen bis hin zu unhaltbar optimistischen Behauptungen über konkurrenzfähige Preise), der dazugehörigen Nachteile und der wenig attraktiven Merkmale der neuen Technik (Strahlungsrisiken, Angst vor Unfällen, die Notwendigkeit dauerhafter Wachsamkeit, Sicherheitsbedenken, einschließlich terroristischer Angriffe auf Kernkraftwerke und die Verbreitung von waffenfähigen nuklearen Stoffen) durchaus bewusst. Die wirtschaftliche Verwertung der Kernspaltung hätte bewusster und vorsichtiger entwickelt werden müssen. Zudem hätte man sowohl der gesellschaftlichen Akzeptanz als auch der langfristigen Lagerung der radioaktiven Abfälle mehr Aufmerksamkeit schenken müssen.

Bevor ich diese Geschichte der kostspieligen Fehlschläge verlasse, muss ich betonen, dass ich ihr Ausmaß vor dem Hintergrund weit übertriebener Versprechungen beurteilt habe, die in der Kernspaltung gewissermaßen eine transformative Erlösung sahen. Gemessen an den tatsächlichen Erfolgen war die Entwicklung der Kernspaltung nach 1945 ein »erfolgreicher Misserfolg«. Ich habe diese *contradictio in adjecto*, diesen Widerspruch in sich, schon vor dem Ende des 20. Jahrhunderts verwendet, und die vergangenen zwei Jahrzehnte haben ihre Richtigkeit nur bestätigt. Obwohl die großen Versprechungen einer neuen Epoche, die durch eine brillante Hightech-Lösung eingeläutet werden sollte, nicht erfüllt wurden, war die nukleare Stromerzeugung ein (wenn auch sehr teurer) Teilerfolg.

Auf globaler Ebene fällt die Beurteilung subjektiver aus: Sind 10 Prozent des gesamten, durch Kernspaltung erzeugten Stroms eher bedeutend oder unbedeutend (was möglicherweise durch höhere Wirkungsgrade der Energieumwandlung ausgeglichen werden kann)? Für viele Länder liegen die Vorteile auf der Hand: Im Jahr 2020 bezogen fast 250 Millionen Menschen in 13 wohlhabenden Ländern mehr als ein Viertel ihres Stroms aus der Kernspaltung, und in elf europäischen Ländern lag der Anteil bei mehr als einem Drittel. Der Verlust dieser Kapazitäten wäre äußerst schädigend, ihr allmählicher Ersatz kostspielig. Nicht minder wichtig ist, dass die Reaktoren in Europa, den USA und Kanada mit beeindruckend hoher jährlicher Auslastung arbeiten – einige sogar mit über 95 Prozent – und zuverlässig die erforderliche Grundlast (das heißt die ohne Unterbrechung benötigte Mindesterzeugung) liefern. Und das auf sichere Weise, ohne dass dabei Treibhausgase oder schädliche Strahlendosen freigesetzt werden, während die Sterblichkeitsrate, die bei der Produktion ähnlicher Strommengen durch Kohlekraftwerke entstehen würde (wegen deren Emissionen von Feinstaub und säurebildenden Gasen), geringer ist.

Bis 2022 gab es zwei neue starke Anreize, auf die Kernenergie zu setzen: das Streben nach einer beschleunigten Dekarbonisierung der globalen Stromerzeugung und die Notwendigkeit Europas, seine Abhängigkeit von russischer Energie zu verringern. Dennoch blieb die Antwort unklar. Im Februar 2022 kündigte Frankreich einen Plan für 14 neue Reaktoren bis 2050 an (wie viele werden tatsächlich gebaut?) – aber im Mai 2022 weigerte sich Deutschland, seine letzten Kernkraftwerke über das Ende des Jahres hinaus laufen zu lassen. Das Land sah sich mit der Verknappung des russischen Erdgases konfrontiert, aber der ideologische Eifer setzte sich über den gesunden Menschenverstand hinweg, als die Grünen in der Regierungskoalition einer größeren Kohleverbrennung zustimmten, statt mehr kohlenstofffreien Strom zu erzeugen! Und es gibt immer noch keine klaren, verbindlichen Zusagen für den Bau zahlreicher SMRs in den USA oder

Japan. Die Realität der Kernenergie bleibt immer noch weit hinter den ursprünglichen, wirklich transformativen Versprechungen zurück.

ÜBERSCHALLFLUG

Während Wilbur Wright zusah, absolvierte sein Bruder Orville am 17. Dezember 1903 über dem Strand von Kitty Hawk in North Carolina den ersten Motorflug, genauer gesagt einen kurzen Sprung von 36 Metern, der zwölf Sekunden dauerte. Dann folgte Wilbur als Pilot, und insgesamt begaben sie sich auf drei weitere kurze Flüge – der letzte und längste dauerte 59 Sekunden. Es vergingen fast vier Jahre, bevor jemand anderes eine Maschine, die schwerer als Luft ist, länger als eine Minute fliegen konnte. Das waren die Anfänge des Motorflugs im ersten Jahrzehnt des 20. Jahrhunderts. Und vielleicht veranschaulicht nichts besser das Tempo der weiteren Entwicklung der Luftfahrt als die Tatsache, dass 40 Jahre nach dem ersten Durchbruch Flugzeugingenieure ernsthaft über die Entwicklung eines Flugzeugs nachdachten, das sich erheblich schneller als der Schall fortbewegen und die Reisen zwischen Europa und Nordamerika auf weniger als die Zeit verkürzen würde, die zwischen dem Frühstück und einem frühen Mittagessen vergeht.

Hubkolbenmotoren für den Antrieb von Flugzeugpropellern dominierten die gewerbsmäßige Luftfahrt bis in die späten 1950er-Jahre. Aber 1943 bereiteten sowohl Großbritannien als auch Deutschland den Einsatz ihrer ersten Jagdflugzeuge vor (die Gloster Meteor beziehungsweise die Messerschmitt 262, wobei die Deutschen als Erste in den Kampf zogen), die von Strahlturbinen, das heißt von Gasturbinen mit ständiger Verbrennung, angetrieben wurden. Während die Mustang, Amerikas erfolgreichstes Jagdflugzeug mit Propellerantrieb, etwa 630 km/h und die britische Supermarine Spitfire weniger als 600 km/h erreichen konnte, näherten sich die Höchstgeschwindigkeiten der beiden ersten Düsenjäger mit 970 km/h und 900 km/h der Schallgeschwindigkeit. In der Luftfahrt bezeichnet die Mach-Zahl (benannt nach dem deutschen Physiker Ernst Mach) das Verhältnis der Geschwindigkeit eines Flugkörpers zur Schallgeschwindigkeit. Auf Meereshöhe (und bei 20 °C) beträgt die Schallgeschwindigkeit 340 m/s oder etwa 1224 km/h. Die Schallgeschwindigkeit verringert sich mit der Höhe etwas und beträgt in 11 Kilometern Höhe über dem Meeresspiegel, einer typischen Reiseflughöhe für Passagierflugzeuge mit Düsenantrieb, etwa 295 m/s oder 1063 km/h. Eine Boeing 787, die mit 903 km/h unterwegs ist, fliegt also mit *Ma* 0,85. Alle Geschwindigkeiten von *Ma* < 1 sind unterschallschnell; schallnahe Geschwindigkeit ist der Begriff für Geschwindigkeiten in der Nähe von *Ma*, und der Überschallbereich ist 1 < *Ma* < 3.

Da die ersten Düsenjäger mit fast schallnaher Geschwindigkeit flogen, schien es unvermeidlich, dass Mach 1 übertroffen werden würde, sobald bessere Triebwerke und bessere Konstruktionen der Flugzeugzellen zur Verfügung stünden, und dass diese Fortschritte von Militärmaschinen auf Verkehrsflugzeuge übertragen würden. Das war tatsächlich der Fall. Am 14. Oktober 1947 flog Chuck Yeager mit der X-1, einem raketengetriebenen Flugzeug, schneller als der Schall, und Kampfflugzeuge und Bomber mit schallnahen Geschwindigkeiten hielten Einzug in die Luftwaffenflotten der USA, Großbritanniens und der UdSSR. Das erste düsengetriebene Passagierflugzeug, die unglückselige britische Comet (deren vier tödliche Unfälle nicht durch Düsentriebwerke, sondern durch Spannungen in den quadratischen Fensterrahmen verursacht wurden, die schließlich zu einer katastrophalen Dekompression führten), begann 1952 mit *Ma* 0,7 seinen kurzen Dienst, und das erste erfolgreiche und weitverbreitete Düsenflugzeug, die Boeing 707, nahm im Oktober 1958 mit *Ma* 0,83 seine planmäßigen Flüge auf.

Vorläufige Studien zum Überschallflug wurden in den frühen 1950er-Jahren in Großbritannien, den USA und der UdSSR durchgeführt. Im Jahresbericht der Internationalen Zivilluftfahrtorganisation (ICAO) von 1959 wurden diese Entwicklungen bestätigt. Dort wurde nicht nur festgestellt, dass »unter den potenziellen Herstellern inzwischen allgemeines Einvernehmen darüber besteht, dass die Herstellung eines Überschall-Transportflugzeugs in relativ naher Zukunft – also etwa zwischen 1965 und 1970 – technisch machbar ist«, sondern auch, dass 1959 »das Jahr war, in dem sich die Erkenntnis durchgesetzt hat, dass ein solches Flugzeug nicht nur eine faktische Möglichkeit darstellt, sondern mit ziemlicher Sicherheit der Nachfolger des derzeitigen Strahlverkehrsflugzeugs sein würde«.

Dieser Irrglaube an den Überschallflug als nächsten offensichtlichen Schritt in der Verkehrsluftfahrt wurde (aus unterschiedlichen Gründen) von den Regierungen Großbritanniens, Frankreichs, der USA und der UdSSR begünstigt. Die Bestrebungen, die sich daraus für seine Verwirklichung ergaben, führten zu vielen Fehlschlägen, die allesamt kostspielig waren, einige waren von kurzer, andere von langer Dauer. In den späten Fünfzigern entwickelten Großbritannien und Frankreich – nachdem sie ihre Kolonien verloren hatten, ihnen die Unterstützung der USA für ihre schlecht durchdachte Militäraktion in der Suezkrise verweigert wurde und sie durch die Rivalität zwischen den Supermächten USA und UdSSR in eine Nebenrolle gedrängt wurden – unabhängig voneinander Überschallflugzeuge und beschlossen schließlich, ihre Kräfte zu bündeln. Der formelle Kooperationsvertrag wurde am 29. November 1962 unterzeichnet, und damit war das Projekt Concorde ins Leben gerufen, um etwas von dem alten Ruhm der früheren Großmächte wiederzuerlangen. Sud Aviation und Bristol Aerospace teilten sich die Konstruktion der Flugzeugzelle, und Bristol-Siddeley und SNECMA (Safran Aircraft Engines) entwickelten die Triebwerke. Die Entwicklungsphase der Zelle erstreckte sich schließlich von 1972 bis Ende 1978, die Triebwerke waren erst 1980 fertigentwickelt, und der Bau von 20 Flugzeugen dauerte von 1967 bis 1979.

Die Höchstgeschwindigkeit wurde auf *Ma* 2,2 begrenzt, um herkömmliche Aluminiumlegierungen verwenden zu können (Flüge über *Ma* 2,2 erfordern wegen thermischer Beschränkungen Titan und Spezialstähle). Der erste Testflug des französischen Prototyps fand am 2. März 1969 statt; *Ma* 1 wurde am 1. Oktober 1969 zum ersten Mal für kurze Zeit erreicht, und *Ma* 2 konnte am 4. November 1970 dauerhaft beibehalten werden. Es folgten umfangreiche Tests beider Prototypen. Der Verkehrsflugbetrieb begann am 21. Januar 1976 mit gleichzeitigen Flügen von London nach Bahrain und von Paris nach Rio de Janeiro. In den 27 Jahren ihres Passagierverkehrs flogen die Concordes von British Airways regelmäßig von London nach New York und im Winter nach Barbados, während in kürzeren Abständen auch Bahrain, Singapur (über Bahrain), Dallas, Miami und der Flughafen Dulles in Washington, D.C., angeflogen wurden. Zu den Zielen von Air France gehörten New York und, für kürzere Zeiträume, Caracas, Mexiko (über Washington, D.C.), Rio de Janeiro (über Dakar) und Dulles; außerdem gab es etwa 300 Charterziele in der ganzen Welt (Abb. 3.6).

Letztlich blieb New York das einzige feste Ziel des Transatlantikflugs. Am 25. Juli 2000 wurde bei einer französischen Concorde, die vom Flughafen Charles de Gaulle abhob, einer der Reifen von einem Metallstück, das von einem gerade abgeflogenen Flugzeug abgefallen war, durchstochen. Der offiziellen Untersuchung zufolge verursachten explosionsartig herausgeschleuderte Teile des Gummireifens einen Riss im Treibstofftank der Concorde, und der daraus resultierende Großbrand und der Verlust der Triebwerksleistung führte zum Tod aller Menschen an Bord (96 deutsche Touristen, zwei Österreicher, ein Däne und ein Amerikaner und die neunköpfige Crew). Am Absturzort kamen auch vier Hotelangestellte ums Leben. Aber wie bei Airline-Unfällen üblich, gab es noch andere Umstände, die zur Katastrophe beitrugen, insbesondere die Tatsache, dass das Flugzeug überladen war und versuchte, mit dem Wind zu starten.

Die sowjetische Tupolew Tu-144, eine allzu offensichtliche Kopie der Concorde (ihre wahre Herkunft zeigt sich darin, dass sie das Ergebnis intensiver sowjetischer Industriespionage war), war ein noch größerer Misserfolg. Die Entwicklung des Flugzeugs war eindeutig den sowjetischen Mühen zuzuschreiben, technisches Können zu demonstrieren und den Rekord an Premieren zu ergänzen, den das russische Regime an Weltraumflügen aufzuweisen hatte (Sputnik im Jahr 1957, Gagarin, der erste Mensch im

Abbildung 3.6 Die Concorde im Anstrich von British Airways. *Quelle*: Miles Blaine Collection, Archiv des San Diego Air and Space Museum.

Weltraum, im Jahr 1961). Das Design des Flugzeugs wurde 1965 auf der Paris Air Show enthüllt und sein Prototyp wurde am letzten Tag des Jahres 1968 geflogen, um den ersten französischen Concorde-Test in den Schatten zu stellen, der am 2. März 1969 stattfand. 1971 schickten die Sowjets den Flieger erneut zur Paris Air Show, wo ein Pilotenfehler einen spektakulären Absturz verursachte. Die Produktion wurde 1982 eingestellt. In den letzten Jahren seines kurzen Einsatzes beförderte das Flugzeug hauptsächlich Luftpost, sein letzter Flug war 1984.

Etwas verwunderlich ist, dass die Amerikaner kein eigenes Kapitel haben in der Geschichte des Versagens bei Überschallflügen, aber nicht, weil sie es nicht versucht hätten. In den frühen Sechzigern wurde eine amerikanische Version des Überschalltransports (supersonic transport, kurz SST) als unausweichlich angesehen. Da andere Länder planten, solche Flugzeuge zu bauen, mussten die USA ihre Überlegenheit in der Passagierluftfahrt behaupten, die sie mit den Boeing-Typen 707, 727 und 737 erst kürzlich unter Beweis gestellt hatten. Diese Argumentation wurde von Politikern und Befürwortern dieser Maschine immer wieder aufs Tapet gebracht: die Vorrangstellung der USA im Flugzeugbau sollte erhalten bleiben, um nicht hinter so ehemaligen Größen wie Großbritannien und Frankreich zurückzufallen, aber auch, um nicht von der UdSSR überholt zu werden. Kennedy reagierte sofort auf das Concorde-Projekt und kündigte am 5. Juni 1963 den Bau eines amerikanischen Überschallflugzeugs an, zwei Jahre nachdem er sich dafür engagiert hatte, dass die USA bis Ende der 1960er-Jahre auf dem Mond landen werden.

Das war ein hochgestecktes Ziel. Die Federal Aviation Administration behauptete, die Zielsetzung des US-Programms sei »ein sicheres, praktisches, effizientes und wirtschaftliches Verkehrsmittel« und dass »wir nicht loslegen sollten und auch nicht vorhaben loszulegen, wenn die Kriterien zur Erreichung dieser Ziele nicht erfüllt sind«. Ein Versprechen! Für die Industrie gab es keinen Zweifel daran, wer das Projekt bezahlen sollte: Es wurde zu 90 Prozent von der Regierung finanziert, und selbst führende Vertreter des Kongresses waren bereit, die Kosten in einem Verhältnis von 75 Prozent zu 25 Prozent zu splitten, also 75 Prozent zu übernehmen. Senator Warren Magnuson, ein ranghohes Mitglied des Unterausschusses für Luftfahrt des Handelsausschusses des US-Senats, der aus Washington stammte, dem Heimatbundesstaat von Boeing, behauptete, das Land sei dabei, »ein Flugzeug zu entwickeln, das Amerika und die Welt in das neue Jahrhundert trägt«.

Die damals infrage kommenden Hersteller waren sich wohl darüber einig, dass das erste Überschallflugzeug, das eher 1970 als 1965 abheben würde, *Ma* 3 erreichen könnte. Kennedys Vorschlag sah jedoch ein fast 160 Tonnen schweres Flugzeug mit einer Reichweite von 6400 Kilometern vor, das mit *Ma* 2,2 fliegen sollte und daher Titan für seinen Bau erforderte. Die Botschaft des Präsidenten an den Kongress hatte auch die drei offensichtlichen Probleme ans Licht gebracht: dass die technischen Herausforderungen, die die Überschallgeschwindigkeit mit sich brachte, nicht gelöst werden konnten, dass SST unwirtschaftlich bleiben und dass der Überschallknall »unangemessenes öffentliches Aufsehen« erregen würde. Letztlich traten alle diese Schwierigkeiten auf, und dieses schwerwiegende Problempaket führte dazu, dass die staatliche Unterstützung gestrichen wurde und der Traum des amerikanischen SST ausgeträumt war.

Aber es dauerte fast ein Jahrzehnt, bis es so weit war. 1967 zog man Boeings Entwurf mit variabler Geometrie (Schwenkflügel) der herkömm-

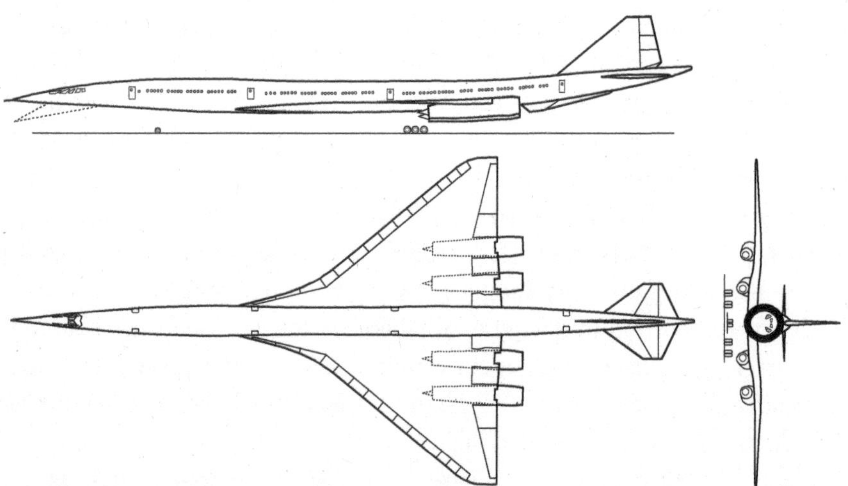

Abbildung 3.7 Drei Ansichten der Boeing 2707–300, des SST-Flugzeugs, das nie abhob. *Quelle*: Illustration von Nubifer, https://commons.wikimedia.org/wiki/File:-Boeing_2707-300_3-view.svg, lizenziert unter CC-BY-SA. Genehmigter Nachdruck.

lichen Bauform von Lockheed vor, aber nach einem Jahr der Versuche gab Boeing den Plan auf. Die Federal Aviation Administration entschied sich daraufhin für eine größere, 340 Tonnen schwere Version, die genauso schwer war wie die Boeing 747 und doppelt so groß wie ursprünglich geplant (Abb. 3.7). Aber die späten Sechziger waren eine Zeit, in der die Beeinträchtigungen der Umwelt, von der Umweltverschmutzung bis zum Lärm, der Öffentlichkeit nicht entgingen, und SST wurde zum frühen und bedeutenden Ziel von Umweltschützern.

Zwischen 1967 und 1971 setzte sich die Kampagne gegen die Überschallknall-Problematik aus lautstarken Gegnern zusammen, sie wurde öffentlich bekannt und erlangte größeren politischen Einfluss. 1969 kamen zwei vom neu gewählten Präsidenten Richard Nixon in Auftrag gegebene Überprüfungen des Projekts zu dem Schluss, dass die Regierung wegen der übermäßigen Kosten des Projekts und der »unerträglichen« Auswirkungen des Überschallknalls ihre Unterstützung zurückziehen sollte.

Doch im September 1969 beschloss Nixon, das Projekt fortzusetzen, und der Streit verlagerte sich in den Kongress. Bei den Anhörungen im Kongress wiesen Experten auf alle Nachteile hin: von der schlechten Effizienz und der begrenzten Reichweite bis hin zu den unvertretbaren Ausgaben und dem außergewöhnlich hohen Lärmpegel. Der Physiker Richard Garwin fügte seiner Erfolgsliste (von der Arbeit am detaillierten Entwurf der Wasserstoffbombe bis hin zur Entwicklung von Computerdruckern) eine weitere Errungenschaft hinzu: Während er noch dem Beratenden Wissenschaftsausschuss des Präsidenten (PSAC) angehörte, wurde er zum vielleicht einflussreichsten und erfolgreichsten Kritiker des SST. Schließlich stimmte der Senat am 24. März 1971 mit 51 zu 46 Stimmen für die Einstellung der weiteren Finanzierung des SST. Nixon löste den PSAC nach seiner Wiederwahl auf (seine Unzufriedenheit mit Garwins Einwänden wurde ihm weithin als Grund dafür zugeschrieben).

Warum sind all diese Unternehmungen gescheitert? Amerika fehlte, was Europa hatte, um dieses teure, unnötige, unwirtschaftliche und nicht zu rechtfertigende Projekt voranzutreiben: die Zusammenarbeit (wenn nicht gar geheime Absprachen) zwischen entschieden dirigistischeren Regierungen, landeseigenen Airlines und staatlich unterstützten Flugzeugbauern, die die Oberhand gewannen, wenn sich in der Öffentlichkeit keine

Stimmen dagegen erhoben. Aber letztlich hat es den USA gutgetan, denn sie haben »nur« etwa eine Milliarde Dollar für den gescheiterten Versuch ausgegeben, Amerikas trügerische Hoffnung einer Vormachtstellung in der Luftfahrt aufrechtzuerhalten. Stattdessen hätten Amerikas strategische Denker ihr Geld verdient, wenn sie sich mehr Gedanken um die Gründung von Airbus Industrie am 18. Dezember 1970 gemacht hätten, als Frankreich, Deutschland und Großbritannien sich zusammenschlossen, um neue Verkehrsflugzeuge zu bauen. Dieser Schritt führte schließlich dazu, dass Amerika das Nachsehen hatte: Im zweiten Jahrzehnt des 21. Jahrhunderts erhielt Airbus in allen Jahren – außer in zweien – mehr Aufträge für neue Passagierflugzeuge als Boeing.

Doch die beiden Erfolge im Überschallflug von Passagiermaschinen, die Concorde und die Tupolew, waren in Wirklichkeit keine solchen, sondern nur mehr oder weniger langwierige und wesentlich teurere Misserfolge. Warum hat sich der schnellere Flug, auch wenn er in beispielloser Weise gefördert und finanziert wurde, nicht als das natürliche Nachfolgemodell der nun mehr als 60 Jahre alten Luftfahrt, die unter Schallgeschwindigkeit operiert, erwiesen? Warum haben wir keine zweite Welle von Überschallflugzeugen erlebt? Auf diese Fragen gab es schon immer eine Reihe eindeutiger, überzeugender Antworten, und die Fehlschläge hätten von kritischen Kommentatoren vorausgesagt werden können (und wurden auch tatsächlich vorausgesagt), selbst als die Begeisterung für nationale Projekte in den 1960er-Jahren auf dem Höhepunkt war. Darüber hinaus sind die meisten Gründe für das Scheitern in der Vergangenheit nicht beseitigt oder gelöst worden, und sie werden auch bei den jüngsten Versuchen, den Überschallflug wieder einzuführen, zu berücksichtigen sein.

Vier grundsätzliche Einschränkungen sind offensichtlich: ein Flugzeugdesign, das von der Notwendigkeit getrieben wird, den enormen Überschallwiderstand zu überwinden; Triebwerke, die stark genug sind, um *Ma* 2 beizubehalten; dies wirtschaftlich zu erreichen und in der Folge mit Umweltauswirkungen zu rechnen, die tolerierbar sind. Die Lehren aus der Concorde sind ein offensichtlicher Ausgangspunkt für diese Erklärungen. Die Flugzeuge sahen auf der Rollbahn und im Flug stromlinienförmig und anmutig aus. Sie konnten nur einen Hauch schneller fliegen als *Ma* 2 und schafften es daher in weniger als vier Stunden von London nach Washington, D.C.: Die Ankunftszeit in Amerika lag damit vor der Abflugzeit in London. All das war bewundernswert, aber fast alles andere an dem Flugzeug gab zu denken, weil die Concorde Probleme und Nachteile hatte, die sich aus den Erfordernissen und somit unvermeidlichen Einschränkungen des Überschallflugs ergaben. Die grundlegendste dieser Anforderungen ist die Überwindung des erhöhten Luftwiderstands durch eine größere Antriebskraft.

Der Strömungswiderstandskoeffizient (ein dimensionsloses Verhältnis zwischen dem Luftwiderstandskraft und dem Produkt aus der Dichte der Luft, dem Quadrat der Geschwindigkeit und der Oberfläche des Flugkörpers) erreicht seinen Höhepunkt bei knapp über *Ma* 1 und ist sowohl bei Unterschall- als auch bei Überschallgeschwindigkeit niedriger. Das ist der Grund, warum alle modernen Düsenflugzeuge mit einer Geschwindigkeit von etwa *Ma* 0,85 fliegen und warum ihre Geschwindigkeit seit der Einführung der Boeing 707 im Jahr 1958 ziemlich konstant geblieben ist. Aber die Gleitzahl, also das Verhältnis von Auftrieb zu Luftwiderstand (L/D) und damit die Reichweite eines Flugzeugs, nimmt mit der Geschwindigkeit ab: Bei der Boeing 787 beträgt sie bei *Ma* 0,85 18, bei *Ma* 1 etwa 15 und bei *Ma* 2 nur noch 10. Und während die Boeing 787 eine maximale Reichweite von fast 14 000 Kilometern hat, konnte die Concorde nur weniger als 6700 Kilometer weit fliegen, was für einen Flug über den Pazifik ohne Nachtanken nicht ausreicht (die Flugstrecke von San Francisco nach Tokio beträgt 8246 Kilometer).

Um den Strömungswiderstandskoeffizienten zu minimieren, muss die Fläche des Flugzeugs (das heißt der Durchmesser des Rumpfes) so klein wie möglich gehalten werden: ein schlanker Rumpf ist ein Muss, entgegen dem Trend zu breiteren Chassis bei den beliebten Unterschallflugzeugen. Der Rumpf der Concorde hatte einen Durchmesser von nur 2,9 Metern, etwa 20 Prozent weniger als die Constellation, das größte Langstreckenflugzeug mit Kolbenmotoren vor der Einführung der Düsenflugzeuge, und war nur etwa halb so groß wie der der Boeing 747 oder der neuesten 787 (5,77 Meter). Wie Richard K. Smith bemerkte: »Die 747 macht die Concorde zu einem klaustrophobischen Horror.« Die Zweierbestuhlung der Concorde mit nur einem Kabinengang bot zwar ausreichend Bein-, aber nur wenig Ellbogenfreiheit. Die Sitze waren gepolstert, doch der Passagierraum hatte den Charme eines überfüllten Charterflugs in der Economy-Klasse.

Aber selbst mit ihrem kleinen Querschnitt, der höheren Geschwindigkeiten standhalten sollte, war die Masse der Concorde höher als die eines vergleichbar großen Unterschallflugzeugs, und das Flugzeug hatte eine relativ geringe Nutzlast, nur etwa 10 Prozent seines Bruttogewichts, halb so viel wie bei der Boeing 747. Überschallflugzeuge können kein Geld mit Frachttransport verdienen, während jedes Großraumflugzeug auch ein gewerbsmäßiger Frachttransportflieger ist. Das können Sie von Ihrem Fensterplatz über der Frachttür oder von einem Terminal aus sehen, wenn Sie beobachten, wie größere Hubwagen die Bäuche von Passagierflugzeugen beladen. Die Materialanforderungen für den Bau von Flugzeugen werden immer anspruchsvoller, je höher die Geschwindigkeit eines Fliegers ist, aber bis *Ma* 2 können sie mit den besten Aluminiumlegierungen weitgehend erfüllt werden. Bei *Ma* 2,2 haben die Flügelvorderkanten Temperaturen von bis zu 135 °C. Das ist höher als die Temperaturgrenzen der faserverstärkten Polymere (90 °C), aus denen der Großteil des Rumpfes und der Tragflächen der neuesten Düsenflugzeuge besteht. Schwereres Titan und Stahl sind die naheliegendsten Optionen (Polymere haben einen höheren Zugwiderstand pro Masseneinheit, aber einige Stahllegierungen bis zu 800 °C sind ebenfalls ausreichend).

Und Überschallflugzeuge können die Vorteile der effizientesten modernen Triebwerke mit hohem Nebenstromverhältnis nicht nutzen, bei denen nur ein Zehntel oder sogar noch weniger der vom Mantelstromtriebwerk komprimierten Luft durch die Turbine strömt, während der Rest den Kern umgeht und so die Treibstoffeffizienz erhöht und gleichzeitig das Triebwerksgeräusch verringert. Außerdem benötigten die Triebwerke der Concorde Nachbrenner, um den für den Start erforderlichen Schub zu erzeugen und das Flugzeug durch die schallnahe höchste Zone des Strömungswiderstands zu schieben, aber die Nachbrenner trieben den Treibstoffverbrauch in die Höhe, erschwerten die ohnehin schon teure Wartung und sorgten für noch größeren Lärm beim Start. Die Concorde verbrauchte mehr als dreimal so viel Kerosin pro Passagier wie die Boeing 747, eines der ersten Großraumflugzeuge. Im Jahr 1970, als Rohöl für 2 Dollar pro Barrel verkauft wurde, spielte das keine so große Rolle, aber ein Jahrzehnt später, nach zwei Erhöhungen des Ölpreises durch die OPEC, lag der Ölpreis bei fast 40 Dollar pro Barrel.

Ein gewinnträchtiger Überschallflug schien selbst nach den frühesten, allzu optimistischen Schätzungen unerreichbar zu sein. Zunächst einmal hatten die großen internationalen Fluggesellschaften in den späten 1950er- und frühen 1960er-Jahren finanzielle Probleme, weil sie schnell auf Jets umstellten, bevor ihre letzten Langstrecken-Propellerflugzeuge (Lockheeds Constellations, die DC-7, die Bristol Britannia) abbezahlt waren. Nur ein Jahrzehnt später standen sie vor einem noch größeren Dilemma: eine Flotte brandneuer Großraumflugzeuge anzuschaffen (die Boeing 747 nahm 1970 ihren Dienst auf, die McDonnell Douglas DC-10 im Jahr 1971) oder auf die ersten Überschallflugzeuge zu warten. Wobei Letzteres durch die Wahrscheinlichkeit, dass die erste Generation von Überschallflugzeugen aus Aluminium (maximal *Ma* 2) von noch zu entwickelnden Überschallflugzeugen aus Nichtaluminium (Geschwindigkeiten bis *Ma* 3) verdrängt werden würde, noch unsicherer wurde. 1965 schätzte man die Fixkosten für transkontinentale US-Flüge (ungeachtet der Tatsache, dass der Überschallknall sie verhinderte) auf etwa das Vierfache des entsprechenden Preises für Unterschallflugzeuge, wobei die variablen Kosten etwa gleich hoch und die Arbeitskosten für die Wartung viermal höher waren.

Aufgrund der enormen Entwicklungskosten – die besten Schätzungen gehen davon aus, dass die endgültigen Stückkosten das Zwölffache der ursprünglichen Zahl betrugen – und der begrenzten Zahl von Flugzeugen, die in Betrieb genommen wurden, hätte die Concorde niemals Gewinn machen können, aber die OPEC sorgte dafür, dass ihre Verluste noch in die Höhe gingen. Im Gegensatz dazu ist die Aussage, die Boeing 747, deren Erstflug ebenfalls 1969 stattfand, habe die weltweite Passagierluftfahrt revolutioniert, tatsächlich eine unbestreitbare Tatsache. Die Fluggesellschaften fanden sie höchst profitabel, die Passagiere schätzten die niedrigen Preise und die Geräumigkeit, die das Großraumflugzeug zu bieten hatte, und bis 2022 baute Boeing fast 1600 Maschinen vom Typ 747. Im Gegensatz dazu wurden nur 20 Concordes gebaut, nur 14 dienten als Verkehrsflugzeuge, und sie wurden nur von Air France und British Airways »gekauft«, wobei die Anschaffung und jeder Flug von den französischen und britischen Steuerzahlern stark subventioniert wurden.

Und selbst wenn der Überschallflug auf wundersame Weise der Rentabilität nähergekommen wäre, hätten ihn die Umweltauflagen für Flugrouten und Flugziele wieder zurückgeworfen. Richard Garwin veranschaulichte die Wirkung des Überschallknalls, indem er dessen größtmögliches Ausmaß mit dem »gleichzeitigen Start von 50 Jumbojets« gleichsetzte – und für diesen sich wiederholenden Lärm findet sich gewiss keine Unterstützung in der Öffentlichkeit. Infolgedessen war klar, dass das amerikanische SST-Flugzeug, selbst wenn man es schließlich in den Passagierflugbetrieb aufnähme, niemals über den Kontinent fliegen würde. Die Landungen der Concorde in New York stießen zudem auf Widerstand, wurden verweigert, verhandelt und schließlich (mit Auflagen) erst nach jahrelangen Gerichtsverhandlungen genehmigt.

Der Überschallflug war nicht der nächste Schritt in der »natürlichen« Abfolge stetig steigender Transportgeschwindigkeiten: Seit den späten 1950er-Jahren blieben diese Fluggeschwindigkeiten konstant bei *Ma* 0,85. Das Streben nach Überschallgeschwindigkeiten hat am besten Richard K. Smith, ein amerikanischer Luftfahrthistoriker, beurteilt und veröffentlicht, der es als eine »fieberhafte internationale Luftfahrt-Saga ansteckender Obsessionen« bezeichnete: »Von Anfang bis Ende war das Überschallflugzeug in Großbritannien, Frankreich und den Vereinigten Staaten ein Fluggerät, das die Welt nicht brauchte; es war ein politisches Flugzeug.«

Aber die Überzeugung, dass eine höhere Geschwindigkeit in der natürlichen Ordnung der Dinge liegt, hält sich hartnäckig, und ich muss die Geschichte des Überschallflugs mit einem Blick auf die jüngsten Versuche seiner Wiederauferstehung abschließen. Ein halbes Jahrhundert, nachdem der US-Kongress das amerikanische SST-Flugzeug gestoppt hat, und etwa zwei Jahrzehnte nach dem letzten Flug der Concorde gibt es neue Träume von Überschallflügen. Ihre übertriebenen Behauptungen, superoptimistischen Zeitpläne und felsenfesten Überzeugungen in Bezug auf die bevorstehende Lösung aller technischen Probleme erinnern stark an die frühen 1960er-Jahre. Doch dieses Mal ist es nicht die geheime Absprache zwischen europäischen Regierungen und Fluggesellschaften, sondern ein amerikanisches Start-up, das mit den verblüffendsten Versprechungen aufwartet.

Die EU, in der man sich große Gedanken über die Umwelt macht und wo strenge Vorschriften bevorzugt werden, scheint nicht an weiteren Erfahrungen mit einer Concorde interessiert zu sein. In Russland entwickelt das Zentrale Aerohydrodynamische Institut nach eigenen Angaben ein Überschallflugzeug (*Ma* 1,6, mit 60 bis 80 Passagieren, Startgewicht 120 Tonnen, Reichweite 8500 Kilometer) aus Verbundwerkstoffen und mit einem auf 65 dB reduzierten Überschallknall. Es rechnet mit einem Produktionsstart im Jahr 2030 und einer Inlandsnachfrage von 20 bis 30 Flugzeugen pro Jahr. Und das Konstruktionsbüro von Tupolew hofft auf einen zweiten Anlauf und arbeitet an einem Flieger für Geschäftsreisen (*Ma* 1,3–1,6, 30 Passagiere), dessen Erstflug für 2027 angekündigt ist.

Bevor Sie das alles ernst nehmen, sollten Sie sich den Erfolg des russischen Sukhoi Superjet vor Augen führen, eines gewöhnlichen Schmalrumpfjets, der mit den allgegenwärtigen Airbus-Flugzeugen konkurrieren soll. Sukhoi Aviation, der berühmte Konstrukteur von Überschallkampfflugzeugen (die Su-30 fliegt mit *Ma* 2), begann im Jahr 2000 mit der Entwicklung des Superjets. Die ersten Verkehrsflüge fanden 2011 statt, aber bis 2020 war die mexikanische Interjet die einzige Fluggesellschaft außerhalb Russlands, die eine kleine Bestellung aufgegeben hat (und mit Wartungsproblemen bei stillstehenden Flugzeugen zu kämpfen hat). Die gleiche Skepsis sollte für die jüngsten amerikanischen Pläne gelten, aber vor der COVID-19-Pandemie sprachen die Zahlen für sich: 2019 gab es vier amerikanische Unternehmen, die Überschallflugzeuge entwickelten: Aerion, Spike Aerospace, Lockheed Martin und Boom Technology.

Aerions Supersonic, gegründet 2004, wollte seinen Geschäftsreisejet (acht bis zwölf Personen, *Ma* 0,95 über Land, *Ma* 1,4 über dem Meer) bis 2023 in die Luft bringen und bis 2025 in Betrieb nehmen. Das Unternehmen hatte Partnerschaftsabkommen mit Boeing und General Electric geschlossen und erwartete in den nächsten 20 Jahren, 500 bis 600 Flugzeuge zu verkaufen. Im Mai 2021, nach 17 Jahren und nicht einmal einem gebauten Prototyp, wurde das Unternehmen aufgelöst. Spike Aerospace sagt auf seiner Website, dass es einen »ultraleisen Überschall-Geschäftsjet« für 18 Personen entwickelt, der mit *Ma* 1,6 fliegen wird, »ohne einen lauten Schallknall zu erzeugen«. Die bisherige Bilanz: Der erste Überschallflug des 40 bis 50 Passagiere fassenden Fliegers sollte 2018 stattfinden, mit Zertifizierung bis 2023, dann 2025; anschließend wurde das Flugzeug für eine Kapazität von 18 Passagieren umgebaut und sollte Anfang 2021 abheben, erste Auslieferungen waren für 2023 geplant. Die Realität am Ende des Jahres 2021: nichts in der Luft.

Bleiben noch Lockheed und Boom Technology. Die Pläne von Lockheed für das zweistrahlige Passagierflugzeug mit *Ma* 1,8 sind eher als vage zu bezeichnen. Der Fortschritt hängt vom Erfolg der X-59 ab, dem experimentellen Überschall-Prototyp der NASA, an dem das Unternehmen seit 2018 arbeitet. Lockheed geht jedenfalls davon aus, dass das Überschallflugzeug ein neues Triebwerk benötigt, und hat keinen Zeitplan für die Einführung des Flugzeugs.

Im Gegensatz dazu haben sich nur wenige Firmenchefs so sehr gebrüstet oder so viele Zeitpläne gemacht wie Blake Scholl, der Gründer und CEO von Boom Supersonic, einem privaten Unternehmen, das die Overture, ein Flugzeug mit *Ma* 2,2 für 55 Personen, bauen will. Im Jahr 2019 rechnete Scholl damit, den Passagierflugbetrieb Mitte der 2020er-Jahre aufzunehmen, und schätzte die Zahl der Bestellungen auf 1000 bis 2000 Flugzeuge im ersten Jahrzehnt der Produktion.

Im Oktober 2020 stellte das Unternehmen die XB-1 vor, ein Modell der Overture im Maßstab 1:3, das 2022 in die Luft steigen soll, um die grundsätzliche Bauweise, die Ergonomie des Cockpits und »sogar das Flugerlebnis selbst« zu testen. Diese Erfahrung wird sich jedoch auf einen einzigen Piloten beschränken, und das Flugzeug wird von drei kleinen Turbojet-Strahltriebwerken (J85) von General Electric angetrieben, die nach mehr als einem halben Jahrhundert militärischer und ziviler Nutzung (sie wurden 1954 entwickelt) kaum noch etwas beweisen müssen. Natürlich erfordert das Flugzeug in voller Größe einen anderen Antrieb, und dafür wurde Rolls-Royce engagiert, aber es wurde noch kein Triebwerk ausgewählt. Im Jahr 2022 sah der Zeitplan von Boom folgendermaßen aus: Das Unternehmen kündigte an, 2022 eine neue Fabrik zu bauen und 2023 mit dem Bau des ersten Overture-Flugzeugs zu beginnen. 2025 sollte das erste Flugzeug dieser Reihe auf den Markt kommen, 2026 würde der erste Flug stattfinden und nach einer schnellen Zertifizierung würde der Flieger mit 65 Sitzen 2029 in den Verkehrsbetrieb gehen.

Das bedeutet, dass ein Unternehmen, das noch nie ein einziges Passagierflugzeug gebaut hat, beabsichtigt, ein brandneues Überschallflugzeug zu entwerfen, Lieferketten zu sichern (moderne Passagierflugzeuge werden aus Teilen hergestellt, die von zahlreichen spezialisierten Subunternehmern geliefert werden), zusammenzubauen, zu testen und zertifizieren zu lassen, und zwar in weniger Zeit, als Boeing – das weltweit führende Luftfahrtunternehmen, das Zehntausende von Flugzeugen gebaut hat – benötigt hat, um seine letzte Entwurfsiteration, die 787, in Betrieb zu nehmen. In der Zertifizierungserklärung von Boeing heißt es: »Der achtjährige Zertifizierungsprozess für die 787 war der strengste in der Geschichte von Boeing, und in das Design der 787 sind fast ein Jahrhundert an Erfahrungen und Sicherheitsverbesserungen in der Luftfahrt eingeflossen.« Und bekanntlich hatte Boeing noch Probleme, als die 787 zu fliegen begann.

Aber Boom, ohne jegliche Erfahrung und mit einer beispiellosen Bauweise, beabsichtigt, dies schneller zu tun als der routinierteste Flugzeugbauer der Welt. Und zu allem Überfluss werden die Flugzeuge auch noch nachhaltig mit kohlenstofffreien Flüssigkeiten betrieben. Scholl: »Im Grunde genommen saugt man den Kohlenstoff aus der Atmosphäre ab, verflüssigt ihn zu Düsentreibstoff und gibt ihn dann in das Flugzeug ... Der Kohlenstoff wird einfach nur im Kreis herumbewegt.« Warum machen das nicht schon alle Fluggesellschaften? Könnte es daran liegen, dass ein solches Verfahren für die Herstellung von Flugbenzin in großem Maßstab nicht zur Verfügung steht und dass die besten Versionen in kleineren Mengen einen Kraftstoff erzeugen, der mindestens fünfmal so teuer ist wie Kerosin? Und weil die Verwendung von Biokraftstoff für die Luftfahrt (der nicht kohlenstofffrei wäre, es sei denn, alle Maschinen vor Ort würden mit erneuerbar erzeugtem Strom betrieben) nicht viel billiger, aber mindestens drei- bis viermal so teuer wäre wie Kerosin? Und weil die Verwendung solcher Kraftstoffe in einem Flugzeug, das pro Passagier mindestens vier- bis fünfmal so viel Energie benötigt wie die Boeing 787, keine Aussicht auf wirtschaftliche Rechtfertigung hat?

Macht nichts. In einem Interview aus dem Jahr 2021 behauptete Scholl, das ultimative Ziel sei es, »in vier Stunden für 100 Dollar an jeden Ort der Welt zu fliegen«. Er relativierte das etwas, indem er ergänzte, dass dies für »zwei oder drei Generationen von Flugzeugen in der Zukunft« gelten würde. Aber selbst dann müsste es eine Verkettung von vielen unglaublich außergewöhnlichen Dingen geben, um dies zu erreichen. »Überall auf der Welt« würde eine maximale Entfernung von 20 000 Kilometern bedeuten; in vier Stunden sind das 5000 km/h oder (bei einer Reisegeschwindigkeit in 25 Kilometern Höhe in der unteren Stratosphäre) *Ma* 4,7. Das ist wesentlich schneller als der schnellste jemals gebaute Militärjet, der Lockheed Blackbird SR-71, der bei einer Höhe von 25 Kilometern *Ma* 3,2 erreichte (die viel schnellere X-15 konnte nicht aus eigener Kraft abheben; sie war im Grunde eine Rakete, die von einem großen Flugzeug abgeworfen wurde). Es liegt auf der Hand, dass all diese Aussagen allzu schön klingen, um wahr zu sein.

Was auch immer Sie über die Fortschritte von Boom hören (oder nicht hören), die grundsätzlichen Fakten bleiben bestehen. Der Überschallflug hat die Unterschallfliegerei nicht verdrängt; er hat ihr nicht einmal einen kleinen Marktanteil abgenommen. Weil er nämlich aus mehreren Gründen kein zwangsläufiger nächster Schritt in der Flugzeugentwicklung ist und weil seine wenigen Vorteile seine vielen Nachteile nicht aufwiegen können. Daran wird sich so schnell nichts ändern.

KAPITEL 4

ERFINDUNGEN, AUF DIE WIR NOCH WARTEN

Die Aufzählung selbst der relevantesten Lücken in dieser großen Kategorie von nicht verwirklichten Erfindungen, auf die wir immer noch warten, könnte seitenlang sein, aber der Zweck dieses Kapitels ist ein anderer. Mir geht es nicht darum, nochmals über die allseits ersehnten, aber ausbleibenden Fortschritte wie die Ausrottung von Krebs oder die Verlängerung des menschlichen Lebens zu schreiben, denn solche Ziele beruhen auf falschen Voraussetzungen. In den USA war der National Cancer Act von 1971 – der während der ersten Amtszeit von Richard Nixon verabschiedet und weithin als Beginn des »Krieges gegen den Krebs« bezeichnet wurde – nur der Anfang eines gesetzten Ziels, das allerdings eher fragwürdig war. Mehr als ein halbes Jahrhundert später ist Krebs nach wie vor die zweithäufigste Todesursache in den Vereinigten Staaten – zugleich aber kann unsere Bilanz nicht als permanentes Scheitern oder als hilfloses Warten auf echte Durchbrüche in der Krebsbekämpfung betrachtet werden.

Betrachtet man diese Herausforderung, wie man es tun sollte, mit Blick auf konkrete bösartige Krebserkrankungen, so haben wir viele Erfolge zu verzeichnen: von hohen Heilungs- oder Remissionsquoten bei Leukämien im Kindesalter bis hin zu nicht weniger beeindruckenden verbesserten Früherkennungsraten und einer wirksamen Behandlung von Prostatakrebs. Und auch hinsichtlich der Inzidenz und der Überlebensquote in der Gesamtbevölkerung geht der Trend in die richtige Richtung. Der vom National Cancer Institute verfasste Jahresbericht 2021 zeigt, dass die Sterblichkeitsrate bei 11 der 19 häufigsten Krebsarten bei Männern (einschließlich schwarzem Hautkrebs, Lungenkrebs, Leukämie und Multiples Myelom) und bei 14 der 20 häufigsten Krebsarten bei Frauen, angeführt von sinkenden Quoten bei schwarzem Hautkrebs und Lungenkrebs, abgenommen hat.

Ebenso sollte das Versagen hinsichtlich einer merklichen Verlängerung des menschlichen Lebens nicht als ein weiteres unerfülltes Versprechen angesehen werden, auf den Durchbruch, auf den wir immer noch warten. Die meisten wohlhabenden Länder der Welt haben in der Tat eine beträchtliche Verlängerung der durchschnittlichen Lebenserwartung des vorindustriellen Zeitalters erreicht. Sie verdoppelte sich von circa 40 Jahren im Jahr 1800 auf etwa 80 Jahre im Jahr 2000, wobei die höchste Lebenserwartung Männer und Frauen in Japan haben, nämlich 85 Jahre. Und die Methode, derer wir uns dafür bedient haben, gibt uns einen Einblick in unsere Möglichkeiten und Grenzen. Gäbe es für die Menschen keine Obergrenze für ihre Lebensdauer, dann müsste die höchste Lebenserwartung bei immer älteren Altersgruppen zu beobachten sein. Jedenfalls war das bis Anfang der 1990er-Jahre der Fall. Danach aber hatte sich die allgemeine Lebenserwartung nicht mehr erhöht; nachdem die Höchsterwartung bei 100 Jahren gelegen hatte, nahm sie anschließend im Allgemeinen wieder ab. Bisher hat noch niemand den Rekordhalter überlebt, der 1997 mit 122,4 Jahren starb. Es spricht also vieles dafür, dass die maximale Lebensdauer des Menschen ihre von der Natur gesetzten Grenzen hat, wobei die Alterung von Elastin – dem Protein, das für das Funktionieren der inneren Organe und Muskeln unerlässlich ist – eine zentrale Rolle in diesem Prozess spielt.

Im Gegensatz zu solchen verkannten oder unerreichbaren Zielen konzentriere ich mich in diesem Kapitel auf die immer weiter entfernte Erfüllung von technischen Zielen, die wesentlich enger umrissen (wenn auch sehr anspruchsvoll und äußerst komplex) sind. Auch hier werde ich chronologisch vorgehen. Ich beginne mit dem mehr als zwei Jahrhunderte alten Streben, Menschen und Waren mit Hochgeschwindigkeit in Vakuumröhren zu befördern. Im 19. Jahrhundert blieb dies nur eine faszinierende und theoretisch realisierbare Idee, aber im 20. Jahrhundert wurde sie durch neue Materialien und neue Antriebsmöglichkeiten zu einer immer noch beängstigenden, aber letztlich machbaren Herausforderung.

Anders als die schnelle Beförderung in einem (Beinahe-)Vakuum hat der zweite noch ausstehende Durchbruch, den ich in diesem Kapitel beschreibe, nicht für wiederholte Aufmerksamkeit in der Medienlandschaft gesorgt, geschweige denn für eine kritische Berichterstattung. Die Rede ist von unseren Versuchen, Getreidepflanzen (Weizen, Reis, Mais) dazu zu bringen, es den Hülsenfrüchten gleichzutun und den größten Teil ihres Stickstoffbedarfs durch Symbiose mit Bakterien zu decken, statt schwere Dosen synthetischer Düngemittel zu benötigen. Das ist nicht weiter verwunderlich, denn es geht um einen effizienteren und umweltschonenderen Anbau von Grundnahrungsmitteln, ein Thema, das weit entfernt ist von der heutigen Begeisterung für alles, was sich schnell bewegt oder elektronisch funktioniert. Darüber hinaus kennt nur eine Handvoll Menschen in den wohlhabenden Ländern den Nährstoffbedarf von Nutzpflanzen. Denn die meisten wissen nicht, wie viel Stickstoff – der entscheidende Pflanzennährstoff, dessen Verfügbarkeit die häufigste Einschränkung bei der Pflanzenproduktion bedeutet – für eine gute Ernte von Weizen (der gemahlen wird, um Mehl für Brot und Gebäck herzustellen) oder Mais (der an Tiere verfüttert wird, die Milch, Fleisch und Eier liefern) benötigt wird.

Diese Möglichkeit ergab sich vor mehr als 130 Jahren, als symbiotische Knöllchenbakterien (Rhizobien), die sich in den Wurzelknollen von Hülsenfrüchten angesiedelt haben, als Stickstofflieferanten erkannt wurden. Die Aussichten, das Gleiche mit Getreide nachzuahmen, schienen ab den 1970er-Jahren mit den Fortschritten in der Gentechnik exponentiell anzusteigen. Doch ein halbes Jahrhundert später – und trotz erheblicher Fortschritte bei der Sequenzierung der Bakteriengenome und der Identifizierung der Gene, die für die Umwandlung von inertem Luftstickstoff in reaktives und wasserlösliches Ammoniak verantwortlich sind – scheinen wir nicht annähernd in der Lage zu sein, selbstdüngende Grundnahrungspflanzen zu züchten.

Der letzte Durchbruch, der immer wieder nach hinten verschoben wird, um überzeugend den Beweis zu liefern, dass eine möglicherweise epochale Erfindung im wirtschaftlichen Sinn sehr ertragreich sein kann, betrifft die kontrollierte Kernfusion. Diese Umwandlung, bei der einige der Reaktionen im All nachgeahmt werden, die dafür sorgen, dass Sterne über Milliarden von Jahren hinweg enorme Energiequanten aussenden, war schon vor den ersten erfolgreichen Kernspaltungen denkbar. Ihre erste zerstörerische Anwendung erfolgte nach einer erstaunlich kurzen Phase intensiver Forschung und Entwicklung während des Zweiten Weltkriegs, und die erste wirtschaftliche Verwendung zur Stromerzeugung folgte ein Jahrzehnt später.

Doch noch während die ersten Kernreaktoren in den 1950er-Jahren ihren regulären Betrieb aufnahmen, begannen Forscher nicht nur, die Möglichkeiten der kontrollierten Kernfusion zu erforschen. Vielmehr stellten sie auch einen Versuchsaufbau vor, der mehr als sechs Jahrzehnte später immer noch am meisten hoffen lässt, die für eine dauerhafte, kontrollierte Kernfusion erforderlichen Bedingungen zu erreichen. Aber wie schnell diese Konstruktion, die in größeren und leistungsfähigeren Ausgestaltungen getestet wurde und demnächst die letzten vor der Vermarktung geplanten Tests des Gesamtkonzepts durchlaufen wird, für den kommerziellen Einsatz zur Verfügung stehen wird, ist immer noch eher eine Frage von Vermutungen als von sicheren Vorhersagen.

REISEN IM (BEINAHE-)VAKUUM (HYPERLOOP)

Am 12. August 2013 stellte Elon Musk, der damalige Chairman von Tesla, in einem White Paper sein Hyperloop Alpha vor. Gleich zu Beginn, als er skizzierte, was sich hinter dieser Idee verbarg, stellte er die Frage, ob es »eine wirklich neue Beförderungsart – ein fünftes Transportmittel nach Flugzeug, Zug, Auto und Schiff« – geben könnte, das sicherer, schneller, preiswerter und bequemer und gleichzeitig wetterunabhängig, nachhaltig selbstversorgend, erdbebensicher und für die Menschen entlang der Strecke nicht störend wäre (Abb. 4.1).

Er wies darauf hin, dass bereits »viele Ideen für ein Transportmittel, das die meisten dieser Merkmale hat, vorgeschlagen wurden und dass diese Ideen gewürdigt werden sollten. Sie reichen bis zu Robert Goddard und zu Plänen zurück, die in den vergangenen Jahrzehnten von der Rand Corporation und ET3 vorgelegt wurden. Leider hat sich keiner von ihnen bewährt«. Der zweite Satz dieses Zitats war völlig korrekt. Der erste Satz behandelte die ursprünglichen Ideen und damit die Zeit, die seit ihrer ersten Ausformulierung ins Land gegangen ist, als zu beiläufig, ein Umstand, der auch

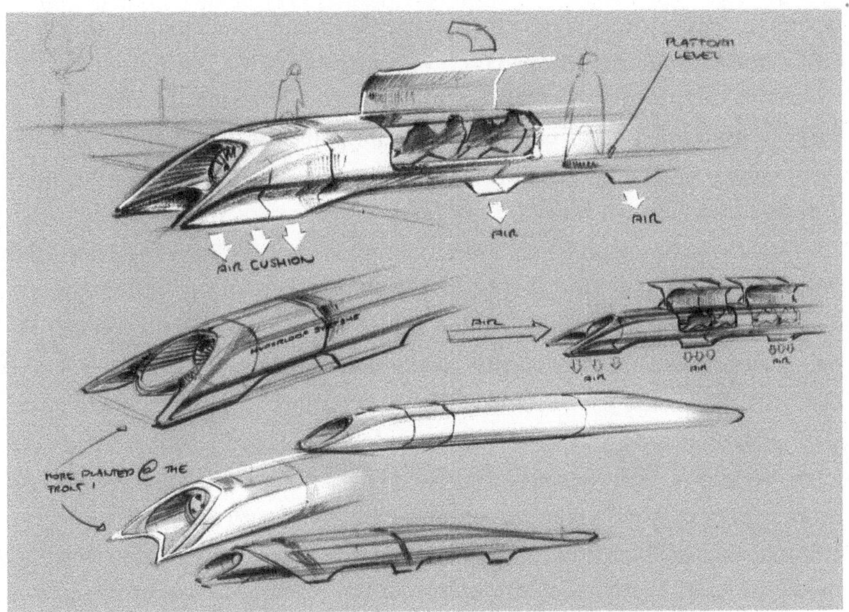

Abbildung 4.1 Die erste Zeichnung zum Vorschlag des Hyperloop Alpha von 2013. *Quelle*: Die Zeichnung ist verfügbar bei Hyperloop Alpha, http://tesla.com.

zu vorsichtigen und skeptischen Einschätzungen hinsichtlich ihrer baldigen kommerziellen Umsetzung führen sollte.

Doch zunächst muss ich auf Musks falsche Bezeichnung hinweisen: Ein Loop – eine Schleife – ist eine Form, die durch eine Kurve entsteht, die sich um sich selbst legt und kreuzt, und ich überlasse es Ihrer Fantasie, welche Form sie annehmen würde, um sie zu einem »hyper« (über, übermäßig, über ... hinaus) »loop« zu machen. Hyperloop ist also ein falscher – ja, ein höchst irreführender – Begriff für ein schnelles Transportmittel für Menschen in Passagierkapseln (»Pods«), die auf einem Luftkissen gleiten (andere Entwürfe sehen eine Magnetschwebetechnik vor), und zwar in einer Metallröhre mit geringem Luftdruck (fast luftleer) und überwiegend gerader Form (über der Erde oder in einem Tunnel). Diese Röhre wird angetrieben von einem magnetischen Linearbeschleuniger, der entlang der Strecke befestigt ist und von einer Solarzellenüberdachung gespeist wird, die auf der geraden Trasse der Röhre angebracht ist (weitere Entwürfe sehen andere Antriebe vor). Abgesehen von der irreführenden Bezeichnung besteht dieses fünfte Transportmittel aus mehreren verschiedenen Elementen, deren besondere Eigenschaften variieren können.

Die sichtbare Infrastruktur besteht aus einer Röhre mit einem Durchmesser, der gerade groß genug ist, um die Pods, die eine kleine Zahl von Passagieren befördern können, aufzunehmen. Die Röhre kann (am kostengünstigsten wären vorgefertigte Teile) auf oberirdischen Pylonen gebaut oder in einem unterirdischen Tunnel untergebracht werden. Die Größe der Pods hängt von der Zahl der Personen (Hyperloop Alpha gab 28 an; andere Entwürfe sehen zwischen 4 und 100 vor) und deren Unterbringung ab: bequemes Sitzen in Stühlen mit Rückenlehne oder in Rückenlage. Hohe Geschwindigkeiten – von Unterschall bis nahezu Schallgeschwindigkeit (1235 km/h) – sind nur in einem komplett luftleeren Raum möglich (zu kostspielig, um es in der erforderlichen Größenordnung zu erlangen und beizubehalten) oder in einer Atmosphäre mit geringem Druck (leichter aufrechtzuerhalten, aber immer noch eine Herausforderung für den Betrieb). Bei Hyperloop Alpha soll der Innendruck 100 Pascal (Pa) betragen, also weniger als 1/1000stel des Drucks auf Meereshöhe. Die Passagierkapseln können auf Luftpolstern gleiten oder magnetisch schweben. Moderne Transportsysteme würden durch fortschrittliche Linearmotoren angetrieben.

Die Geschichte zeigt, dass keine dieser Ideen neu ist. Ferner, dass das Grundkonzept einer fünften Beförderungsart schon seit mehr als 200 Jahren existiert und dass in der Zwischenzeit verschiedene Patente angemeldet, mehrere detaillierte Vorschläge gemacht und einige Modelle und Attrappen bestimmter Komponenten gebaut wurden. Und dennoch wurde kein einziges (Beinahe-)Vakuum- oder Niederdruckröhrenprojekt für einen superschnellen Transport (sei es für Menschen oder Güter oder beides) fertiggestellt und in Betrieb genommen, nicht einmal eine versuchsweise Kurzstreckenverbindung, die alle wesentlichen Elemente des Konzepts umfasst.

Historisch betrachtet ist in diesem Kontext eine Transportröhre das älteste Bauteil, aber auch die Idee, einen sehr niedrigen Druck zu verwenden, ist mehr als zwei Jahrhunderte alt. Erstaunlicherweise sind die Vorschläge für diese beiden entscheidenden Elemente der angeblich revolutionären fünften Beförderungsart älter als die Liverpool and Manchester Railway – das erste dampfbetriebene Überlandverkehrsmittel, das 1830 den Personen-

und Güterverkehr aufnahm. George Medhurst, ein englischer Uhrmacher und Erfinder, war der Pionier und entschiedene Verfechter des schnellen Reisens in Röhren. 1810 veröffentlichte er ein kurzes Pamphlet mit dem Titel *A New Method of Conveying Letters and Goods with Great Certainty and Rapidity by Air*, in dem er vorschlug, Briefe in kleinen hohlen Luftschiffen zu verschicken, die durch Luftdruck (erzeugt von Dampfmaschinen) in Röhren angetrieben wurden. Er schlussfolgerte daraus, dass dasselbe Prinzip (mit entsprechend erhöhtem Druck) auch für den Gütertransport genutzt werden könnte, und zwar mit einer mindestens zehnmal höheren Geschwindigkeit als bei der Beförderung auf Kanälen oder mit Waggons.

1812 legte er die detaillierteren *Calculations and Remarks, Tending to Prove the Practicality, Effects and Advantages of a Plan for the Rapid Conveyance of Goods and Passengers Upon an Iron Road Through a Tube of 30 Feet in Area, by the Power and Velocity of Air* vor. 1827 (in seinem Todesjahr) griff er den Vorschlag in einer Veröffentlichung mit einem noch längeren Titel erneut auf: *A New System of Inland Conveyance, for Goods and Passengers, Capable of Being Applied and Extended Throughout the Country; and of Conveying All Kinds of Goods, Cattle, and Passengers, with the Velocity of Sixty Miles in a Hour, at an Expense That Will Not Exceed the One-Fourth Part of the Present Mode of Travelling, Without the Aid of Horses or Any Animal Power.*

Medhursts kurze Pamphlete waren nicht sehr bekannt. Im Jahr 1825 jedoch konnte die britische Öffentlichkeit von einem viel gewagteren Vorschlag lesen. Dieser sah vor, mithilfe von Röhren, eines Vakuums und hoher Geschwindigkeit die Strecke zwischen London und Edinburgh (etwas mehr als 600 Kilometer) in fünf Minuten (ja, Minuten, nicht Stunden) zurückzulegen. Die Eigentümer der neu gegründeten London and Edinburgh Vacuum Tunnel Company verbreiteten (im *Edinburgh Star*) nach »sorgfältiger Ausarbeitung ihrer Pläne« ihren Emissionsprospekt für ein Aktienprojekt »mit einem Kapital von 20 Millionen Pfund Sterling, aufgeteilt in 200 000 Aktien zu je 100 Pfund, zum Zwecke des Baus eines Tunnels oder einer Röhre aus Metall zwischen Edinburgh und London, um Waren und Passagiere zwischen diesen Städten und den anderen Städten, durch die er führt, zu befördern«.

In den beiden nebeneinanderliegenden Tunneln (Röhren) würden alle zwei Meilen Kessel aufgestellt werden, wobei der von ihnen erzeugte Dampf ein Vakuum herbeiführen sollte. Bräche nun die Vakuumversiegelung direkt hinter dem Zug am Abfahrtsende auf, würde die einströmende Luft den Zug sofort in die Röhre treiben, indem sie gegen »eine sehr robuste, luftdichte Schiebetür drückt, die auf mehreren kleinen zylindrischen Rollen läuft, um die Reibung zu verringern«. Der Zug würde ausschließlich Güter transportieren, da die Röhre nur einen Durchmesser von 1,2 Metern hätte. Die Passagiere würden in Waggons sitzen, die auf Schienen laufen, welche an der Oberseite der Röhre befestigt und durch starke Magnete mit dem Güterzug in der Röhre gekoppelt wären, dessen rasante Fahrt den Personenzug ziehen und 800 Kilometer in fünf Minuten zurücklegen würde.

Das *London Mechanics' Register*, eine damals neue Zeitschrift, die mit dem Ziel gegründet wurde, wissenschaftliches Wissen »unter den arbeitenden Klassen der Gesellschaft« zu verbreiten, druckte die Ankündigung ab, um »einige der absurden Pläne, die der Öffentlichkeit vorliegen, damit sie ihr Geld darin investieren kann, der Lächerlichkeit preiszugeben«. Ganz genau! Die sich entfaltende, auf Dampfmaschinen basierende Industrialisierung des Landes bot viele neue Gelegenheiten für hanebüchene Behauptungen, finanzielle Betrügereien und falsche Prophezeiungen technischer Wunder, und der führende Satirezeichner des Jahrzehnts ließ es sich nicht nehmen, das frühe Versprechen des Reisens im Vakuum zu verhöhnen. William Heath (1794–1840) bezeichnete sich selbst zunächst als »Porträt- und Militärmaler«. In den 1820er-Jahren publizierte er jedoch viele satirische Farbradierungen, die oft auf die Zeitpolitik anspielten oder menschliche Torheiten im Allgemeinen verspotteten.

Im Jahr 1829 veröffentlichte Thomas McLean in London Heaths kolorierte Radierung *March of Intellect. Lord how this world improves as we grow older.* Das quirlige Bild ist voll von vermeintlich futuristischen Erfindungen wie einer Hängebrücke, die von Kapstadt nach Bengalen führt, einem vierrädrigen, dampfgetriebenen Pferd namens VELOCITY, einer mit Gewehren bestückten Plattform, die von vier Ballons in die Lüfte gehoben wird, und einem großen, geflügelten fliegenden Fisch, gefüllt mit Sträflingen, die von England nach Australien geflogen werden. Im Zentrum der Radierung steht jedoch eine große, nahtlose Metallröhre, die dank des innovativen Geschäftssinns der Grand Vacuum Tube Company die Passagiere von Greenwich Hill (in East London) direkt nach Bengalen befördert (Abb. 4.2).

Abbildung 4.2 *Grand Vacuum Tube Company Direct to Bengal*: William Heaths kolorierte Radierung von 1829 war eine Reaktion auf ein weniger ehrgeiziges, gleichwohl unmögliches Projekt, mit dieser Technik Menschen zwischen London und Edinburgh zu befördern. *Quelle*: William Heath, *A Futuristic Vision* (Radierung) (London: Thos. McLean, ca. Mai 1829), Wellcome Library no. 37252i, verfügbar unter https://wellcomecollection.org/works/re2aprgu. Nachgedruckt mit der Lizenz 4.0 der Creative Commons Attribution International.

Als Heath das interkontinentale Beförderungsmittel zwischen Großbritannien und Indien in Farbe darstellte, hatte man sich bereits genug Wissen über das Vakuum angeeignet, um zu erkennen, dass es die beste Möglichkeit wäre, um noch nie da gewesene Geschwindigkeiten im Inneren einer Röhre zu erreichen. Das Problem war nur, dass die nötigen Materialanforderungen eine Verwirklichung zu jener Zeit noch nicht zuließen. In den 1820er-Jahren gab es zwar reichlich Gusseisen, aber keine Massenproduktion von kostengünstigem hochfesten Stahl (ein Material, das erst nach der Erfindung des 1856 patentierten Bessemer-Konverters in großen Mengen zur Verfügung stand), um eine solche Röhre zu bauen. Es gab auch keine zuverlässigen Möglichkeiten, in über Hunderte von Kilometern sich erstreckenden Röhren sehr niedrige Drücke zu erzeugen und aufrechtzuerhalten; ebenso waren keine Mittel zur Hand, um Menschen sicher in vakuumumhüllten Containern unterzubringen.

In den Jahrzehnten nachdem die Idee einer fünfminütigen Reise von London nach Schottland ihr schnelles Ende gefunden hatte, kursierten verschiedene Vorschläge sowie Sondierungspläne für den Zugverkehr und sogar einige tatsächliche Projekte, die ungewöhnliche Antriebsarten vorsahen, insbesondere aber Versuche, Eisenbahnen zu vermarkten, die mithilfe eines atmosphärischen Drucks angetrieben wurden.

Diese Eisenbahnen benötigten keine Lokomotiven, sondern waren auf den Luftdruck angewiesen, um Güterwagen über die Schienen zu schieben. Ein luftdichtes Rohr mit einem Kolben wurde zwischen den Schienen verlegt; Dampfmaschinen, die sich entlang der Strecke befanden, pumpten die Luft vor dem Kolben aus dem Rohr, wodurch ein Teilvakuum erzeugt wurde, und der höhere Luftdruck hinter dem Kolben trieb die Waggons an (die mit dem Kolben durch eine Metallplatte verbunden waren, die durch einen Schlitz an der Oberseite des Rohrs herausragte). Die Vorteile lagen auf der Hand: Es gab keinen Lärm, keinen Rauch und keine Funken von Lokomotiven. Außerdem ließen sich dadurch steilere Anstiege überwinden als mit Zügen, die von Lokomotiven gezogen wurden.

Diese Bestrebungen wurden mit einem Vorschlag zur Gründung der National Pneumatic Railway Association im Jahr 1835 ins Leben gerufen. 1839 absolvierten Jacob und Joseph Samuda Probefahrten auf einer kurzen Strecke und erreichten dabei Höchstgeschwindigkeiten von 48 km/h und einen Unterdruck von 50 Prozent. In den frühen 1840er-Jahren wurde die erste Passagiereisenbahn, die Kingstown and Dalkey Railway, kurzzeitig in Irland betrieben. Isambard K. Brunel, der vielleicht berühmteste Ingenieur des Landes, war von diesen Versuchen dermaßen beeindruckt, dass er trotz der Warnungen seiner Ingenieurskollegen – Robert Stephenson, der führende Lokomotivkonstrukteur des Landes, nannte sie einen »großen Humbug« – die Einführung einer solchen Eisenbahn auf einem 52 Meilen langen Abschnitt der South Devon Railway zwischen Exeter und Plymouth vorantrieb. Die Arbeiten begannen 1844, und noch vor ihrer Fertigstellung hatte Brunel eine Eisenbahn mit atmosphärischem Druck auf einem kürzeren Teil der Croydon Railway zum Einsatz gebracht.

Doch im September 1848, nach weniger als einem Jahr »atmosphärischen« Betriebs (bis 1847 wurden Dampflokomotiven eingesetzt, da das System immer wieder ausfiel) und nach einem beträchtlichen finanziellen Verlust, war alles vorbei. Monatelang hatte Brunel immer wieder Erfolg versprochen, aber die Strecken waren von zu vielen unüberwindbaren Problemen geplagt. Der schwierigste Teil war vielleicht der bewegliche Schlitz im Rohr: Hier war ein luftdichter Verschluss vonnöten, um ein Teilvakuum vor dem Kolben aufrechtzuerhalten. Aber die mit Talg behandelte Lederklappe war, selbst wenn sie nicht von Ratten angeknabbert wurde, eine schlechte Dichtung, trocknete immer wieder aus und wurde brüchig. Weitere kurzlebige (und nur kurze Strecken fahrende) Eisenbahnen mit atmosphärischem Druck verkehrten zwischen 1847 und 1860 in der Nähe von Paris, 1864 im Londoner Crystal Palace (nur 550 Meter) und zwischen 1870 und 1873 unter dem New Yorker Broadway (eine pneumatische U-Bahn-Strecke von nur 95 Metern). Stärkere und besser funktionierende Dampflokomotiven – und noch vor Ende des Jahrhunderts auch die neue Elektrotraktion – sorgten dafür, dass alle schwerfälligen Projekte mit atmosphärischem Druck nicht konkurrenzfähig waren.

Die nächste bedeutende Entwicklung in der langen Geschichte des Schnellverkehrs in Röhrenform kam mit der Magnetschwebebahn. Die ersten Patente für besondere Bauteile dieser neuen Technik wurden 1902 an Albert C. Albertson und 1905 an Alfred Zehden vergeben, und mindestens drei Erfinder trugen dazu bei, das Prinzip der Magnetschwebebahn voranzubringen. Chronologisch betrachtet stammt die erste Beschreibung von Robert Goddard, dem Physiker, der später als Begründer des amerikanischen Raketenantriebs bekannt wurde. Während seines ersten Studienjahres am Worcester Polytechnic Institute bekam seine Klasse eine Aufgabe zum Thema »Reisen im Jahr 1950«. Goddard skizzierte seine Idee eines in einer Röhre schwebenden Zuges, der durch Gleichstrommagnete angetrieben wurde und in zehn Minuten von New York nach Boston fahren sollte. Am 20. Dezember 1904 las er seinen Kommilitonen die Beschreibung des Projekts vor, und im Januar 1906 schrieb er sie in Form einer Kurzgeschichte mit dem Titel »The High-Speed Bet« um und reichte sie zur Veröffentlichung im *Scientific American* ein.

Die Story wurde schließlich arg gekürzt, um die grundsätzlichen technischen Fakten hervorzuheben, und füllte in der Ausgabe der Zeitschrift vom

20. November 1909 nur ein Drittel der Seite. Trotz dieser verzögerten Publikation hatte Goddard, wie er später betonte, seine Idee noch vor Émile Bachelet veröffentlicht, einem französischen Elektriker, der in den frühen 1880er-Jahren in die USA ausgewandert war und am 2. April 1910 ein Patent auf schwebende Hochgeschwindigkeitszüge angemeldet hatte. Gleichwohl war es Bachelets Arbeit, nicht Goddards Ansatz, die ungewöhnlich viel öffentliche Aufmerksamkeit erhielt. Bachelet erhielt am 19. März 1912 das US-Patent für ein »magnetisch aufgehängtes und angetriebenes Fahrzeug«, und seine anschließenden Präsentationen eines funktionierenden kleinen Modells eines magnetisch schwebenden Zuges mit einem röhrenförmigen Bug, starken, »sich abstoßenden Magneten« an der Unterseite der Schiene sowie röhrenförmigen Stahlwaggons auf Aluminiumbasis wurden sowohl von den eingeladenen Experten als auch von den Printmedien positiv aufgenommen (Abb. 4.3).

Der dritte Erfinder mit Plänen für eine Magnetschwebebahn vor dem Ersten Weltkrieg war Boris Petrowitsch Weinberg, Leiter der physikalischen Abteilung am Tomsker Institut für Technologie in Sibirien. Zwischen 1911 und 1913 baute er ein Modell, das aus einem 10 Kilogramm schweren Eisenwaggon, einem 20 Meter langen (32 Zentimeter Durchmesser) Vakuum-Ringtunnel aus Kupfer und einer Reihe von nacheinander aktivierten Magnetspulen oben auf dem Rohr bestand, an dem der Waggon hing, der sich schließlich mit 6 km/h bewegte. Nachdem die Machbarkeit dieser Schwebebahn belegt worden war, folgten Pläne für ein Großprojekt mit Geschwindigkeiten von 800 bis 1000 km/h, bei dem die Passagiere in langen, zigarrenförmigen (0,9 Meter Durchmesser, 2,5 Meter lang) Stahlflaschen mit Sauerstoff versorgt werden.

Sein Buch *Bewegung ohne Reibung* wurde 1914 in Russland veröffentlicht, und nachdem er vom russischen Militär in die USA geschickt wurde, um für die sichere Lieferung von Artilleriegeschossen zu sorgen, erschienen kurze und illustrierte Beschreibungen seiner Pläne auch in zwei amerikanischen Zeitschriften: 1917 im *Electrical Experimenter* (»Traveling at 500 Miles Per Hour in the Future Electric Railway«) und 1919 im *Popular Science Monthly* (mit dem Untertitel: »An Electromagnetic Method of Transporting You through a Vacuum from New York to San Francisco in Half a Day«).

Abbildung 4.3 Émile Bachelet und sein Arbeitsmodell einer magnetisch schwebenden Eisenbahn. *Quelle*: Émile Bachelet Collection, Archives Center, National Museum of American History.

Im Jahr 1920 wurde Robert Ballard Davy das US-Patent für eine Eisenbahn mit Vakuumtechnik erteilt, »die eine Röhre und Stationen in mehreren Abständen umfasst, wobei in der Röhre zwischen den Stationen ein Teilvakuum erzeugt wird, sodass entsprechend angetriebene Wagen, die sich darin bewegen, aufgrund der Verringerung des Luftwiderstands mit größerer Geschwindigkeit fahren können«. Das war nichts Neues, und so umfasste sein Patent auch »eine neue Anordnung in den Stationen, wodurch der Wagen in die benachbarten Abschnitte der Vakuumröhren ein- und ausfahren kann, ohne dass genügend Luft in die Röhrenabschnitte eindringt, um das Vakuum zu zerstören«, sowie »eine neuartige Verriegelung für die Schiebe- und Flügeltüren, die wichtige Teile der oben genannten Stationen bilden«.

Keiner dieser Pläne wurde je in die Praxis umgesetzt, aber Goddards Ansatz erregte nach dem Zweiten Weltkrieg Aufmerksamkeit, wenn auch mit großer Verspätung. Weniger als drei Monate vor seinem Tod am 19. August 1945 meldete Goddard das US-Patent für ein Transportsystem mit Vakuumröhren an, und am 20. Juni 1950 wurde das Patent, begleitet von drei Seiten detaillierter technischer Illustrationen, seiner Frau Esther gemeinsam mit der Guggenheim Foundation erteilt. Aber die Fünfzigerjahre waren die Ära der allzu großen Autos, der zunehmenden Verkehrsluftfahrt und der schwindenden Zugfahrten (die in den USA bereits 1920 ihren Höhepunkt erreicht hatten). Und obwohl in den Fünfzigern und Sechzigern weitere Patente im Zusammenhang mit der Schwebetechnik erteilt wurden, tauchte ein neuer amerikanischer Vorschlag erst 1972 auf. Robert Salter von der Rand Corporation in Santa Monica stellte einen Plan für ein Transitsystem mit Hochgeschwindigkeit vor. Sein »Röhrenfahrzeug« sollte auf elektromagnetischen Wellen fahren – und von diesen angetrieben werden –, welche durch gepulste oder oszillierende Ströme in elektrischen Leitern erzeugt werden, die die »Trasse« einer luftleeren »Röhre« bilden.

Tatsächlich behauptete Salter – und es ist wirklich unglaublich –, dass die Geschwindigkeiten, die für die von ihm vorgeschlagene Verbindung von einem Ende der USA zum anderen (New York nach Los Angeles) erforderlich wären, »sicherlich Tausende von Meilen pro Stunde betragen«. Und dass solche Überschallgeschwindigkeiten – die die Geschwindigkeit der Concorde, des britisch-französischen Jetliners, der 1969 zum ersten Mal abhob, bei Weitem übertreffen – nur in extrem geraden unterirdischen Tunneln möglich wären, deren Bau nur einen kleinen Teil der Gesamtkosten des Transitsystem ausmachen würde. 1978 unterbreitete Salter den Vorschlag, dass der »Planetran« zu einem »weltweiten Netz mit unterseeischen Tunneln zur Verbindung der Kontinente« ausgebaut werden könnte und dass das System »sicher, bequem, preiswert, effizient und umweltfreundlich« wäre. Was für ein perfektes Beispiel für das verbreitete Phänomen, dass ein Erfinder weit über die Grenzen einer kritischen Beurteilung hinaus an seinem geliebten Projekt festhält!

In Wirklichkeit mussten die USA in den 1970er- und 1980er-Jahren zusehen, wie sich ihr bis dahin stark veraltetes Eisenbahnnetz weiter verschlechterte, während Japan und Europa ihre Hochgeschwindigkeitsverbindungen ausbauten: zunächst der *Shinkansen* mit der Strecke Tokio–Kyoto im Jahr 1964 und dann, im Jahr 1981, der *Train à Grand Vitesse* mit der Verbindung Paris–Lyon. Parallel dazu legten mehrere Länder, vor allem Japan und Deutschland, kurze Strecken an, um mit Magnetschwebebahnen zu experimentieren. Die deutsche Magnetschwebebahn Transrapid (1984–2012) wurde nach einem tödlichen Unfall im Emsland stillgelegt, wohingegen japanische Forscher im Jahr 2015 eine neue Rekordgeschwindigkeit von 603 km/h erreichten. Die ersten kurzen und verkehrstechnisch genutzten Magnetschwebebahnprojekte waren die Strecke Pudong–Shanghai im Jahr 2004, bei der eine deutsche Konstruktion verwendet wurde, und die japanische Linimo-Strecke im Jahr 2005. In den Jahren 2016 und 2017 wurden drei weitere kurze und relativ langsame Verbindungen in Südkorea und China in Betrieb genommen. Der Bau der ersten Magnetschwebebahnlinie für eine Langstrecke, die japanische Chūō-Shinkansen zwischen Tokio und Osaka, wird fortgesetzt, aber die Fertigstellung wurde immer wieder verschoben, inzwischen bis in die späten 2020er-Jahre.

Es gab etliche kühne Pläne für inner- und zwischenstaatlich verkehrende Magnetschwebebahnen außerhalb Ostasiens sowohl in Nordamerika als auch in Europa, aber keine tatsächlichen Zusagen. Die Bekanntmachung von Hyperloop Alpha – von den Medien und von New-Tech-Enthusiasten, die die lange Geschichte ähnlicher Entwürfe nicht kannten, als unglaublich originell und erstaunlich transformativ begrüßt – brachte eine Vielzahl neuer Pläne für Transportverbindungen mit Hochgeschwindigkeit hervor. Das führte nicht nur zu einer großen, aber naiv zu nennenden Zustimmung sowie zu etlichen fachlichen Bewertungen und Testentwürfen, sondern auch zur Gründung neuer Unternehmen, die sich auf die Fahne geschrieben haben, die Idee vermarktbar umzusetzen.

Virgin Hyperloop One, eines der Unternehmen von Richard Branson, hat die mit Abstand ehrgeizigsten Pläne: Es betreibt eine kleine, 500 Meter lange Teststrecke in Nevada, und im Jahr 2020 erreichte seine Kapsel mit zwei Passagieren 175 km/h, was nicht weiter bemerkenswert ist (höhere Geschwindigkeiten sind bei Hochgeschwindigkeitszügen seit den 1960er-Jahren gang und gäbe). Virgin Hyperloop hat elf mögliche Strecken in den USA gefunden, darunter ein Megaprojekt, das Cheyenne (weniger als 60 000 Einwohner) in Wyoming mit Houston (mehr als 1800 Kilometer entfernt) verbindet. Außerdem neun Strecken in Europa, darunter Unterwasserverbindungen zwischen Korsika und Sardinien und zwischen Spanien und Marokko, und es hat Pläne für Strecken in Indien (von Pune nach Mumbai), Saudi-Arabien (von Riad nach Dschidda) und den Vereinigten Arabischen Emiraten.

Hyperloop TT, ein Unternehmen mit einer 320 Meter langen Teststrecke in Frankreich, hat Entwürfe in der Schublade, mit denen sich so unwahrscheinliche »Pärchen« kleinerer (und relativ nahe gelegener) Städte wie Brünn in Mähren mit Bratislava in der Slowakei und Vijayawada mit Amaravati im indischen Bundesstaat Andhra Pradesh verbinden lassen. Den frühesten Berichten zufolge sollten die ersten Hyperloop-Strecken für den Personenverkehr bereits 2017, dann 2019 und 2020 an den Start gehen. Diese Jahre liegen bereits hinter uns, und bislang sind wir noch nicht einmal in die Nähe einer überzeugenden Demonstration eines Prototyps gekommen, ganz zu schweigen von einer fertiggestellten und zuverlässigen, sicheren und rentablen Verkehrsverbindung zwischen zwei Städten. Anfang 2022 war noch keine Hyperloop-Strecke in Betrieb, weder auf Pylonen noch in Tunneln, und die Prognosen für die frühesten Fertigstellungstermine haben sich auf die späten 2020er-Jahre verschoben. Keiner der gebetsmühlenartig wiederholten Vorteile dieses Transportsystems gegenüber Hochgeschwindigkeitsstrecken der Bahn – keine Räder (auf Luftkissen gleitend oder magnetisch schwebend), wesentlich höhere Betriebsgeschwindigkeiten, deutlich geringerer Energieverbrauch, niedrigere Baukosten – wurde auch nur an einem einzigen gewerblich betriebenen Projekt getestet.

All diese Behauptungen zu den Vorteilen bleiben bis zum Beweis des Gegenteils reines Wunschdenken.

Frühere Entwürfe für schnelle geschlossene Transportmittel konnten nicht verwirklicht werden, weil den Ingenieuren des 19. und 20. Jahrhunderts die geeigneten Materialien und Techniken fehlten, um die erforderlichen Röhren und Kapseln zu bauen, ihren Innendruck auf Werte nahe dem Vakuum zu senken und die Kapseln sicher und zuverlässig über große Entfernungen zu befördern. All diese Herausforderungen sind immer noch präsent. Diejenigen, die die enormen Schwierigkeiten solcher Projekte am besten einschätzen können – Experten der Vakuumphysik und Eisenbahningenieure –, haben auf viele elementare Hindernisse hingewiesen, die überwunden werden müssten, bevor Vakuumröhren, die Passagiere mit nahezu Schallgeschwindigkeit befördern, auch nur ein Zehntel so verbreitet sein könnten wie Hochgeschwindigkeitszüge mit Stahlrädern auf Stahlschienen.

Musk hat viele Aspekte des Hochgeschwindigkeitstransports in Röhren bagatellisiert, angefangen bei der Streckenauswahl bis hin zu den tatsächlichen Kosten des gesamten Transportsystems. Die Behauptung, dass Hunderte von Kilometern von Hochgeschwindigkeitsröhren, die von Pylonen gestützt werden, »die landwirtschaftlichen Flächen nur minimal beeinträchtigen würden, vergleichbar mit einem Baum oder einem Telefonmast, mit dem die Landwirte ständig zu tun haben«, ist eine eklatante Fehldarstellung hinsichtlich der erforderlichen Größe des Unterbaus, um dadurch auch Zugang zum Bau und zur Wartung zu gewährleisten. Wichtiger noch: Wie zahlreiche Beispielfälle bei der Projektplanung – von Autobahnen bis hin zu Hochspannungsleitungen – zeigen, wäre die Auswahl und Genehmigung der Trassen ein hoch komplizierter Prozess, der von Streckenabweichungen und Verzögerungen geprägt wäre.

Dennoch twitterte Musk im Juli 2017 aus heiterem Himmel, er habe »soeben für die Boring Company die mündliche behördliche Genehmigung zum Bau eines unterirdischen Hyperloop für die Verbindung NY–Phil–Balt–DC« erhalten. »NY–DC in 20 Minuten.« Gemeint ist New York–Philadelphia–Baltimore–Washington, D.C. Jeder, der sich der aufwendigen Vorbereitungen, Einschätzungen und Verhandlungen bewusst ist, die zur Genehmigung eines Multimilliarden-Dollar-Projekts führen, das sich über etliche Zuständigkeitsbereiche erstreckt und die Zustimmung und Zusammenarbeit von Bundes-, Landes- und Kommunalregierungen sowie die Einhaltung einer langen Reihe geltender Einschränkungen und Anforderungen erfordert, muss Musks Tweet von 2017 mit völligem Unglauben betrachten. Denn der Tweet besagt eindeutig, dass jemand in D.C. einfach zum Telefonhörer gegriffen und einem Unternehmen, das keinerlei Erfahrung und keine abgeschlossenen Projekte vorweisen kann, die »mündliche Genehmigung der Regierung« zum Bau eines 600 Kilometer langen Tunnels für einen 1000 km/h schnellen Zug erteilt hat.

Und das in einem Land, das es nicht geschafft hat, die alte Bahnstrecke zwischen New York und Washington, D.C., zu etwas Besserem als für den Acela auszubauen, einen »Schnellzug«, der keine eigene Streckenführung hat und dessen Durchschnittsgeschwindigkeit nur 125 km/h beträgt. Im dichter besiedelten Europa hingegen wurden Tausende von Kilometern spezieller Gleise für echte Schnellzüge mit 200 bis 300 km/h gebaut, und das noch dichter besiedelte China hat Zehntausende von Kilometern an Hochgeschwindigkeitsstrecken fertiggestellt. Ebenso muss jeder, der auch nur flüchtig mit den anfänglichen Kostenschätzungen und späteren Mehrkosten vertraut ist, die mit den meisten Großbauprojekten der letzten Generation einhergingen, die Gesamtsummen der Kapitalkosten für verschiedene vorgeschlagene Strecken als unsichere Schätzungen betrachten.

Obwohl wir in der vorteilhaften Lage sind, sowohl über moderne Werkstoffe als auch über Antriebs- und Steuersysteme von beispielloser Leistung und Komplexität zu verfügen, sind ein finanziell tragbarer Bau und ein routinemäßiger und wettbewerbsfähiger Betrieb dieser neuen Transportsysteme nicht in Sicht. Vieles stellt eine Herausforderung dar: sich damit abzufinden, in einer Kapsel zu reisen, die klaustrophobische Ängste auslösen kann und die mit Schallgeschwindigkeit durch eine Metallröhre saust (das zu überstehen ist gewiss schwieriger, als sich die projizierten Bilder schöner Landschaften auf den Wänden der Kapsel anzuschauen!), aber auch die Beherrschung und Sicherstellung vieler technischer Neuerungen, wobei der Druckunterschied das offensichtlichste Problem darstellt. Der Hyperloop würde zwar kein perfektes Vakuum aufrechterhalten, aber der Druck von 100 Pa kommt dem schon sehr nahe: In der Luft, durch die Passagierflugzeuge in der oberen Atmosphäre fliegen, ist der Druck mehr als

200-mal höher, während der Hyperloop unter einem Druck fahren würde, der dem der oberen Stratosphäre (50 Kilometer über dem Meeresspiegel) entspricht.

Eine verheerende Druckabnahme ist eines der schlimmsten möglichen Szenarien beim Fliegen. Und in Verbindung mit einem extremen Druckunterschied würde sie in einer langen, fast luftleeren Röhre, in der Menschen befördert werden, mit noch größerer Sicherheit zum Tod führen. Eine Stahlröhre auf Pylonen müsste so konstruiert sein, dass sie den 1000-fachen Druckunterschied, der zwischen ihren Innen- und Außenwänden herrscht und der sie zu zerdrücken droht, aufrechterhalten kann, und zwar über Hunderte von Streckenkilometern. Gleichzeitig müsste sie dem Druck widerstehen, der durch die sich schnell bewegenden Passagierkapseln erzeugt wird. Schließlich müsste sie nicht nur die allgemeine thermische Ausdehnung entlang der Strecke, sondern auch die unterschiedliche Wärmeausdehnung zwischen der Ober- und der Unterseite der Röhre bewältigen, was in heißen Klimazonen besonders wichtig ist. Bei einer üblichen Temperaturschwankung von 50 Grad Celsius (–10 ° bis +40 °C) würde das System zahlreiche Kompensatoren erfordern, von denen jeder auch ein Beinahe-Vakuum aufrechterhalten müsste.

Eine unterirdische Verlegung der Röhre würde die meisten dieser Bedenken ausräumen, doch dazu müsste eine weitere technische Meisterleistung erbracht werden: der Bau von Tunneln, die sich über Hunderte, wenn nicht Tausende von Kilometern erstrecken, viele davon in erdbebengefährdeten Regionen. Obwohl der moderne Tunnelbau inzwischen durch hochmechanisierte Verfahren erfolgt, bleiben die Kosten hoch. Der Gotthard-Basistunnel in der Schweiz, mit 57 Kilometern der längste der Welt, kostete etwa 10,5 Milliarden Dollar (fast 200 Millionen Dollar pro Kilometer) und brauchte fast 17 Jahre für die Fertigstellung. Und es ist nur allzu offensichtlich, dass ein ausgedehntes Netz von nahezu luftleeren Röhren ein leichtes Ziel für Terroristen wäre, da relativ kleine Explosionen zu einer katastrophalen Druckabnahme führen würden.

Im Jahr 2022 haben wir einen umfassenden Hinweis darauf erhalten, wie Experten der Personenbeförderung über diese Idee denken. Eine weltweite Umfrage des International Maglev Board ergab, dass Verkehrsexperten den Hyperloop abgelehnt haben, vor allem weil sie glauben, dass der

Aufwand für den Betrieb und die Sicherheit sowie die Kosten (sowohl für die Infrastruktur als auch für den Einsatz) unterschätzt werden. Unterm Strich ist es also noch nicht einmal eine halbgare Idee, und angesichts dieser kritischen Äußerungen und der tatsächlichen Errungenschaften nach 2013 wäre es klug, den »Experten des schnellen Reisens«, die auf das fünfte Verkehrsmittel in ihren Städten warten, zu raten, auf ihre Ernährung und Bewegung zu achten, um gesund zu bleiben und ein langes Leben zu führen. Wenn die Lehren aus den Verheißungen und Behauptungen, die seit 1810 von Medhurst, Goddard, Bachelet und Salter formuliert wurden, auch nur im Entferntesten auf diese jüngste Vernarrtheit in den Personentransport in Röhren anwendbar sind, dann ist Langlebigkeit ein unbedingtes Muss. Selbst wenn alles besser läuft, als wir es uns vorstellen können, wird es noch eine ganze Weile dauern, bis die ersten zahlenden Reisenden in Cheyenne, Brünn oder Vijayawada in die Passagierkapseln steigen, auf nahezu Schallgeschwindigkeit beschleunigt werden und in wenigen Minuten die nächste Station erreichen, die Hunderte von Kilometern entfernt liegt. Nach mehr als 200 Jahren solcher Träume warten wir immer noch darauf.

STICKSTOFFBINDENDES GETREIDE

Unser Weltverständnis und unser Wohlergehen beruhen auf den zwischen 1867 und 1914 erzielten – und leider nicht entsprechend gewürdigten – wissenschaftlichen und technischen Fortschritten. In diesem Zeitabschnitt wurden Verbrennungsmotoren, die Stromerzeugung, elektrisches Licht und Motoren, die kostengünstige Stahlproduktion, die Aluminiumverhüttung, Telefone, die ersten Kunststoffe und Elektrogeräte sowie die rasante Verbreitung der drahtlosen Kommunikation erfunden und vermarktet. Wir erkannten auch die Ausbreitung von Infektionskrankheiten, die Ernährungsbedürfnisse für ein gesundes Wachstum (vor allem eine ausreichende Proteinzufuhr) sowie den Bedarf an lebensnotwenigen Pflanzennährstoffen, um eine reichhaltige und finanziell tragbare Versorgung mit Nahrungsmitteln zu gewährleisten. Letztgenanntes war besonders bedeutsam, weil die Welt mit ihrer zunehmenden Industrialisierung eine unwiederbringliche Verquickung aus tiefgreifenden wirtschaftlichen und sozialen Veränderungen erlebte. Die steigende Nachfrage nach Nahrungsmitteln und die sich ändernden Ernährungsgewohnheiten, die durch das schnellere Bevölkerungswachstum, die massenhafte Einwanderung in die Städte, das höhere Einkommen und die zunehmende Beschäftigung von Frauen in Fabriken und im Dienstleistungssektor angetrieben wurden, waren die Schlüsselkomponenten dieses großen Wandels.

Die Stadtbevölkerung, deren Zahl stetig zunahm, konnte es sich nicht nur leisten, pro Kopf mehr pflanzliche Nahrungsmittel zu sich zu nehmen, sondern auch mehr tierisches Eiweiß (Fleisch, Eier und Milchprodukte) zu kaufen, dessen Konsum zuvor eingeschränkt war. Daher war es zwangsläufig unumgänglich, dass ein wachsender Anteil der Ernten als Tierfutter genutzt wurde, und infolge der zunehmenden Mechanisierung der Feldarbeiten (Bodenbearbeitung, Aussaat, Ernte) waren viele Zugtiere erforderlich: Ende des 19. Jahrhunderts war für den Anbau von Futter, mit dem Pferde und Maultiere versorgt wurden, in den USA etwa ein Fünftel der vorhandenen landwirtschaftlichen Flächen nötig.

Gleichzeitig blieben die durchschnittlichen Ernteerträge eher gering (weniger als eine Tonne pro Hektar (t/ha) bei amerikanischem und russischem Weizen, nicht mehr als 1,5 t/ha in den produktivsten europäischen Regionen), selbst als die Zeit der beispiellosen Ausweitung der Nutzflächen (großflächige Umwandlung von Grasland in Ackerland auf dem Gebiet der Great Plains in Nordamerika und den kanadischen Prärien sowie in Russland, Südamerika und Australien) sich ihrem Ende näherte. Diese Verknüpfung aus steigender Nachfrage und der begrenzten Aussicht, sie zu befriedigen, rechtfertigte die Suche nach einer recht zeitnahen Lösung. Doch dank der Fortschritte in der Pflanzenwissenschaft, Biochemie und Agronomie verstanden wir zum ersten Mal in der Geschichte, was getan werden musste, um diesen besorgniserregenden Ausblick zu ändern.

Die Herausforderung und die Lösung wurden im September 1898 von William Crookes, einem Chemiker und Physiker, in seiner präsidentiellen Rede über Weizen auf der Jahrestagung der British Association for the Advancement of Science in Bristol in einprägsamen Worten beschrieben. Der meistzitierte Satz seines Vortrags lautete, dass »alle zivilisierten Nationen mit der tödlichen Gefahr konfrontiert werden, nicht genug zu essen zu haben«. Crookes ging davon aus, dass die steigende Nachfrage bereits 1930 zu einem weltweiten Versorgungsengpass bei Weizen führen würde. Aber er nannte auch die wirksamste Lösung und ihre wichtigste Komponente: eine verstärkte Düngung der Felder und ein größerer Einsatz von Stickstoff, dem Makronährstoff, der die Erträge von Weizen (und allen anderen Getreidesorten) am häufigsten beschränkt. Crookes stellte zu Recht fest, dass weder Tierdung noch die Anpflanzung von Gründünger (Luzerne, Klee) den künftigen Bedarf decken konnten und dass die Versorgung mit chilenischen Nitraten, die in der Atacama-Wüste abgebaut wurden und den einzigen wichtigen anorganischen Dünger dieser Zeit darstellten, offensichtlich begrenzt war.

Es galt, den unbegrenzten Vorrat an Stickstoff in der Erdatmosphäre anzuzapfen und das inerte Molekül (N_2), das fast 80 Prozent der Luftmasse ausmacht, in eine reaktive Verbindung (vorzugsweise Ammoniak, NH_3) umzuwandeln, die von den Nutzpflanzen aufgenommen werden kann und den Makronährstoff liefert, der höhere Erträge garantiert. Crookes schrieb:

> *»Stickstofffixierung ist für den Fortschritt der zivilisierten Menschheit unerlässlich. Andere Entdeckungen dienen dazu, unseren intellektuellen Komfort, unseren Luxus oder unsere Bequemlichkeit zu steigern; sie dienen dazu, das Leben zu erleichtern, das Reichwerden zu beschleunigen oder Zeit und Sorgen zu sparen und unsere Gesundheit zu schonen. Stickstofffixierung ist eine Frage der nicht allzu fernen Zukunft ... Es ist der Chemiker, der zur Rettung kommen muss ... Durch Laborarbeit kann der Hunger schließlich in Überfluss verwandelt werden.«*

Interessanterweise erschien diese Rettung nur ein Dutzend Jahre nach Crookes Appell. Im Jahr 1909 gelang es Fritz Haber, einem Chemieprofessor an der Universität Karlsruhe, Ammoniak aus seinen Elementen zu synthetisieren (Abb. 4.4). Dazu nutzte er Stickstoff aus der Luft und Wasserstoff aus der Reaktion von glühendem Koks mit Wasserdampf. Er kombinierte die beiden Elemente unter hohem Druck mit einem Eisenoxid-Mischkatalysator.

Seine Forschung wurde von BASF unterstützt, dem damals weltweit führenden Hersteller von Industriechemikalien, und unter der Leitung von Carl Bosch, einem der fähigsten Ingenieure der BASF, wurde Habers Laborversuch rasch in eine großtechnische Synthese umgewandelt.

Abbildung 4.4 Fritz Haber (1868–1934), *links*, führte erstmals die Synthese von Ammoniak aus seinen Elementen durch. Carl Bosch (1874–1940), *rechts*, setzte die Idee in die technische Realität um.

BASF begann im September 1913 mit der Synthese von Ammoniak, doch die Verbindung wurde schon bald als Einsatzstoff für die Herstellung von Sprengstoff im Ersten Weltkrieg zweckentfremdet. Die Düngemittelproduktion wurde nach 1918 wieder aufgenommen, aber der großflächige Einsatz von Verbindungen, die aus synthetischem Ammoniak gewonnen wurden (Harnstoff, Ammoniumnitrate und Sulfate), musste bis nach dem Zweiten Weltkrieg warten. Die stärkere Düngung wurde zu einem entscheidenden Aspekt der Grünen Revolution, die in den 1960er-Jahren begann und auf neue kurzstielige Sorten, große Mengen von Stickstoffdünger und den Einsatz von Pestiziden setzte, um Rekorderträge bei Getreide zu erzielen. Im Jahr 1970 war der weltweite Einsatz von synthetischen Stickstoffdüngern mehr als achtmal so hoch wie 1950. Bis zum Ende des Jahrhunderts war die Einsatzmenge auf über 80 Millionen Tonnen pro Jahr angestiegen, und in letzter Zeit lag sie bei fast 120 Millionen Tonnen Stickstoff pro Jahr.

Der Nutzen von Stickstoffdüngern ist unbestreitbar: Ich habe errechnet, dass nicht weniger als 40 Prozent der Weltbevölkerung ihr Nahrungsprotein (direkt aus Feldfrüchten und indirekt aus tierischen Nahrungsmitteln) aus Ernten beziehen, die Stickstoff aus der Haber-Bosch-Synthese von Ammoniak erhalten haben; in China liegt der Anteil bei etwa 50 Prozent. Doch wie fast alle nützlichen Erfindungen hat auch diese Lösung ihre Nachteile. Zunächst einmal landet mehr als die Hälfte des ausgebrachten Stickstoffs nicht in den Nutzpflanzen, sondern entweicht über verschiedene Wege (Verflüchtigung, Versickerung, Erosion, bakterielle Umwandlung in Distickstoffoxid) in die Umwelt. Im weltweiten Durchschnitt liegt der Anteil des Stickstoffs, der schließlich in den Ernten landet, bei unter 50 Prozent, und in Chinas intensivem Reisanbau beträgt der Anteil nur etwa ein Drittel.

Im zweiten Jahrzehnt des 21. Jahrhunderts wurden weltweit durchschnittlich etwa 110 Millionen Tonnen Stickstoffdünger pro Jahr ausgebracht. Geht die Hälfte dieser Menge verloren, gelangen mehr als 50 Millionen Tonnen des Elements (in reaktiven Verbindungen, hauptsächlich als Nitrate und Ammoniak) in die Umwelt. Darüber hinaus treten diese Auswirkungen hauptsächlich in den landwirtschaftlichen Regionen der Nordhalbkugel auf, wo die jährlichen Ausbringungen im Durchschnitt mehr als 100 Kilogramm des Nährstoffs pro Jahr und Hektar betragen, und bei den am intensivsten angebauten Mais- oder Reissorten sind es sogar mehr als 200 kg N/ha. Dies ist natürlich ein erheblicher wirtschaftlicher Verlust (Stickstoffdünger machen in der Regel ein Fünftel der variablen Kosten im intensiv betriebenen Pflanzenbau aus), der zudem zu großen Umweltproblemen führt.

Keines dieser Umweltprobleme ist heute so weitverbreitet und so schwer zu kontrollieren wie die Entstehung großer Totwasserzonen in den Küstengewässern. In Bächen ausgetragener Stickstoff wird in Teiche und Seen transportiert und gelangt schließlich in die flachen Küstengewässer, wo er das übermäßige Wachstum von Algen fördert. Sterben diese Algen ab und sinken auf den Grund, verbraucht ihre Zersetzung den gelösten Sauerstoff und lässt das Wasser anoxisch werden, wodurch Fische und wirbellose Meerestiere ersticken. Diese Totwasserzonen finden sich heute im Golf von Mexiko und entlang vieler Küsten in Europa und Ostasien. Stickoxide und Stickstoffdioxide, die bei der Düngung freigesetzt und in der Atmosphäre in Nitrate umgewandelt werden, tragen zur Versauerung der Niederschläge bei (was im Volksmund als »saurer Regen« bezeichnet wird und dessen Entstehung vor allem auf die Emissionen von Schwefeloxiden zurückzuführen ist).

Ein weiterer Nebeneffekt der Düngung, dem immer mehr Aufmerksamkeit geschenkt wird, ist die Entstehung von Lachgas durch die bakterielle Zersetzung von Nitraten. N_2O ist nicht nur ein Treibhausgas, sondern hat auf einer Zeitskala von 100 Jahren ein fast 300-mal höheres globales Erwärmungspotenzial als Kohlendioxid, das dominierende Treibhausgas. Aufgrund seiner relativ geringen Emissionen ist N_2O jedoch nur für etwa 6 Prozent der aktuellen menschengemachten Treibhausgasemissionen verantwortlich. Die anhaltende Verwendung hoher Dosen synthetischer Stickstoffdünger beeinträchtigt auch die natürliche Fruchtbarkeit des Bodens, indem sie zu einem Rückgang des dort befindlichen organischen Kohlenstoffs (der zuvor aus der Wiederverwertung von Dung und Ernterückständen gewonnen wurde) und zu einer verminderten Artenvielfalt im Boden führt. Die Reduzierung des Düngereinsatzes auf ein Minimum, der mit der Aufrechterhaltung guter Erträge vereinbar ist, ist daher eines der zentralen Ziele der modernen Agrarwissenschaft.

Doch im Gegensatz zu den stickstoffhungrigen Grundnahrungsmitteln benötigen Hülsenfrüchte (Erbsen, Bohnen, Linsen, Sojabohnen und Erdnüsse sowie Gründüngungen wie Klee, Wicken und Luzerne) keine oder nur geringe Düngergaben, um nicht nur gute Erträge zu erzielen, sondern auch um nach der Ernte Reststickstoff im Boden zu hinterlassen. Dieser Unterschied ist seit der Antike bekannt, da die traditionellen Landwirte in Unkenntnis des Bedarfs an Makronährstoffen für den Pflanzenanbau Hülsenfrüchte und Getreide zusammen und Getreide mit Hülsenfrüchten im Wechsel anbauten, um für bessere Getreideerträge zu sorgen. Aber sie hatten keine Idee, warum das so war, und erst 1838 wies ein französischer Chemiker, Jean-Baptiste Boussingault, durch Experimente mit Erbsen, die in sterilem Sand angebaut wurden, nach, dass Hülsenfrüchtler (Leguminosen) dem Boden tatsächlich Stickstoff hinzufügen. Die einzige Möglichkeit, das zu erklären, war die Schlussfolgerung, dass Hülsenfrüchtler den trägen Stickstoff der Erdatmosphäre nutzen können, um reaktive Verbindungen zu produzieren, doch der eigentliche Vorgang blieb unbekannt.

Es dauerte ein weiteres halbes Jahrhundert, bis die beiden deutschen Chemiker Hermann Hellriegel und Hermann Wilfarth 1888 feststellten, dass sich Leguminosen grundlegend von Gräsern unterscheiden, egal ob es sich um Wildformen oder um Weizen-, Reis-, Gersten- oder Hafersorten handelt, die mit dem Ziel höherer Erträge gezüchtet wurden. Leguminosen können den freien Luftstickstoff nicht selbst binden, sondern erhalten ihn durch eine Symbiose mit Bakterien, die in ihren Wurzelknöllchen leben (Abb. 4.5). Innerhalb weniger Jahre nach dieser Erkenntnis identifizierten Mikrobiologen die in diesen Knöllchen lebenden Bakterien (die zur Gattung *Rhizobium* gehören) sowie andere freilebende Bakterien, die als Stickstoffsammler agieren und im Erdreich oder im Wasser leben.

Das, was wir bei sehr hohem Druck und hohen Temperaturen erreichen – in großen, modernen Ammoniakanlagen läuft die Haber-Bosch-Synthese unter einem Druck ab, der 200- bis 400-mal so hoch ist wie der atmosphärische Druck auf Meereshöhe und bei Temperaturen von über 400 °C –, schaffen Rhizobium-Bakterien bei Umgebungsdruck und -temperatur. Und zwar dank Nitrogenase, einem Enzymkomplex, der aus zwei Proteinen besteht (einem Eisen-Molybdän- und einem Eisen-Protein), die die Reaktion von Wasserstoff mit Stickstoff zur Bildung von Ammoniak ermöglichen. Diese biologische Fixierung (Bindung) von Stickstoff ist jedoch mit ho-

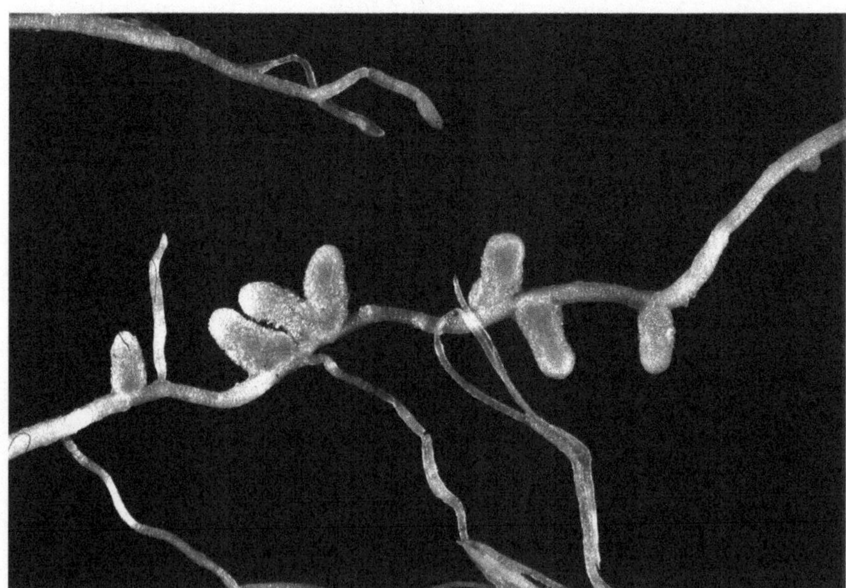

Abbildung 4.5 Knöllchen mit stickstoffbindenden Bakterien an den Wurzeln einer Leguminose. Quelle: Matthew Crook. Genehmigter Nachdruck.

hen Energiekosten verbunden, zudem verträgt Nitrogenase keinen Sauerstoff und wird an der Luft unwiederbringlich inaktiviert, was ihre mögliche Übertragung erschwert.

Die Entdeckung der Stickstofffixierung durch Rhizobien führt zu einer interessanten Frage: Könnte es möglich sein, Getreide dazu zu bringen, sich wie Leguminosen zu verhalten und den gesamten oder den größten Teil des benötigten Stickstoffs durch eine Symbiose mit stickstoffsammelnden (diazotrophen) Bakterien an ihren Wurzeln zu fixieren? Bereits 1917 veröffentlichten Thomas Burrill und Roy Hansen, Forscher an der University of Illinois Agricultural Experimental Station, einen Bericht mit dem Titel »Is Symbiosis Possible between Legume Bacteria and Non-Legume Plants?«. Jahrzehntelang blieb dies nur eine faszinierende Idee ohne praktische Möglichkeiten für ihre schrittweise Verwirklichung. Doch mit dem Voranschreiten unseres Verständnisses der Physiologie und Genetik von Pflanzen und Bakterien schien diese Option, die natürlich immer noch schwer umzusetzen ist, in nicht allzu ferner Zukunft realisierbar zu sein. Niemand brachte diese Hoffnung deutlicher zum Ausdruck als der amerikanische Agrarwissenschaftler Norman Borlaug, als er 1970 den Friedensnobelpreis für seine führende Rolle bei der Entwicklung neuer, ertragreicher Pflanzensorten erhielt, die durch starke Stickstoffgaben ermöglicht wurden.

Zum Abschluss seines Nobelvortrags malte Borlaug ein wünschenswertes Science-Fiction-Scenario aus, als er in seiner Vorstellung Folgendes sah:

> *»... grüne, kräftige, ertragreiche Weizen-, Reis-, Mais-, Sorghum- und Hirsefelder, die – gratis – 100 Kilogramm Stickstoff pro Hektar von knöllchenbildenden, stickstofffixierenden Bakterien erhalten. Die mutierten Stämme von Rhizobium cerealis wurden 1990 durch ein massives Mutationszuchtprogramm mit Rhizobium-Stämmen entwickelt, die aus Wurzeln von Hülsenfrüchten und anderen knöllchenbildenden Pflanzen gewonnen wurden. Diese wissenschaftliche Entdeckung hat die landwirtschaftliche Produktion für Hunderte von Millionen ärmlicher Landwirte auf der ganzen Welt revolutioniert, denn sie erhalten nun einen Großteil des benötigten Düngers für ihre Pflanzen direkt von diesen kleinen, wundersamen Mikroben, die Stickstoff aus der Luft aufnehmen und ihn kostenlos in den Wurzeln von Getreide fixieren, aus denen er dann in Getreide umgewandelt wird.«*

Die Vorteile einer solchen Symbiose lägen auf der Hand. Der Getreideanbau wäre profitabler, da weniger synthetische Stickstoffdünger gekauft und ausgebracht werden müssten. Die Vorteile der Biofixierung für die Umwelt reichten von einer deutlich verringerten Verflüchtigung und Auswaschung der ausgebrachten Düngemittel (und damit einer geringeren Wasserverschmutzung und weniger saurem Regen) bis hin zu geringeren Emissionen von Treibhausgasen und besseren Böden (weniger natürliche Verdichtung, mehr organische Substanz, höherer Stickstoffgehalt). Die Forschung zur Ausweitung der leguminosenähnlichen Stickstofffixierung auf Getreide begann in den 1970er-Jahren und wird seither mit unterschiedlicher Intensität fortgesetzt.

Das International Rice Research Institute führte ein Projekt durch, um die Möglichkeiten von diazotrophen Bakterien in Reis zu bewerten. Ähnliche Projekte nahmen andere Getreidearten in den USA, Kanada, Großbritannien und Indien ins Visier, wobei die Finanzierung durch Regierungen, Universitäten, Stiftungen und Unternehmen erfolgte. Mitte der 1980er-Jahre endete ein Symposium zur Stickstofffixierung mit dem Fazit, dass nur wenige der experimentellen Fortschritte »bisher in der Praxis zur Verbesserung des Pflanzenanbaus eingesetzt wurden« – doch dann stiegen die Erwartungen an zukünftige Erfolge, als die Gentechnik einige kommerziell sehr erfolgreiche Sorten hervorbrachte. Die ersten insektenresistenten Mais- und Sojabohnensorten, die insektizide Gene von *Bacillus thuringiensis* enthalten, wurden 1996 in den USA zugelassen. Gentechnisch veränderter Raps (Raps, der für Speiseöl angebaut wird) ist seit 1995 erhältlich, und in den USA werden inzwischen auch transgene Papaya, Kartoffeln, Luzerne, Zuckerrüben und Äpfel angebaut.

Es gibt drei verschiedene Strategien zur Stickstofffixierung in Getreide. Der erste und naheliegendste Ansatz wurde vor mehr als einem Jahrhundert bei der Entdeckung der symbiotischen Biofixierung durch Knöllchenbakterien vorgeschlagen: nämlich die bei Leguminosen übliche Anordnung nachzubilden, also einen Weg zu finden, wie Rhizobien und Getreide in die gleiche Art einer gegenseitig förderlichen Interaktion treten können, wie es Rhizobien und Leguminosen tun, um dadurch Getreidepflanzen dazu zu bringen, Wurzelknöllchen zu entwickeln, die einen erheblichen Teil ihres Stickstoffbedarfs decken würden. Einige Pflanzenwissenschaftler meinen, der beste Ansatz bestehe darin, zunächst zu versuchen, die Stickstofffixierung bei nicht knöllchenbildenden, nicht pflanzlichen Arten wieder einzuführen, die evolutionär stärker mit knöllchenbildenden Pflanzen verwandt sind. In jedem Fall sollte diese Option jeden Biologen dazu bringen, über Dobzhanskys oft zitierte Maxime nachzudenken, dass »nichts in der Biologie Sinn ergibt, außer im Licht der Evolution«.

Und die Evolution (mehr als 100 Millionen Jahre Diversifizierung unter höheren Pflanzenarten) hat keine einzige ernährungsphysiologisch wichtige Art außerhalb der Familie der Leguminosen mit der Fähigkeit zur symbiotischen Stickstofffixierung durch *Rhizobium* ausgestattet. Das Fehlen symbiotischer Rhizobien außerhalb der Familie der Hülsenfrüchte (die einzige andere bemerkenswerte stickstofffixierende Symbiose, die der Fadenbakterien der Gattung *Frankia*, betrifft etwa 200 Pflanzenarten, die keine Nahrungsmittel sind) ist umso bemerkenswerter, als Stickstoff der häufigste wachstumsbegrenzende Faktor für alle Pflanzenarten ist und die Evolution nur eine kleine Anzahl von ihnen mit den Mitteln ausgestattet hat, diese Einschränkung zu mildern.

Neben diesem Rätsel gibt es noch andere praktische Probleme. Wir wissen, dass Leguminosen 10 bis 20 Prozent ihrer Energieproduktion (Kohlenstoffproduktion) in die Knöllchen leiten. Aber aufgrund der größeren Photosyntheseleistung, ermöglicht durch die höhere Stickstoffzufuhr, führt dieser relativ hohe Energieaufwand nicht zu einem entsprechenden Ertragsverlust. Bei Getreide, das fähig zur symbiotischen Fixierung ist, ist dies jedoch vielleicht nicht der Fall. Das bedeutet, dass stickstoffbindendes Getreide in den asiatischen Ländern und Regionen mit einer hohen Bevölkerungsdichte, in denen die höchsten Erträge für die Versorgung benötigt werden, möglicherweise nicht ohne Weiteres akzeptiert wird.

Die zweite Möglichkeit, Nichtleguminosen zur Stickstoffsammlung zu bewegen, besteht darin, die Aktivitäten von Bakterien zu verstärken, die in der Wurzelzone von Getreidepflanzen vorhanden sind (frei lebend, nicht in rhizobienähnlichen Ansammlungen), um einen größeren Anteil des Stickstoffbedarfs einer Pflanze zu decken, oder diazotrophe Bakterien in das Pflanzengewebe von Nichtleguminosen einzubringen, entweder durch Behandlung des Saatguts vor der Aussaat oder durch Blattsprays. Diese Option wurde mit der Entdeckung von Bakterien, die mit tropischen Gräsern im Zusammenhang stehen, denkbar. Es gibt viele frei lebende (nicht symbiotische) stickstofffixierende Bakterien, darunter *Pseudomonas*- und *Azospirillum*-Arten in Böden und Cyanobakterien (*Nostoc, Anabaena* und viele andere) in Gewässern, die ohne Verbindung mit Wurzeln oder anderen Pflanzenorganen gedeihen und im Allgemeinen nur eine bescheidene Menge Stickstoff zur Ernte beitragen.

Doch in den späten 1960er-Jahren entdeckte die brasilianische Mikrobiologin Johanna Döbereiner als Leiterin einer Forschungsgruppe mehrere Bakterien (*Acetobacter, Azospirillum, Herbaspirillum*), die sich mit den Wurzeln einiger tropischer Gräser verbinden (Abb. 4.6). Diese diazotrophen Bakterien leben nicht in organisierten, sichtbaren Wurzelknöllchen, die mit der Wirtspflanze in Symbiose leben, sondern sind auf und in der Nähe der Pflanzenwurzeln verteilt, nehmen einen Teil ihrer Exsudate (Abscheidungen) auf und übertragen indirekt etwas des von ihnen fixierten Stickstoffs. Später wurde festgestellt, dass die assoziative Stickstoffbindung durch *Azospirillum*, das sind Bakterien, die in der Wurzelzone von Getreide leben, manchmal einen nicht zu vernachlässigenden Beitrag zum Gesamtstickstoffbedarf von Reis und Mais leisten.

Diese Entdeckungen eröffneten die Möglichkeit, das Vorkommen stickstofffixierender Bakterien, die in der Nähe von Getreidewurzeln leben, zu verstärken. Eine effektive Umsetzung dieses Ziels würde jedoch ein viel besseres Verständnis der Bedingungen voraussetzen, die diese Zusammenhänge fördern, sowie der realistischen Aufnahmemaxima, die wir angesichts der geringen Konzentrationen von Stickstoff, der von diazotrophen Bakterien gebunden wird, erwarten können: Selbst wenn dies gelänge, wäre diese Anstrengung nur von sehr geringem Nutzen. Eine viel bessere Aussicht ergab sich, als Johanna Döbereiner und Vladimir Cavalcante 1988 endophytische (im Pflanzengewebe lebende) diazotrophe *Gluconacetobacter diazotrophicus* in brasilianischem Zuckerrohr entdeckten. Spätere Untersuchungen ergaben, dass auch *Herbaspirillum*-, *Azoarcus*- und *Azospirillum*-Arten daran beteiligt sind. Daher ist es nach wie vor schwierig, die endophytischen und nichtendophytischen Beiträge zu unterscheiden.

Azotic Technologies, ein britisches Unternehmen, gegründet von David Dent und Edward Cocking, bietet jetzt eine patentierte Behandlung mit *Gluconacetobacter diazotrophicus* an. Sein erstes Produkt war ein flüssiges

Abbildung 4.6 Johanna Döbereiner (1924–2000), brasilianische Mikrobiologin und Pionierin auf dem Gebiet der Stickstofffixierung in Mais und Zuckerrohr. *Quelle*: Embrapa, brasilianisches Ministerium für Landwirtschaft.

Impfmittel für Saatgut, und jetzt hält es auch eine Blattbehandlung parat. Dem Unternehmen zufolge können diese Anwendungen jede Zelle der Pflanze in die Lage versetzen, ihren eigenen Stickstoff zu binden. Zudem sei die Wirksamkeit der Behandlung sowohl bei Mais als auch bei Weizen in Großbritannien, den USA, Kanada, Deutschland, Belgien und Frankreich sowie bei Reis in Vietnam, Thailand und auf den Philippinen nachgewiesen worden. Die US-Feldversuche des Unternehmens mit Mais ergaben durchschnittliche Ertragssteigerungen von 5 bis 13 Prozent, in einigen Fällen sogar 20 Prozent in Versuchen, bei denen die Stickstoffdüngung nicht reduziert worden war; die Reaktion in asiatischen Versuchen mit Reis betrug im Mittel 17 bis 20 Prozent.

Auf seiner Website behauptet das Unternehmen, dass die Behandlung bis zur Hälfte des Stickstoffbedarfs der Pflanze ersetzen kann. In den USA und Kanada wird die Behandlung (entweder in der Ackerfurche oder als

Blattanwendung) als Envita vermarktet und verspricht eine risikofreie Steigerung der Maiserträge um mindestens 2,5 »bushels per acre« (das sind rund 217 Kilogramm pro Hektar). Unabhängige Versuche in der Ackerfurche, die Practical Farm Research in den Jahren 2020 und 2021 in Kentucky, Illinois, Ohio und Minnesota durchführte, zeigten jedoch, dass einige Kontrollparzellen (die kein Envita erhielten) tatsächlich etwas mehr Ertrag lieferten und dass die übliche Steigerung mit Envita nicht mehr als ein paar Prozent betrug. Auch die Tests zur Blattbehandlung in Iowa ergaben, dass Envita in fünf Versuchen keine beträchtliche Auswirkung auf die Maiserträge hatte (wobei unbehandelte Parzellen leicht höhere Ernten erzielten), in einem Versuch einen deutlichen Vorteil bot und in einem anderen Test zu einem beträchtlichen Ertragsverlust führte. Diese Ergebnisse stehen natürlich in krassem Gegensatz zu den Werbeversprechen.

Der dritte Weg, der radikalste und anspruchsvollste, besteht darin, die Bereitschaft für Symbiosen als dauerhaftes Pflanzenmerkmal zu kodieren. Das bedeutet, neue Pflanzen zu entwickeln, die ihren Stickstoff ohne Mikroben binden können, indem man Stickstoff fixierende Gene (SfG) direkt in die Getreidepflanzen einführt. Das wird jedoch durch zwei natürliche Hindernisse erschwert: durch die Komplexität der Nitrogenase, des Enzymkomplexes, welcher der wesentliche Katalysator für die Umwandlung von inertem Luftstickstoff in Ammoniak ist (er benötigt auch Eisen und das viel seltenere Molybdän), und seine Empfindlichkeit gegenüber Sauerstoff.

Die kanadische Forschung zum Gentransfer hat sich auf Triticale, eine Kreuzung aus Weizen und Roggen, konzentriert, weil die Verfahren bei dieser Kulturpflanze effizienter funktionieren als bei Weizen, sowie auf die Übertragung des gesamten Clusters der SfG-Gene mithilfe eines Nanocarriers (zelldurchdringende Peptide) in die Mitochondrien. Amerikanische Forscher am MIT haben mit Tabakpflanzen – sie sind der Favorit für pflanzengenetische Experimente – gearbeitet, um SfG-Gene von rhizobialen Bakterien zu übertragen. Die Aufgabe ist sehr schwierig, nicht nur weil viele Gene an dem Prozess beteiligt sind, sondern auch weil die Genexpression und die zellulären Komponenten, die den Prozess steuern, in Bakterien und Pflanzen sehr unterschiedlich sind. Im Jahr 2018 wurde über Fortschritte bei der Ansammlung von SfG-Genen zu einer kleineren Anzahl von »Riesen«-Genen berichtet, die als große Proteine in Wirtszellen exprimiert und dann von speziellen Enzymen geschnitten werden könnten, um einzelne SfG-Komponenten freizusetzen.

Die Probleme würden jedoch nicht bei einer gentechnisch veränderten Getreidepflanze aufhören, die tatsächlich Stickstoff fixiert: Wir müssen uns die vergangenen und jüngsten Schwierigkeiten mit transgenen Pflanzen vor Augen halten. Solche Pflanzen wurden von den Erzeugern in Nord- und Südamerika begrüßt (und von den Verbrauchern in diesen Ländern in der Regel akzeptiert), aber von fast allen EU-Ländern und Japan gemieden, während China und Indien zwar transgene Baumwolle anbauen, aber keine gentechnisch veränderten Grundnahrungs- oder Futtermittelpflanzen. Diese Zurückhaltung oder komplette Ablehnung beruht auf weitverbreiteten Ängsten in der Öffentlichkeit, die sich nicht so leicht abbauen lassen. Transgene Nutzpflanzen stoßen auf den Widerstand einer lautstarken grünen und ökologischen Lobby, die sich gegen jede genetische Veränderung von Lebensmitteln ausspricht.

Und es ist eine Sache, Mais für die Tierfütterung gentechnisch zu verändern, aber eine andere, an Weizen herumzupfuschen, dem Grundnahrungsmittel und einer der Grundlagen der westlichen Zivilisation. Infolgedessen wurden zwar gentechnisch veränderte Weizensorten entwickelt und getestet, aber keine davon wird in Nordamerika, Europa, Asien oder Australien kommerziell angebaut. Im Falle der USA, Kanadas und Australiens kommt noch ein weiteres offensichtliches Problem hinzu: Diese Länder sind wichtige Getreideexporteure und wären nicht in der Lage, ihren Weizen in die meisten Länder der Welt zu liefern, die keine gentechnisch veränderten Lebensmittel akzeptieren. Im Oktober 2020 genehmigte das argentinische Landwirtschaftsministerium eine transgene, trockenheitsverträgliche Weizensorte, Bioceres HB4, für den menschlichen Verzehr: Ist dies der Beginn eines Trends oder eine unbedeutende Ausnahme? Und wo stehen wir mehr als 130 Jahre nach der Aufklärung der symbiotischen Rhizobienfixierung, mehr als ein Jahrhundert nach der Frage von Burrill und Hansen, ob die Symbiose zwischen diazotrophen Bakterien und Getreide möglich ist, 50 Jahre nach Borlaugs nobelpreisverdächtiger Vision und nach Jahrzehnten intensiver Fortschritte in der Gentechnik?

In den 1970er-Jahren wurden echte Durchbrüche versprochen, und in den Neunzigern war man noch optimistischer. Werden die 2020er-Jahre dank der Fortschritte in der Gentechnik diese Versprechen erfüllen? Wie bei der modernen Medienberichterstattung nicht anders zu erwarten, wird jede Meldung über einen bemerkenswerten Forschungsfortschritt gemeinhin als ein »Näherkommen« an den heiligen Gral der Stickstofffixierung in Getreide angesehen – aber »näher« bleibt schwer zu fassen. »Erhebliche Fortschritte«, die in einem Jahr gemeldet werden, haben fünf Jahre später keine Nachwirkungen mehr. Einige Statements spielen mit dem Timing. Auf der Website von Joyn Bio, einem neuen Joint Venture zwischen Gingko Bioworks (einer Bostoner Firma, die spezialgefertigte Bakterien züchtet) und Leaps by Bayer (heute ein führendes Agrarunternehmen, weit über Aspirin hinaus), heißt es: »Unser erstes Produkt *ist* eine gentechnisch veränderte Mikrobe, wodurch Getreidepflanzen wie Mais, Weizen und Reis Stickstoff aus der Luft umwandeln können«, aber wenn man weiter nach unten scrollt, findet man: »Unser erstes Produkt *wird* eine gentechnisch veränderte Mikrobe sein, die es ermöglicht ...« Hervorhebungen von mir.

Giles Oldroyd vom Crop Science Center der Cambridge University gibt die beste und einzige ehrliche Antwort auf die Frage, wie lange es dauern wird, bis wir stickstoffbindendes Getreide haben: »Darauf gibt es keine Antwort. Wir arbeiten im Ungewissen.« Die Konturen dieses Unbekannten sind dank der jahrzehntelangen agronomischen, pflanzenwissenschaftlichen und genetischen Forschung zwangsläufig verblasst. Dennoch können wir nicht behaupten, dass auf den Feldern bis zu einem bestimmten Datum sehr gewinnbringende Anpflanzungen von sojabohnenähnlichem Weizen oder linsenähnlichem Reis zu finden sein werden, mit der Garantie, dass die Ernten bei deutlich reduziertem Einsatz von Stickstoffdünger und mit den willkommenen Nebeneffekten vieler Vorteile für die Umwelt erhalten bleiben.

KONTROLLIERTE KERNFUSION

Mit Blick auf Größe und Strahlung ist der Stern im Zentrum unseres Planetensystems nichts Besonderes: Unter den etwa 100 Milliarden strahlenden Körpern, die unsere Galaxie füllen, gibt es Millionen sehr ähnlicher Sterne. Aufgrund seiner charakteristischen gelben Farbe ordnen die Astronomen ihn etwa in der Mitte eines Diagramms ein, das die Sterne nach ihrer Spektralklasse, das heißt nach dem Spektrum ihres Lichts, einstuft. Von der Größe her ist er ein sehr häufig vorkommender astraler Zwerg der Klasse G2V, ebenso wie Proxima Centauri, der nächstgelegene Stern außerhalb unseres Sonnensystems. Etwa 4,5 Milliarden Jahre nach ihrer Entstehung strahlte die noch recht junge Sonne fast ein Drittel weniger Energie ab als heute. Ihr gewöhnliches Erscheinungsbild mag zwar unauffällig sein, aber ihre Energieproduktion ist erstaunlich: Die Leuchtkraft der Sonne beträgt etwa $3{,}8 \times 10^{26}$ Watt (Joule pro Sekunde), während der gesamte Primärenergieverbrauch der Welt (alle Brennstoffe und alle Wasser-, Kern-, Wind- und Solarenergie) bei etwa $1{,}8 \times 10^{13}$ Watt liegt, eine Differenz von dreizehn Größenordnungen (Zehnerpotenzen im Billionenbereich).

Wie das funktioniert, muss vielen Beobachtern in der vormodernen Vergangenheit ein Rätsel gewesen sein. Erst im 19. Jahrhundert kamen die analytischen Werkzeuge auf, mit denen sich dieser außergewöhnliche Energieausstoß erklären ließ. Die naheliegendste Analogie zu einem irdischen Prozess wäre die Verbrennung, aber diese Umwandlung (chemisch gesehen eine schnelle Oxidation) setzt nicht genug Energie frei, um die immense astrale Wärme und das Licht zu erzeugen (die Verbrennung eines Gramms Kohlenstoff setzt 30 Joule, die Verbrennung eines Gramms Wasserstoff 113 Joule frei). Robert Mayer, ein deutscher Arzt und Physiker und einer der ersten Wissenschaftler der neu formulierten Thermodynamik, kam in einem 1848 veröffentlichten Aufsatz (fälschlicherweise) zu dem Schluss, dass die Wärme der Sonne aus der Energie von Meteoriten stammt, die in die Sonne fallen. 1854 behauptete Hermann Helmholtz, ein weiterer deutscher Physiker, die Sonne könne genügend Energie erzeugen, indem sie die Gravitationsbewegung in Wärme umwandelt: Angezogen von der Schwerkraft könnten sich die äußeren Schichten der Sonne nach innen bewegen und einen langsam schrumpfenden Stern hell und sehr heiß machen. Eine jährliche Kontraktion von nur 40 Metern – bei einem Sonnendurchmesser von 1,393 Millionen Kilometern eindeutig zu klein, um über Jahrtausende menschlicher Beobachtungen nachgewiesen zu werden – würde ausreichen, um die Energiemenge hervorzubringen, die die Sonne zur Mitte des 19. Jahrhunderts ausstrahlte, und hätte für etwa 10^{15} Sekunden oder mehr als 30 Millionen Jahre ausgereicht, um sie zu erzeugen.

Dies stellte eine offensichtliche zeitliche Beschränkung dar, denn die zur gleichen Zeit publizierten geologischen und biologischen Studien deuteten darauf hin, dass die Zeitspannen der irdischen und organismischen Evolution viel länger sein mussten als das. War Darwins Beharren auf langen evolutionären Lebensspannen angesichts der Behauptungen der Physiker unhaltbar (was Darwin in der Tat bis zu seinem Tod beunruhigte) oder boten die Physiker eine falsche Erklärung? Als die Untersuchungen zur Radioaktivität (beginnend mit ihrer Entdeckung im Jahr 1896 durch Henri Becquerel) das Alter der Sonne auf etwa 5 Milliarden Jahre bezifferten, wurde klar, dass die Gravitationshypothese unhaltbar war, und man suchte nach einer Reaktion, die über diese enorme Zeitspanne aufrechterhalten werden konnte.

In den 1920er-Jahren stellte der britische Astrophysiker Arthur Eddington die These auf, dass die Energie eines Sterns aus der Kernfusion und der Paarvernichtung (Annihilation) der Protonen und Elektronen stammt, und insistierte, das Innere eines Sterns sei heiß genug, um solche Reaktionen zu ermöglichen. In den 1930er-Jahren schließlich machten Fortschritte in der Kernphysik deutlich, dass Kernreaktionen die Strahlung der Sonne hervorbringen, und gegen Ende des Jahrzehnts wurde klar, wie das vonstattengeht. Die einfachste mögliche Abfolge beginnt mit der Fusion von zwei Protonen zu schwerem Wasserstoff (Deuterium); das wurde erstmals 1937 von Carl Friedrich von Weizsäcker formuliert und bald darauf von Charles Critchfield und Hans Bethe genau quantifiziert. Bei dieser Reaktion werden auch ein Positron und ein Neutrino erzeugt, und das Deuterium verschmilzt mit einem weiteren Proton zu einem Helium-Isotop und setzt mehr Energie frei als die erste Reaktion.

Bethe erklärte auch die zweite Serie von Reaktionen, die mit der Fusion von Kohlenstoff und Wasserstoff beginnt, um ein Isotop von Stickstoff und Gammastrahlung zu erzeugen, und die mit einem Isotop von Stickstoff und Wasserstoff endet, das Kohlenstoff und Helium erzeugt. Dafür erhielt er 1967 den Nobelpreis für Physik (Abb. 4.7). Kohlenstoff wird nur als Katalysator verwendet; die Reaktion verbindet vier Protonen und zwei Elektronen zu einem

Heliumkern. 1938 stellte Bethe fest, dass »der Kohlenstoff-Stickstoff-Zyklus ungefähr die richtige Energieproduktion in der Sonne liefert«. Die Fu-

Abbildung 4.7 Hans Bethe (1906–2005) erhielt den Nobelpreis für Physik für die Erklärung der Fusionsreaktionen der Sonne. Quelle: Los Alamos National Laboratory.

sion von Wasserstoff zu Helium im Proton-Proton-Zyklus findet erst statt, wenn die Temperatur 13 Millionen Grad absoluter Temperatur erreicht, und der regenerative Kohlenstoff-Stickstoff-Zyklus bestimmt die Gesamtrate oberhalb von 16 Millionen Grad.

Die Reaktionen im Sonnenkern, die unter einem Druck stattfinden, der etwa 250 Milliarden Mal höher ist als an der Erdoberfläche, verbrauchen jede Sekunde 4,3 Millionen Tonnen Materie und setzen $3{,}89 \times 10^{26}$ Joule frei. Dieser Energiefluss wird schnell in Hitze umgewandelt und nach außen transportiert, wobei jeder Quadratmeter der sichtbaren, Licht emittierenden Schicht der Sonne etwa 64 Megawatt abstrahlt. Nur ein sehr geringer Teil dieses Flusses wird absorbiert, bevor er die Erdumlaufbahn erreicht, sodass der am oberen Rand der Erdatmosphäre verfügbare Energiefluss, die Solarkonstante, fast 1370 W/m² beträgt. Diese Erklärungen waren notwendig, denn bei der Suche nach der kontrollierten Kernfusion geht es um nichts Geringeres als darum, die extremen Bedingungen nachzubilden, die den enormen Energieausstoß der Sonne aufrechterhalten, und dann die daraus resultierende Wärme zur Stromerzeugung zu nutzen.

Die Kernfusion der Sonne in Form einer einmaligen und praktisch sofortigen Energiefreisetzung nachzuahmen – das heißt die Nutzung der Kernfusion als Quelle einer noch nie da gewesenen explosiven Energie – wurde in nur 14 Jahren nach Bethes Lösung im Jahr 1938 erreicht. In diesem Jahr konnten er und alle anderen prominenten amerikanischen Physiker (unter der Leitung von Robert Oppenheimer, darunter Ernest Lawrence, Glenn Seaborg und Philip Abelson) sowie die aus Europa in die USA ausgewanderten Physiker (vor allem Enrico Fermi, Leo Szilard, John von Neumann und Edward Teller) nicht ahnen, dass sie in nur wenigen Jahren an der Entwicklung und dem Bau der ersten Kernwaffen der Welt mithilfe der Kernspaltung schwerer Elemente mitarbeiten würden. Das Manhattan-Projekt im eigentlichen Sinne begann 1942, Bethe wurde Leiter der theoretischen Abteilung, die erste auf Kernspaltung basierende Waffe wurde im Juli 1945 getestet, und Hiroshima und Nagasaki wurden am 6. beziehungsweise 9. August 1945 bombardiert.

Zu diesem Zeitpunkt dachten Edward Teller und Enrico Fermi nicht nur über eine Fusionsbombe nach, sondern auch über die Möglichkeit kontrollierter Fusionsreaktionen. Sechs Jahre später führte Tellers Lösung des physikalischen Konstruktionsproblems 1952 zum ersten amerikanischen Test einer Wasserstoffbombe (eigentlich ein stationäres Gerät mit einem Gewicht von 74 Tonnen) (Abb. 4.8).

Im November 1955 testeten sowjetische Physiker ihre erste thermonukleare Waffe (mit einer Sprengkraft von 1,6 Millionen Tonnen TNT). Beide Länder bauten daraufhin noch leistungsfähigere Waffen, aber während die USA ihre Bemühungen nach dem Test einer Bombe, die 15 Millionen Tonnen TNT entsprach, im Jahr 1954 einstellten, testeten die Sowjets im Oktober 1961 tatsächlich eine Bombe mit einer Sprengkraft von ungefähr 58 Millionen Tonnen TNT. Weniger als zwei Jahrzehnte nach Bethes Erklärungen war es möglich, die Kernfusion in den Sternen, mit der sie ihr eigenes Licht aussenden, in Waffen mit beispielloser Kraft und Energie nachzubilden, die selbst Millionenstädte auf der Stelle auslöschen können.

Wie wir bereits gesehen haben, stützte sich die kommerzielle Nutzung der Kernspaltung in den USA stark auf die zuvor entwickelte militärische Anwendung und den Druckwasserreaktor, der für den Antrieb von U-Booten entwickelt wurde. Bei der kommerziellen Verwertung der Kernfusion

Abbildung 4.8 Edward Teller (1908–2003) und der erste amerikanische Wasserstoffbombentest. *Quellen*: Lawrence Livermore National Laboratory; Comprehensive Nuclear-Test-Ban Treaty Organization.

gab es keine Parallele: Eine Wasserstoffbombe konnte nicht für die Erzeugung nützlicher Industrie- oder Raumwärme oder für die Stromproduktion verwendet werden. Was benötigt wurde, war ein Gerät, das das Plasma lange genug einschließt, um die Kernfusion einzuleiten. Der einfachste Weg (ein relativer Begriff in diesem Kontext), eine kontrollierte Fusion zu erreichen, besteht darin, die beiden schweren Isotope des Wasserstoffs, Deuterium und Tritium, zu einem Helium-Isotop zu kombinieren.

Bei den für die Kernfusion erforderlichen Temperaturen liegen die Wasserstoff-Isotope in Form von Plasma vor, einem überhitzten Zustand der Materie, bei dem die Elektronen von den Kernen abgestreift werden und ionisiertes Gas bilden. Um die Kerne von Deuterium und Tritium zu fusionieren, ist eine enorme Energie erforderlich: Sie müssen eine gegenseitige kinetische Energie von mindestens 100 keV (100 000 Elektronenvolt) haben. Da 1 keV 11 606 Kelvin (Grad der absoluten Temperatur, beginnend beim absoluten Nullpunkt) entspricht, kommt das etwa 110 Millionen Grad gleich. Zunächst setzen zwei Deuteriumatome ein Proton und ein Triton frei: $^{2}H + ^{2}H \rightarrow ^{3}H + ^{1}H$. Dann verschmelzen ein weiteres Deuteron und das Triton mit einer gegenseitig hohen kinetischen Energie und erzeugen Helium-4 (ein energiereiches Alphateilchen) und ein noch energiereicheres Neutron: $^{2}H + ^{3}H \rightarrow ^{4}He + ^{1}n$. Das Helium trägt 20 Prozent der gesamten Energie, die bei dieser Fusion erzeugt wird. Sobald es genug Energie liefert, wird das Plasma so heiß, um ohne externe Energiezufuhr aufrechterhalten zu werden (die sich selbst erhitzende »brennende« Plasmaphase).

Die Neutronen, die 80 Prozent der durch die Fusion erzeugten Energie tragen, entweichen aus dem Plasma, und ihre anschließende Absorption an anderer Stelle produziert die Wärme, die schließlich zur Stromgewinnung auf die gleiche Weise genutzt wird, wie sie in großen, mit fossilen Brennstoffen betriebenen Kraftwerken erzeugt wird (durch den Einsatz von Dampfturbogeneratoren). Die beiden für die kontrollierte Fusion benötigten Elemente sind im Überfluss vorhanden: Deuterium, das aus dem Meerwasser gewonnen werden kann (jeder Kubikmeter Meerwasser enthält 33 Gramm Deuterium), und Lithium. Für dieses Leichtmetall gibt es heute eine starke Nachfrage wegen seiner Verwendung in Batterien, aber seine Ressourcen (fast 90 Millionen Tonnen im Jahr 2020, und die Tendenz wird wahrscheinlich noch steigen) reichen für etwa 1000 Jahre Förderung auf dem derzeitigen Niveau. Künftige Fusionskraftwerke werden jedoch auch ihr eigenes Tritium erzeugen müssen, da dieses Isotop in der Natur äußerst selten ist (es entsteht in der Atmosphäre durch die Kollision kosmischer Strahlen mit Stickstoffmolekülen). Diese Tritiumerzeugung würde durch das Einfangen von Neutronen in einer Lithiumhülle erfolgen, die das eingeschlossene Plasma umgibt.

Drei Bedingungen müssen erfüllt sein, um die hochenergetischen Kernkollisionen zu ermöglichen, die für eine Fusion notwendig sind: die Beibehaltung außergewöhnlich hoher Temperaturen, die Aufrechterhaltung einer Plasmadichte, die hoch genug ist, um die Wahrscheinlichkeit von Kernkollisionen zu erhöhen, und die Bereitstellung eines ausreichend langlebigen Plasmas, das für eine kontinuierliche Wärmeerzeugung erforderlich ist. Dies sind hohe Hürden, die es zu überwinden gilt. Aber als die Suche nach der kontrollierten Fusion noch in den Kinderschuhen steckte, hielten viele Physiker einen relativ schnellen Erfolg für möglich. Homi Bhabha, der indische Atomphysiker, der 1955 den Vorsitz der Genfer Atomkonferenz über die friedliche Nutzung von Atomenergie führte, sagte in seiner Eröffnungsrede, dass »eine Methode zur kontrollierten Freisetzung der Energie der Kernfusion in den nächsten 20 Jahren entdeckt werden würde«.

Dies war nur die erste von vielen übertriebenen Erwartungen, aber in den zwei Jahrzehnten zwischen 1955 und 1975 gab es einige bemerkenswerte experimentelle Fortschritte, vor allem am Kurtschatow-Institut in der UdSSR, wo 1951 mit der Forschung zur kontrollierten Fusion begonnen wurde.

Viele sowjetische Physiker glaubten, dass die Fusion mittels magnetischen Einschlusses der beste Weg zu einem möglichen Erfolg sein würde. Dies konnte in vielen aufwendigen Ausgestaltungen geschehen, aber eine toroidale (Donut-ähnliche) Vorrichtung, bei der das Plasma mithilfe außerordentlich starker Magneten in einer röhrenförmigen Vakuumkammer gehalten wurde, war ihre bevorzugte Konstruktion. Das 1946 von M. Blackman und G. P. Thomson in Großbritannien patentierte Konzept wurde in den frühen 1950er-Jahren mithilfe von Igor Tamm und Andrej Sacharow weiterentwickelt, und die Konstruktion dieses experimentellen magnetischen thermonuklearen Reaktors (mit den ersten Experimenten in den späten 1950er-Jahren) wurde allgemein als Tokamak bekannt, ein Akronym, das sich aus den Anfangssilben (und dem ersten Buchstaben) des russischen Begriffs für Toroidalkammer mit Magnetspulen, *toroidal'naya kamera s magnitnymi katushkami*, ergibt.

Andere beachtliche experimentelle Entwürfe der 1950er-Jahre waren der Stellarator von Lyman Spitzer (der externe Spulen zur Erzeugung von verdrehenden Magnetfeldern zur Kontrolle des Plasmas verwendete) und der Z-Pinch (basierend auf der Plasmakompression durch Magnetfelder). In den Fünfzigern und Sechzigern wurden Fortschritte, um höhere Temperaturen zu erreichen, nur sehr langsam erzielt. Im Jahr 1975 konnte jedoch der beste sowjetische Tokamak eine Plasmatemperatur von 1 keV (oder 11,6 Millionen Grad Kelvin) erzeugen, und nur drei Jahre später erreichte er 8 keV (92,8 Millionen Grad Kelvin). Die Forschung an der kontrollierten Kernfusion wurde zu einer Wachstumsindustrie. In den USA waren große Regierungslabors (Los Alamos, Lawrence Livermore, Oak Ridge, Lawrence Berkeley, Sandia, Savannah), Universitäten (MIT, Columbia, Princeton, University of California, Texas) und private Unternehmen beteiligt. Aber auf das Land entfällt nur etwa ein Sechstel der weltweiten Bemühungen um die Fusion mittels magnetischen Einschlusses, wobei die meisten Gelder aus der EU (etwa 40 Prozent) und Japan (etwa 20 Prozent) stammen. Seit 1970 wurden etwa 60 umfangreiche Entwürfe für die kontrollierte Fusion entwickelt und mehr als 100 Versuchsanlagen in den USA, Russland, Japan und der EU gebaut.

Diese Bemühungen haben eine ständige, wenngleich geringe Aufmerksamkeit in den Medien erregt, die jedoch jedes Mal, wenn ein neuer Fortschritt auf experimenteller Basis bekannt gegeben wird, zuzunehmen scheint. Das Interesse daran ist verständlich. Die Fusion wurde als die ultimative saubere Energiequelle beschrieben – als unerschöpflich, nachhaltig und kohlenstofffrei; eine Quelle, die überall und jederzeit eingesetzt werden kann: nichts weniger als die Sonne in einer Flasche, die uns zur Verfügung steht. Ein weiterer positiver Aspekt wurde im Zusammenhang mit der jüngsten Beschäftigung mit den Treibhausgasemissionen hervorgehoben: Die Fusion würde natürlich kein CO_2 oder CH_4 (Methan) ausstoßen. Leider haben die Medien alle Ankündigungen von Fortschritten der kontrollierten Kernfusion, die auf dem Experimentierfeld stattfanden, auf zweierlei Weise fehlinterpretiert. Erstens haben sie regelmäßig jeden Fortschritt als Durchbruch bezeichnet, und zweitens, was noch wichtiger ist, haben sie nicht deutlich gemacht, dass diese »Durchbrüche« die kontrollierte Kernfusion nur in dem Sinne näher bringen, als dass sie eine nachgewiesene (und nicht nur eine theoretische) Möglichkeit ist – nicht aber, dass sie tatsächlich wirtschaftlich genutzt werden kann, um Wärme und Strom zu erzeugen.

Eine sorgfältige Suche würde Dutzende solcher Berichte zutage fördern; hier sind nur einige englischsprachige Beispiele aus den vergangenen vier Jahrzehnten. *Science* im Jahr 1978: »Report of Fusion Breakthrough Proves to Be a Media Event«. *Science Digest* im Jahr 1985: »Breakthrough Brings Fusion Closer«. *Science* 1989: »Fusion Breakthrough?«. *The Hill* (Zeitschrift des US-Kongresses) im Jahr 2012: »Fusion Breakthrough Dawns a New Era for US Energy and Industry«. *Science* im Jahr 2015: »Secretive Fusion Company Claims Reactor Breakthrough«. *Clarion News* im Jahr 2021: »The Fusion Age Is upon Us«. Das MIT-Büro für Nachhaltigkeit im Jahr 2021: »The Sun in a Bottle«.

In dieser Sun-in-a-Bottle-Pressemitteilung wird über die Vorführung des stärksten leitenden Hochtemperaturmagneten der Welt berichtet, der von Forschern des MIT und seinem Ableger Commonwealth Fusion Systems gebaut wurde. Wie fast immer bei dieser Art von Fortschritten ist es unmöglich, einfach nur die neueste Errungenschaft zu nennen. Die Nachricht muss stets als »Durchbruch, der den Weg für kohlenstofffreie Energie ebnet« bezeichnet werden, der uns »einem funktionsfähigen Fusionsreaktor einen Schritt näher bringt« und »Anlass zur Hoffnung gibt, dass wir in nicht allzu ferner Zukunft eine völlig neue Technologie haben könnten, die wir im Wettlauf um die Umgestaltung des globalen Energiesystems und die Verlangsamung des Klimawandels einsetzen können«. Einige Kommentare waren sogar noch überschwänglicher: Dennis Whyte, Direktor des Plasma Science and Fusion Center des MIT, behauptete, dass »dieser Magnet den Entwicklungsverlauf sowohl der Wissenschaft der Kernfusion als auch der Energie verändern wird, und wir denken, dass er schließlich die Energielandschaft der Welt verändern wird«.

Ein weiterer Rekord der Kernfusion wurde 2021 in der U.S. National Ignition Facility (am Lawrence Livermore National Laboratory) aufgestellt. Dabei wurde das Licht von großen Lasern auf ein winziges Ziel konzentriert und ein Miniatur-Hotspot erzeugt, der mehr als 10 Billiarden Watt

Fusionsenergie erzeugte, allerdings nur für 100 Billionstel einer Sekunde und nur in Höhe der eingegebenen Laserenergie. Im August 2021 zeigte ein Experiment eine 25-fache Steigerung der bisherigen (2018) Rekordausbeute, was die Forscher »an die Schwelle der Fusionszündung« brachte. Diese Forschung, die sich auf die Trägheitsfusion stützt (eine mit Deuterium und Tritium gefüllte Kapsel wird mit Lasern, Röntgenstrahlen oder Teilchenstrahlen bestrahlt, um den Brennstoff zu komprimieren und bis zum Zündpunkt zu erhitzen), schien eine mögliche Alternative zu Konzepten des magnetischen Einschlusses des Fusionsplasmas zu bieten, aber der Fortschritt war langsam.

Abgesehen von den Medien und der überschwänglichen Propagierung: Wie weit sind wir gekommen? Diese Frage wird in der Regel damit beantwortet, wie nahe wir uns Q angenähert haben. Q ist das Verhältnis zwischen der durch die Deuterium-Tritium-Fusion erzeugten thermischen Energie und der Energie, die in eine Fusionsanlage eingespeist werden muss, um das Plasma zu überhitzen und eine Fusionsreaktion auf brauchbarem Niveau in Gang zu setzen. Q = 1 ist der Break-even-Point, und die Geschichte, wie Fusionsanlagen im Lauf der Jahre konzipiert waren, lässt sich anhand ihrer steigenden Q-Faktoren verfolgen. Das höchste Q, 0,67, wurde bisher vom europäischen Tokamak JET in Großbritannien erreicht. Der Rekord-Tokamak, der Kernfusionsreaktor ITER (*International Thermonuclear Experimental Reactor)*, wird derzeit in Frankreich gebaut und dürfte den Break-even-Point nicht nur erreichen, sondern deutlich übertreffen. Die Ursprünge von ITER gehen auf ein Gipfeltreffen in Genf im Jahr 1985 zurück. 2006 wurde das Abkommen zum Bau des Reaktors unterzeichnet, und 2010 begann der Bau in Cadarache in Südfrankreich. Das Gemeinschaftsprojekt wird von 35 Ländern unterstützt, darunter die EU, die Schweiz, Japan, Russland, die USA, China, Indien und Südkorea (Abb. 4.9). Wie jeder Tokamak verfügt ITER über zentrale Solenoidspulen, große toroidale und poloidale Magnete (jeweils um und entlang der Donut-Form).

Die grundlegenden technischen Einzelheiten sind ein Vakuumgefäßplasma mit einem Radius von 6,2 Metern und einem Volumen von 830 Kubikmetern, mit einem einschließenden Magnetfeld von 5,3 Tesla und einer Fusionsleistung von 500 Megawatt (thermisch). Diese Wärmeleistung entspräche einem Q ≥ 10 (es wären 50 Megawatt erforderlich, um das Was-

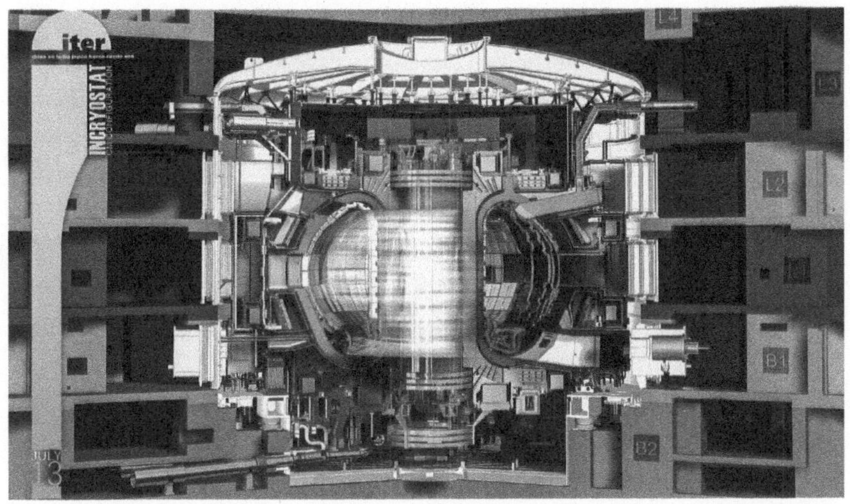

Abbildung 4.9 Nach seiner Fertigstellung (die voraussichtlichen Fertigstellungstermine ändern sich ständig) wird der ITER-Tokamak die größte Fusionsanlage sein. *Quelle*: Bild © ITER Organisation, http://www.iter.org.

serstoffplasma auf etwa 150 Millionen Grad zu erhitzen) und würde somit zum ersten Mal auf der Erde ein brennendes Plasma erzeugen, wie es für einen kontinuierlich arbeitenden Fusionsreaktor erforderlich ist. ITER würde brennende Plasmen während Pulsen von 400 bis 600 Sekunden Dauer erzeugen, Zeitspannen, die ausreichen, um zu zeigen, dass der Bau eines tatsächlichen, Strom erzeugenden Fusionskraftwerks möglich ist. Es ist jedoch wichtig zu verstehen, dass es sich bei ITER um eine Versuchsanlage handelt, die die Machbarkeit der Netto-Energieerzeugung demonstrieren und die Grundlage für größere und schließlich wirtschaftlich nutzbare Fusionskonstruktionen bilden soll, und nicht um den Prototyp einer tatsächlichen Energiegewinnungsanlage.

Ursprünglich sollte ITER im Jahr 2016 in Betrieb gehen. 2012 wurde der Zeitpunkt für die erste Plasmaerzeugung auf 2020 verschoben, und im Juni 2016 wurde das Datum auf Dezember 2025 verlegt (und der erste Betrieb mit Tritium auf 2032). Unabhängig davon, wann ITER voll funktionsfähig ist, wird er keine Abwärme einfangen, die für die Stromerzeugung genutzt werden könnte, und er wird keine kontinuierliche Fusion erreichen: Der Kernfusionsreaktor wird nur gepulste Nettoenergie ($Q > 1$) erzeugen, wenn man das Verhältnis berechnet, indem man die abgegebene Wärmeenergie durch die zum Aufheizen des Plasmas verwendete Energie (50 Megawatt) dividiert, und nicht durch den gesamten Stromverbrauch der Anlage. Der gesamte Strombedarf von ITER wird sich auf etwa 300 Megawatt belaufen, hauptsächlich für die kryogene Anlage, die benötigt wird, um die Supraleitermagnete auf –269 °C zu kühlen und sie mit Strom zu versorgen, um einen Plasmastrom von 15 Megaampere zu erzeugen.

Die bei der kontrollierten Fusion freigesetzte Wärme war schon immer für die Stromgewinnung vorgesehen: Ein herkömmliches System mit Wärmetauschern würde die Wärme aus den entsprechenden Teilen des Fusionsreaktors abführen, anschließend würde Wasser erhitzt werden, um Dampf für große Generatoren in Zentralanlagen zu erzeugen. Diese etwa 140 Jahre alte Umwandlung ist immer effizienter geworden. Die neuesten Turbogeneratoren, die unter überkritischem Dampfdruck arbeiten, wandeln mehr als 40 Prozent der eingehenden Hochtemperaturwärme in Strom um. Wäre ein voll funktionsfähiger ITER also ein echtes Elektrizitätswerk, würde es bei einem Wirkungsgrad von 40 Prozent 500 Megawatt thermische Leistung in 200 Megawatt Strom umwandeln, was einem Nettoverlust von 100 Megawatt entspricht. Das bedeutet, dass jedes gewerblich genutzte Fusionskraftwerk mit einem wesentlich höheren Q-Faktor arbeiten muss, um Strom zu erzeugen, dessen Kosten mit den heutigen und zukünftigen Alternativen konkurrenzfähig wären.

Und wann könnte das sein? ITER soll 20 Jahre lang betrieben werden, bevor mit dem Bau von DEMO begonnen wird. DEMO ist ein Demonstrationskraftwerk für die Kernfusion, dessen voraussichtlicher Zeitplan sich mit den Verzögerungen bei ITER verschiebt. Der ursprüngliche ITER-Zeitplan von 2021 sah vor, dass DEMO Anfang der 2040er-Jahre den Betrieb aufnimmt, aber 2017 wurde bekannt gegeben, dass 2054 ein optimistisches Datum ist. Es gibt noch andere, landesspezifische Zeitpläne, die von Indiens und Südkoreas DEMO-Baubeginn im Jahr 2037 bis zu den russischen und amerikanischen Zielen reichen, ein DEMO-FNS (Fusion Neutron Source) bis 2050 oder kurz danach in Betrieb zu nehmen. Wenn diese beschleunigte Entwicklung tatsächlich eintritt, könnte einer Quelle zufolge bis 2060 etwa 1 Prozent des weltweiten Energiebedarfs durch Kernfusion gedeckt werden.

Diese über ITER hinausgehenden Prognosen spiegeln die Kombination aus allgegenwärtigen technischen Unwägbarkeiten und Finanzierungsverpflichtungen wider. Die typischen Schätzungen, wonach weitere 30 bis 35 Jahre erforderlich sind, bevor die Kernfusion einen praktischen Nutzen bringt, stimmen mit den Schätzungen eines 30-jährigen Erfolgshorizonts überein, die es seit den 1950er-Jahren gibt. In den vergangenen sieben Jahrzehnten hat die Welt mindestens 60 Milliarden Dollar (in Geldern des Jahres 2020 gerechnet) für die Entwicklung der kontrollierten Kernfusion ausgegeben. Sie bleibt jedoch die vielleicht hartnäckigste Fata Morgana, die es je gab: Denn sie wird stets erst in weiteren 30 Jahren erreicht werden. Jedes Mal, wenn mir diese immer weiter entfernten Daten erneut begegnen, erinnere ich mich an die Worte, die der verstorbene David Rose, Physikprofessor am MIT, der sein Berufsleben mit der Plasmaphysik verbrachte und den ich Anfang der 1980er-Jahre kennenlernte, über die Kommerzialisierung der Stromerzeugung aus Kernfusion sagte: Es könnte mindestens genauso schwierig und möglicherweise sogar noch anstrengender sein, $Q > 1$ zu erreichen.

Die beiden größten Herausforderungen sind Probleme mit dem Sicherheitsbehälter und den Brennelementen sowie der hohe Bedarf an parasitärer Energie. Die durch die Deuterium-Tritium-Fusion erzeugten Neutronenströme beschädigen den festen Sicherheitsbehälter durch Aufquellen, Zerbrechen und Versprödung und gefährden damit seine Intaktheit. Obwohl die Radioaktivität pro Masseneinheit des Abfalls viel geringer wäre als bei Kernspaltungsreaktoren, wäre die Gesamtmasse des Abfalls um ein Vielfaches größer und würde eine dauerhafte Entsorgung außerhalb des Standorts erfordern. Und anders als bei Kernreaktoren würde ein erheblicher Teil dieser materiellen Schäden und Abfälle nicht durch die Erzeugung von nutzbarer Energie entstehen. Der parasitäre Stromverbrauch der Fusion ist auf die Notwendigkeit zurückzuführen, Kühlgeräte für flüssiges Helium, Wasser- und Vakuumpumpen, die Tritiumaufbereitung und andere Anlagen zu betreiben und den magnetischen Einschluss zu kontrollieren: Eine kleine Fusionsanlage mit einer Nennleistung von 300 Megawatt, die (bei einem Wirkungsgrad von 40 Prozent) 120 Megawatt Strom produziert, würde kaum den kontinuierlichen Bedarf vor Ort decken können, und nur sehr viel größere Projekte, bei denen der parasitäre Strom einen sehr viel geringeren Anteil an der Gesamtleistung ausmachen würde, könnten wirtschaftlich sein.

Und wir können nur erahnen, wie viel dieser Aufwand kosten wird. Anfängliche Kostenschätzungen für ITER lagen bei nur 5 Milliarden Euro, aber 2016 gab der Direktor von ITER zu, dass das Projekt ein Jahrzehnt zu spät war und mindestens 4 Milliarden Euro über dem Budget lag. Spätere Berichte offenbarten, dass die Gesamtsumme 15 Milliarden Euro erreichte, und 2018 verdreifachte das US-Energieministerium seine Kostenschätzung für ITER auf fast 65 Milliarden Dollar. Die Verantwortlichen von ITER wiesen diese Behauptung zurück, räumten 2021 jedoch weitere, mit COVID-19 zusammenhängende Verzögerungen und Kostenüberschreitungen ein. Selbst wenn man den Lernprozess berücksichtigt, würde die optimistischste Schätzung für die Demonstrationsreaktoren (mindestens drei davon, die nach 2040 gebaut werden sollen) nicht unter 20 Milliarden Dollar pro Anlage liegen.

Bis zum Beginn der kommerziellen Stromerzeugung könnten sich die kumulierten Ausgaben für die kontrollierte Fusion zwischen 1950 und 2050 also auf etwa 200 Milliarden Dollar belaufen. Wenn die Demonstrationsanlagen wie versprochen funktionieren, wäre das kein schlechtes Geschäft: 200 Milliarden Dollar entsprechen in etwa dem jährlichen Bruttoinlandsprodukt Griechenlands und sind weniger, als Präsident Biden in seinem Infrastrukturplan für 2021 zur Förderung der Forschungs- und Entwicklungskapazitäten des Landes veranschlagt hat. Und, um das Ganze in eine realistische Perspektive zu rücken, ist es nur ein Zehntel der Gelder, die für den zwei Jahrzehnte andauernden Krieg in Afghanistan ausgegeben wurden, der mit dem chaotischen Rückzug der USA und dem vollständigen Sieg der Taliban endete.

Keine der Verzögerungen, Probleme oder Kosten, auf die ich hingewiesen habe, spielen eine Rolle bei den wahren Gläubigen der Kernfusion. Das zweite Jahr der Pandemie brachte tatsächlich einige der optimistischsten Behauptungen hervor. Ein ehemaliger Unterstaatssekretär für Wissenschaft im US-Energieministerium schrieb im September 2021, dass »jeder sich darüber im Klaren sein sollte, dass das Zeitalter der Fusion vor uns liegt. Das Ziel für die Netto-Energieausbeute bei der Fusion liegt jetzt bei vier Jahren, nicht bei 30 Jahren«, und im Oktober 2021 brachte der *New Yor-*

ker eine lange Geschichte über den »grünen Traum« mit dem Untertitel »Is Limitless Clean Energy Finally Approaching?«. Anfang 2022 gab eine Gruppe von Wissenschaftlern unter der Leitung von Physikern des Lawrence Livermore National Laboratory bekannt, dass sie mithilfe des Implosionsprozesses bei der Trägheitsfusion im Labor einen brennenden Plasmazustand erzeugt hatten, während dessen kurzer Dauer das Plasma im Gegensatz zu allen vorherigen Experimenten überwiegend selbsterhitzt war. Dies ist ein bedeutender Fortschritt, der die laserinduzierte Fusion näher an die Wirklichkeit bringt, aber immer noch nicht näher an eine unmittelbare kommerzielle Nutzung.

Dieser kurze Bericht über die Bemühungen um die kontrollierte Fusion wäre nicht vollständig, gingen wir nicht bis ins Jahr 1989 zurück. Zu Beginn jenes Jahres gab es (in einer Pressekonferenz und in einem kurzen Artikel im *Journal of Electroanalytical Chemistry*) eine radikale Abkehr von den jahrzehntelangen Nachrichten über Fortschritte bei der Suche nach kontrollierter thermonuklearer Energie. Zwei Physiker der University of Utah, Stanley Pons und Martin Fleischmann, behaupteten, es sei ihnen gelungen, Deuteriumkerne bei Raumtemperatur in einem Reagenzglas zu fusionieren. Die Elektrolyse einer Lithiumsalzlösung führte dazu, dass so viele Deuteriumatome in eine Palladiumelektrode absorbiert wurden, dass einige ihrer Kerne zu fusionieren schienen. Dabei wurde Nettoenergie (über die für die Elektrolyse bereitgestellte Energie hinaus) erzeugt, und Neutronen- und Gammastrahlen wurden emittiert. Das waren klare Anzeichen für einen Prozess, der zuvor nur unter ähnlichen Bedingungen bei Sternen im All möglich war, und ein Beweis für das, was die Presse bald als kalte Kernfusion bezeichnen sollte.

Es erübrigt sich, den anschließenden Medienrummel und die vielen experimentellen Bemühungen um eine Wiederholung dieser sensationellen Entdeckung zusammenzufassen. Noch vor Jahresende riet ein Expertengremium dem Energieministerium, keine weiteren Forschungen zu finanzieren. Der gesamte Bereich der kalten Kernfusion ist nun unter dem Begriff Niedrigenergiekernreaktionen (LENR) bekannt, und die jüngste (2019) multiinstitutionelle Bewertung (befeuert durch die Möglichkeit, dass die frühere Ablehnung voreilig gewesen sein könnte) lässt sich durch ihre Schlussfolgerung zusammenfassen: »Hier beschreiben wir unsere Bemühungen, die bisher keinen Beweis für einen solchen Effekt erbracht haben.« Gewissermaßen als Nebenprodukt der Bewertung wurde anerkannt, dass »es in diesem unerforschten Parameterraum noch viel interessante Wissenschaftsarbeit zu tun gibt« – aber das könnte man auch über zahllose andere Themen der modernen Wissenschaft sagen. Bei einem Treffen der Advanced Research Projects Agency im Oktober 2021 wurde jedoch ein optimistischerer Vortrag gehalten, der zu dem Schluss kam, dass »LENR auftreten und in der Tat Kernreaktionen beinhalten« und dass die Ergebnisse des Experiments »vielversprechend für die Praxis sind«.

Die LENR-Anhänger veröffentlichen jedes Jahr Dutzende von neuen Publikationen und viele Befürworter behaupten, dass es sich bei ihnen nicht um pathologische Wissenschaft handelt (Philip Balls Bezeichnung in *Nature*) und dass sie schließlich recht behalten werden, wenn sie der Menschheit eine endlose Energiequelle mit nichts weiter als einigen einfachen Systemen aus schwerem Wasser und Palladiumelektroden zur Verfügung stellen. Aber Tatsache ist, dass nach mehr als 30 Jahren dieser Behauptungen immer noch keine überzeugenden Beweise vorliegen. Und selbst wenn man sie fände, würden die Lehren aus der heißen Kernfusion doch eine große Skepsis rechtfertigen, bevor sie die Daten für eine eventuelle kommerzielle Nutzung liefern. Heiße oder kalte Kernfusion – wir warten noch immer.

KAPITEL 5

TECHNIK-OPTIMISMUS, ÜBERTREIBUNGEN UND REALISTISCHE ERWARTUNGEN

Dieses Buch verfolgt bescheidene Ziele: Es soll uns daran erinnern, dass erfolgreiche Neuerungen nur eines der Ergebnisse unseres unaufhörlichen Strebens nach Erfindungen sind. Ebenso sollten wir nicht vergessen, dass auf die anfängliche Anerkennung auch ein Scheitern folgen kann, dass die kühnen Träume von der Marktbeherrschung unerfüllt bleiben können und dass wir selbst nach Generationen von (manchmal größeren) Bemühungen der kommerziellen Verwertbarkeit, die vor Jahrzehnten erstmals ins Auge gefasst wurde, nicht näher gekommen sind. Und was für die Vergangenheit gilt, wird sich – trotz gegenteiliger Behauptungen – in der Zukunft wahrscheinlich wiederholen. Dieses abschließende Kapitel stellt auf sachlicher Basis die Visionen von einem immer schnelleren Erfindungsfortschritt richtig, die gerade jetzt in Bestsellern beschrieben werden. So werden auf den folgenden Seiten die übertriebenen Behauptungen dekonstruiert, die heutzutage so viele Ankündigungen der jüngsten Fortschritte eskortieren, die in dieser vermeintlich einzigartigen Innovationsepoche erzielt wurden. Diese Vorsicht sollte für jeden gewissenhaften Studenten des modernen technischen Fortschritts selbstverständlich sein – ebenso wie die grundsätzlichen Lehren, die sich daraus ergeben.

Erstens bringt jeder große, weitreichende Fortschritt seine eigenen Probleme mit sich, wenn nicht sogar einige ungewünschte Folgen, ganz gleich, ob diese sofort erkannt oder erst später deutlich werden: Verbleites Benzin, das von Anfang an eine bekannte Gefahr darstellte, und Fluorchlorkohlenwasserstoffe, die erst Jahrzehnte nach ihrer Vermarktung als ungewollt eingestuft wurden, haben in diesem Sorgenkasten ihre Spuren hinterlassen. Zweitens ist die überstürzte Sicherung der wirtschaftlichen Vormachtstellung oder der Einsatz der dienlichsten, aber definitiv nicht der optimalen Technik womöglich nicht das langfristige Erfolgsrezept. Das hat die Geschichte des U-Boot-Reaktors, der für einen schnellen Start der gewerblichen Stromerzeugung wortwörtlich »an Land gezogen wurde«, deutlich gezeigt. Drittens können wir das endgültige Tolerieren, die Zweckmäßigkeit für die Gesellschaft und den kommerziellen Erfolg einer bestimmten Erfindung nicht in der Frühphase ihrer Entwicklung und ihrer Vermarktung beurteilen, und noch viel weniger, wenn sie sich, auch nachdem sie der Öffentlichkeit präsentiert wurde, noch weitgehend im Versuchs- oder Teststadium befindet: Die plötzlich eingestellten Flüge von Luftschiffen und Überschallflugzeugen haben dies in aller Deutlichkeit veranschaulicht. Viertens ist Skepsis immer dann angebracht, wenn das Problem so außerordentlich komplex ist, dass, selbst wenn Beharrlichkeit und ausgiebige Finanzierung kombiniert werden, diese Verknüpfung auch nach jahrzehntelangen Versuchen keine Garantie für einen Erfolg ist: Dafür kann es kein besseres Beispiel geben als die Suche nach der kontrollierten Kernfusion.

Aber sowohl die Anerkennung der Tatsachen als auch die Bereitschaft, selbst in bescheidenem Maße aus früheren Misserfolgen und schlechten Erfahrungen zu lernen, scheinen in modernen Gesellschaften immer weniger Anklang zu finden. Ich rede hier von heutigen Gesellschaften, in denen Massen von wissenschaftlich ungebildeten Menschen und Bürgern, die erstaunlicherweise nicht rechnen können, tagtäglich nicht nur Berichten über mögliche Durchbrüche ausgesetzt sind – die zumal noch in überschwänglichem Maße geteilt werden –, sondern oft auch stark übertriebenen Behauptungen über neue Erfindungen. Noch schlimmer ist, dass die Nachrichtenmedien oftmals schlicht und einfach falsche Versprechungen über baldige grundlegende oder, wie es im heutigen Sprachgebrauch heißt, »revolutionäre« Veränderungen machen, die die modernen Gesellschaften

»transformieren« werden. Eine solche Lage der Dinge als das Leben in einer Gesellschaft zu bezeichnen, in der die Fakten nicht mehr im Mittelpunkt stehen, ist leider keine große Übertreibung.

DURCHBRÜCHE, DIE KEINE SIND

Angesichts der Häufigkeit, mit der diese Fehlinformationen über bahnbrechende Erfindungen (und deren wahrscheinliche Entwicklungsgeschwindigkeit und die daraus resultierenden Auswirkungen auf die Gesellschaft) verbreitet werden, wäre eine systematische Überprüfung dieser zweifelhaften Aussagen sowohl zu lang als auch zu mühsam. Stattdessen werde ich zunächst die gesamte Skala dieser Behauptungen hervorheben – mit unmöglichen Timings und Details, die sich über die gesamte Bandbreite erstrecken, von der Besiedlung anderer Planeten bis zum Zugriff auf unsere Gedanken – und dann ihre konkreten Beispiele in drei berühmten Bereichen, in denen es von angeblichen Durchbrüchen nur so wimmelt, genauer unter die Lupe nehmen: die Arzneimittelforschung, die Luftfahrt und die künstliche Intelligenz.

Im Jahr 2017 wurde verkündet, die erste Mission zur Besiedlung des Mars finde im Jahr 2022 statt. Schon bald darauf wolle man sich redlich bemühen, auf dem Planeten ein »Terraforming« durchzuführen (durch die Schaffung einer Atmosphäre den Mars in eine bewohnbare Welt verwandeln), um seine großflächige Besiedlung durch Menschen vorzubereiten. In der Science-Fiction-Welt war das ein altes und völlig unoriginelles Märchen: Viele Erzähler haben sich des Themas angenommen, keiner fantasievoller als Ray Bradbury in seinem Buch *Die Mars-Chroniken* von 1950. Als Prognose und Beschreibung eines tatsächlichen wissenschaftlichen und technischen Fortschritts ist es ein komplettes Märchen, aber eines, über das die Massenmedien jahrelang ernsthaft und wiederholt berichtet haben, als ob es etwas wäre, das nach diesem absurden Zeitplan tatsächlich auf den Weg gebracht würde.

Auf der anderen Seite der Skala der angepriesenen Erfindungen (von der Verwandlung der Planeten bis zur Neuverbindung einzelner Neuronen) gibt es eine Möglichkeit, wie Maschinen mit dem menschlichen Gehirn verschmelzen können: Die Gehirn-Computer-Schnittstelle (*Brain-Computer-In-*

terface, BCI) war in den vergangenen zwei Jahrzehnten ein viel erforschtes Thema. Dafür müssten elektronische Minigeräte direkt in das Gehirn implantiert werden, um bestimmte Gruppen von Neuronen anzusteuern (ein nichtinvasiver Sensor am oder in der Nähe des Kopfes könnte niemals so leistungsfähig oder präzise sein) – ein Unterfangen mit vielen ethischen und physischen Gefahren und Schattenseiten. Wenn man die schwärmerischen Berichte in den Medien über die Fortschritte im Bereich BCI liest, würde man dies jedoch nicht vermuten.

Dies ist nicht mein Eindruck, sondern das Ergebnis einer Untersuchung von fast 4000 Nachrichten über BCI, die zwischen 2010 und 2017 veröffentlicht wurden. Das Urteil ist eindeutig: Die Medienberichterstattung war nicht nur überwältigend positiv, sondern auch erheblich von unrealistischen Mutmaßungen geprägt, die dazu neigten, das Potenzial der BCI stark zu übertreiben (»der Stoff, aus dem die biblischen Wunder sind«, »die Einsatzmöglichkeiten sind endlos«). Darüber hinaus wurden in 25 Prozent aller Nachrichten extreme und höchst unwahrscheinliche Behauptungen aufgestellt (von »an einem Strand an der Ostküste Brasiliens liegen und einen Roboter auf der Marsoberfläche steuern« bis hin zu »in wenigen Jahrzehnten Unsterblichkeit erlangen«), ohne auf die damit verbundenen Risiken und ethischen Probleme einzugehen.

Um wie viel leichter ist es dann, angesichts solcher Behauptungen und Versprechungen, die einen Planeten lebensfähig für den Menschen machen und das menschliche Gehirn mit einem Computer verbinden wollen, den eher bodenständigen Errungenschaften zu glauben, die in den vergangenen Jahren von den Medien großspurig verbreitet wurden. In den 2010er-Jahren wurden immer wieder Prognosen über komplett selbstfahrende Straßenfahrzeuge abgegeben: Bis 2020 sollten sie überall unterwegs sein und es dem Fahrer ermöglichen, während der Fahrt im eigenen Fahrzeug zu lesen oder zu schlafen. Alle Verbrennungsmotoren, die derzeit auf den Straßen unterwegs sind, sollten bis 2025 durch Elektrofahrzeuge ersetzt werden: Dies war eine faktische Vorhersage, die 2017 erneut weithin als fast vollendete Tatsache gemeldet wurde. Aber Tatsache ist: Im Jahr 2022 gab es keine völlig selbstfahrenden Autos; weniger als 2 Prozent der weltweit 1,4 Milliarden Kraftfahrzeuge fuhren zwar elektrisch, aber nicht »grün«, da der für ihren Betrieb benötigte Strom größtenteils aus der Verbrennung fossiler Brennstoffe stammte: Im Jahr 2022 kamen etwa 60 Prozent des gesamten Stroms aus der Verbrennung von Kohle und Erdgas.

Künstliche Intelligenz (KI) sollte inzwischen alle medizinischen Diagnosen übernommen haben: Schließlich haben Computer nicht nur den weltbesten Schachspieler, sondern sogar den besten Go-Meister geschlagen. Wie viel schwieriger wäre es also für ein Computerprogramm wie Watson von IBM, alle Radiologen aus dem Weg zu räumen? Wir kennen die Antwort: Im Januar 2022 gab IBM bekannt, dass es Watson verkauft und sich aus dem Gesundheitswesen zurückzieht. Offenbar sind Ärzte immer noch wichtig! Und die Probleme mit der elektronischen Medizin betreffen selbst die einfachste Aufgabe, nämlich die Einführung elektronischer Patientenakten (ePA) anstelle von handschriftlich geführten Krankenblättern. Laut einer Umfrage von Forschern der Stanford Medicine aus dem Jahr 2018 gaben 74 Prozent der befragten Ärzte an, dass die Verwendung eines ePA-Systems ihre Arbeitsbelastung erhöht, und, was noch wichtiger ist, 69 Prozent sagten, ein ePA-System raube ihnen Zeit für die Behandlung von Patienten. Darüber hinaus geben ePAs private Informationen gegenüber Hackern preis (die wiederholten Angriffe auf Krankenhäuser belegen, wie einfach es ist, Zahlungen zu erpressen, um diese äußerst wichtigen Datendienste wieder in Betrieb nehmen zu können); schlecht gestaltete Schnittstellen führen zu endloser Frustration; und warum sollte jeder Arzt und jede Krankenschwester eine hervorragende Schreibkraft sein? Und vor allem: Was ist an dem neuen Versorgungsmodell so bewundernswert, bei dem der Arzt auf einen Bildschirm schaut und nicht auf einen Patienten, der ihm seine Probleme schildert?

Diese Liste ließe sich noch weiter fortsetzen, angefangen bei den kindischen Versprechungen, ein alternatives Leben (als lebensechte Avatare) in einem realistischen virtuellen 3D-Raum zu führen: Das prominenteste Zeugnis dieses Trugbildes ist natürlich Facebooks Verwandlung im Jahr 2021, indem es sich in Meta umbenannt hat und glaubt, die Menschen zögen es vor, in einem elektronischen Metaverse zu leben (ich kann keine passenden Adjektive finden, um diese Argumentationsweise zu beschreiben, falls dieses Wort das richtige Substantiv ist, um so etwas zu bezeichnen). Ein weiterer Kandidat ist die Macht der Gentechnik, die durch CRISPR ermöglicht wird, einer neuen, effektiven Methode zur Aufbereitung von Genen durch Veränderung von DNA-Sequenzen und Modifizierung von Genfunktionen. In der Berichterstattung über diese Sensation ist der Weg von diesen Fähigkeiten zu genetisch neu gestalteten Welten nicht mehr weit: Hat nicht ein chinesischer Genetiker bereits damit begonnen, Babys zu entwickeln, nur um dann von Bürokraten mit eher geringfügigem Innovationspotenzial gestoppt zu werden? Und nur ein weiteres aktuelles Beispiel: Franklin Templetons Werbung aus dem Jahr 2022, in der die Frage gestellt wurde: »Was wäre, wenn der Anbau Ihrer eigenen Kleidung so einfach wäre wie das Drucken Ihres eigenen Autos?« Offenbar wird die letztere (nie erreichte) Möglichkeit jetzt als Musterbeispiel für Einfachheit angesehen. Was für eine perfekte Lösung – wenn im Jahr 2022 sogar die großen Autohersteller Probleme haben, genügend Materialien und Mikroprozessoren für ihre Produktionslinien zu bekommen: Drucken Sie einfach alles zu Hause!

Anstatt diese Liste zu verlängern, werde ich mich in einigen Absätzen mit jedem der drei jüngsten, aber sehr unterschiedlichen Erfindungsbereiche beschäftigen: Arzneimittelforschung, Langstreckenflug und KI. Die medizinische Forschung (und die damit einhergehende Entdeckung von Medikamenten) hat sich zu einem Dauerlieferanten solcher bahnbrechenden Nachrichten entwickelt. Als Resultat der wettbewerbsorientierten modernen wissenschaftlichen Forschung, die zu großen Teilen von Zuschüssen unterstützt wird, nehmen zweifelhafte Behauptungen bereits mit der allerersten Bekanntgabe von (häufig vorläufigen) Ergebnissen, die heute über Pressemitteilungen von Universitäten oder Institutionen erfolgen, ihren Anfang. Eine 2014 im *British Medical Journal* publizierte Studie von fast 500 biomedizinischen und gesundheitswissenschaftlichen Pressemitteilungen ergab, dass 40 Prozent dieser Ankündigungen übertriebene Ratschläge enthielten, ein Drittel von ihnen enthielt aufgebauschte Behauptungen mit Blick auf Kausalzusammenhänge, und fast 60 Prozent der nachfolgenden Nachrichten, die auf solchen Mitteilungen beruhten, enthielten ebenfalls solche Übertreibungen. Noch verwunderlicher ist, dass heutzutage sogar völlig unbegründete Behauptungen als Tatsachen verkauft werden und, so unglaublich es sich anhört, von den Behörden, deren Aufgabe es ist, eine solche Entwicklung zu verhindern, genehmigt werden.

Es gibt kein besseres Beispiel dafür als die Geschichte des Alzheimer-Medikaments Aduhelm (Aducanumab) von Biogen. Im November 2020 wurden elf Mitglieder des Beratenden Ausschusses für Arzneimittel des Peripheren und Zentralen Nervensystems der US-amerikanischen Lebens- und Arzneimittelbehörde (FDA) gefragt, ob es angemessen sei, die vom Hersteller vorgelegte Studie als Primärbeweis für die Wirksamkeit des Medikaments zur Behandlung von Alzheimer anzusehen. Niemand stimmte mit Ja, zehn Mitglieder sagten Nein und eines war sich unsicher – und doch genehmigte die Behörde sieben Monate später die Behandlung für 56 000 Dollar pro Jahr. Viele Faktoren führten das Gremium dazu, die Zustimmung zu verweigern, darunter die Tatsache, dass dieser Behandlungsansatz auf einer bewährten, aber fragwürdigen Amyloid-Kaskaden-Hypothese (Anhäufung und Ablagerung des Beta-Amyloid-Peptids im frontalen Kortex und im Hippocampus des Gehirns) beruht. Die These wurde 1984 formuliert, aber alle jüngsten klinischen Versuche mit Anti-Amyloid-Therapien sind fast vollständig gescheitert.

Die amerikanische Arzneimittelforschung hat in letzter Zeit zwar einen Zahn zugelegt, aber was die Bewilligungsquote betrifft, so gab es dort keinen rasch ansteigenden Trend. Zwischen 1950 und 1980 schwankte die jährliche Zulassungsrate der FDA meist zwischen 15 und 20 neuen Molekülen. In den Achtzigern stieg sie auf über 20, erreichte 1996 einen Rekordwert von 53 und fiel dann im Jahr 2002 auf 17, bevor sie anschließend (wiederum mit Schwankungen) auf einen neuen Rekordwert von 59 im Jahr 2018 anstieg. Der Anstieg nach 2006 war erfreulich, vor allem weil die Bewilligungen eine Rekordzahl von BLAs (Anträge auf Zulassung eines Biologikums) enthielten. Im Gegensatz zu den immer noch vorherrschenden NMEs (neue Wirkstoffe, die von Chemikern synthetisiert werden), handelt es sich bei den BLAs meist um Proteine, die aus Zellkulturen von Mikroorganismen (Bakterien, Hefe) oder pflanzlichen oder tierischen Zellen gezüchtet und gereinigt werden und die sich bei der Behandlung von Krankheiten wie rheumatoider Arthritis, Plaque-Psoriasis und einigen Krebsarten als wirksam erwiesen haben.

Das erste rekombinante DNA-Arzneimittel, Humulin, zur Behandlung von Diabetes wurde 1982 zugelassen, und bis 2020 waren mehr als 170 BLAs verfügbar, die drei Kategorien angehören. Monoklonale Antikörper sind Moleküle, die entwickelt wurden, um den Angriff des Immunsystems auf fremde Zellen wieder in Gang zu setzen, zu verstärken oder zu imitieren. Das erste dieser Mittel wurde zur Behandlung der akuten Transplantatabstoßung zugelassen, aber Krebs- und entzündungshemmende Therapien sind jetzt am häufigsten; 2020 hat die FDA zwei Präparate für die Behandlung von COVID-19 zugelassen. Die beiden anderen Klassen von BLAs ersetzen oder modulieren Enzyme (bei Patienten, denen es an Enzymen mangelt, die Fettsäuren oder komplexe Zucker abbauen) oder Funktionen von Zelloberflächenrezeptoren (zur Behandlung von fortgeschrittenen Krebserkrankungen). Bis 2013 schwankte die absolute Zahl der jährlich zugelassenen BLAs knapp zwischen zwei und sechs. Seitdem liegt sie bei knapp über zehn, eine willkommene Zunahme, aber kein Anzeichen für einen nachhaltigen und beschleunigten Anstieg.

Die medizinische Forschung ist nur eine von vielen forschungsintensiven Unternehmungen, die oft in Pressemitteilungen als zu gut dargestellt werden, um wahr zu sein. Übertriebene Behauptungen über baldige praktische Errungenschaften und nicht allzu weit entfernte kommerzielle Einsätze sind inzwischen zur Norm geworden, wenn es darum geht, der Öffentlichkeit wissenschaftliche Fortschritte zu vermitteln. Die Luftfahrt, deren Entwicklung ich seit Jahrzehnten aufmerksam verfolge, liefert ein besonders deutliches Beispiel für diesen Trend. Im Jahr 2017 finanzierten Boeing und JetBlue Zunum Aero und versprachen nicht weniger als die »Umgestaltung des US-Luftverkehrs« bis 2022 mit massenweise kleinen (neun bis zwölf Personen) elektrischen Kurzstreckenflugzeugen, die von regionalen Flughäfen aus starten. 2019 gab es Zunum Aero nicht mehr, aber der CEO von Eviation stellte Alice, ein neunsitziges, vollelektrisches Pendlerflugzeug mit einer eigentümlichen Konstruktion, bestehend aus zwei Schubmotoren an den Flügelspitzen, auf der Paris Air Show im Juni 2019 vor und behauptete, es sei »kein zukünftiges Vielleicht (...), sondern einsatzbereit«.

Das war es nicht. Im Jahr 2020 wurden keine Testflüge durchgeführt, und 2021 wurden die Motoren von den Flügelspitzen auf die Rückseite des Rumpfes verlegt. Der Erstflug wurde für Ende 2021 angekündigt, die kommerziellen Lieferungen sollten 2024 erfolgen. Und noch eine weitere Mitteilung aus der Luftfahrt: Am 8. November 2021 gab der Vizepräsident von Embraer bekannt, das Unternehmen (das offensichtlich nicht als Nachzügler bei der Suche nach einem kohlenstofffreien Flugzeug gesehen werden wollte) arbeite an vier Entwürfen für Flugzeuge mit 9 bis 50 Sitzen.

Dies wurde jedoch als »Embraer startet eine Flotte von vier neuen nachhaltigen Flugzeugdesigns« gemeldet. Doch alles, was das Unternehmen bisher getan hat, besteht darin, Bilder von vier Propellerflugzeugen mit Hybrid-Elektroantrieb zu veröffentlichen, begleitet von vagen Beschreibungen elektrischer und wasserstoffelektrischer Antriebe, die irgendwann in den 2030er-Jahren in Produktion gehen sollen – kaum etwas, das beweist, es handele sich hier um »eine Macht, mit der man im Race to Net-Zero rechnen muss«, wobei mit »Race to Net-Zero« das Rennen um die Reduzierung von CO_2-Emissionen auf null gemeint ist. Während Embraer lediglich versucht, einem Trend zu folgen, indem es ein paar konzeptionelle Entwürfe vorlegt, wird in der Presse von der »Einführung einer Flotte« gesprochen.

Doch laut zwei kalifornischen Unternehmen, ZeroAvia und Universal Hydrogen, werden all diese elektrobasierten Fluggeräte kaum eine Chance haben, sich zu beweisen. ZeroAvia kündigt an, bis 2023 einen außergewöhnlichen Wasserstoffantrieb für ein Flugzeug mit 20 Sitzen in Dienst zu stellen. Universal Hydrogen verspricht bis September 2022 nicht nur ein vierzigsitziges Flugzeug, das von grünen Wasserstoff-Brennstoffzellen angetrieben wird (wobei der Treibstoff in »firmeneigenen, leichtgewichtigen Modulkapseln« geliefert wird), sondern stellt sogar Flugzeuge für transkontinentale und transatlantische Reichweiten vor. Letztere würden genauso viele Passagiere fassen wie der Airbus 321, wären aber etwa neun Meter länger, um die Wasserstoff-Kapseln unterzubringen, die im hinteren Teil des Rumpfes etwa ein Drittel des Platzes einnehmen würden. So einfach ist das: eine »bescheidene Rumpfverlängerung«, ein paar »leichte« Wasserstoff-Kapseln einbauen und von JFK (New York) nach CDG (Paris) fliegen: Warum hatte niemand bei Airbus oder Boeing vor Jahrzehnten eine so brillante Idee? Die Antwort ist nur allzu offensichtlich.

Aber vielleicht ist keine Kategorie moderner Erfindungen und technischer Fortschritte so schlecht und wenig hilfreich behandelt worden wie die künstliche Intelligenz (KI). Es gibt keine bessere Zusammenfassung der Herausforderungen und des Scheiterns der KI als die Sonderausgabe von *IEEE Spectrum* über KI, die im Oktober 2021 veröffentlicht wurde (die wichtigsten Beiträge sind online verfügbar). Zunächst einmal sei darauf hingewiesen, dass die Möglichkeiten und Zielsetzungen der Technik selbst von Menschen, die an ihrer Entwicklung beteiligt sind, oft missverstanden werden. Das ist nicht meine Meinung als Unwissender, sondern zu diesem Schluss kam Michael Jordan, dem weltweit führenden KI-Forscher an der University of California, Berkeley. Er hat wichtige Beiträge zu dem beigesteuert, was Maschinen leisten können – sie arbeiten mit menschlicher Kompetenz bei einer Mustererkennung auf niedrigem Niveau –, sind aber längst nicht so weit fortgeschritten, dass sie unsere Gehirne beim logischen Denken, beim komplexen Verständnis der realen Welt und bei sozialen Interaktionen ersetzen könnten.

Was wir tun, und das oftmals recht effektiv, ist, einige recht elementare Analysetechniken einzusetzen, um Muster und Wege aufzudecken, die von unseren Sinnen nicht so leicht zu erkennen sind, die aber von Computern in einem Umfang und einer Geschwindigkeit erfasst, erinnert, abgerufen und verarbeitet werden können, die für Menschen unerreichbar sind. Auf diese Weise hat IBMs Deep Blue Garri Kasparow im Schach besiegt; auf diese Weise kann ein Programm, das auf Hunderttausende von Röntgenbildern trainiert wurde, eine krebsartige Läsion im Brustgewebe erkennen. Leider, so betont Jordan, »unterliegen die Menschen in Diskussionen über Technologietrends über die Bedeutung von KI einem Irrtum – nämlich dass es eine Art intelligentes Denken in Computern gäbe, das für den Fortschritt verantwortlich sei und das mit dem Menschen konkurriere. Das haben wir nicht, aber die Leute reden so, als ob wir es hätten.«

Neuronale Netze, die aus einer sehr großen Zahl dicht miteinander verbundener Netzwerknoten (Nodes) bestehen (ähnlich dem menschlichen Gehirn), werden beim maschinellen Lernen eingesetzt, einem Prozess, bei dem ein Computer eine Aufgabe durch die Analyse von Trainingsbeispielen erlernt. Aber der Fortschritt ist kompliziert und wird von zahlreichen und manchmal tödlichen Fehlern heimgesucht. Neuronale Netze sind nicht nur schwankend hinsichtlich ihrer Kompetenz (sie sind gut bei bestimmten Aufgaben, haben aber ein großes Defizit an allgemeiner Intelligenz und sind daher in ihrem »Urteilsvermögen« etwas über- oder unterfordert), sondern auch voreingenommen (die Realität kann weitaus komplexer sein als die Trainingsalgorithmen), anfällig für das Vergessen in riesigem Ausmaß, schlecht bei der Quantifizierung von Ungewissheiten, ohne gesunden Menschenverstand und, was vielleicht am meisten überrascht, nicht so gut bei der Lösung von mathematischen Problemen, auch bei solchen, die von Highschool-Schülern üblicherweise gemeistert werden.

Darüber hinaus ist das Training von KI-Systemen, die ein sehr hohes Maß an Genauigkeit erreichen sollen, sei es bei der Bilderkennung oder der Objektmanipulation, sehr energieaufwendig, insbesondere wenn man sehr niedrige Fehlerquoten anstrebt. Und hier nur drei weitere Einschätzungen von Ingenieuren und Wissenschaftlern, die die Entwicklung der KI vorangetrieben haben und die Errungenschaften und Herausforderungen realistisch sehen. Yoshua Bengio vom Mila-Quebec AI Institute: »Ich glaube nicht, dass wir heute auch nur annähernd das Intelligenzniveau eines zweijährigen Kindes erreicht haben.« Yann Lecun von der New York University: »Was uns fehlt, ist ein Prinzip, das es unserer Maschine ermöglichen würde, durch Beobachtung und Interaktion mit der Welt zu lernen, wie diese funktioniert.« Andrew Ng von Landing AI: »Die gesamte KI ... zeichnet sich durch eine Lücke zwischen Idee und Produktion aus.«

Die Schlussfolgerung liegt auf der Hand: Unser Streben nach KI ist ein enorm komplexer, vielschichtiger Prozess, dessen Fortschritte über Jahrzehnte und Generationen hinweg gemessen werden müssen und dessen beeindruckende Erfolge bei einigen relativ einfachen Aufgaben mit dem viel größeren Intelligenzspektrum nebeneinander bestehen, das weit jenseits der Möglichkeiten von programmierten Maschinen liegt. Wie dem auch sei, in *The Age of AI* sagt uns das Trio Henry Kissinger, Eric Schmidt und Daniel Huttenlocher, dass »das Ergebnis eine neue Epoche sein wird«, die uns in die Nähe eines unkontrollierbaren Armageddon bringt, da autonome Waffen Konflikte sowohl schwieriger vorhersagbar machen (als ob wir in dieser Hinsicht bisher viel Erfolg gehabt hätten!) als auch einschränken werden. Diesem Gedankengang zufolge wird das Leben mit KI eine Feuerprobe sein, während die andere Denkrichtung KI als »immens hilfreich« ansieht, da sie unsere Fähigkeiten erweitert und optimiert und ein Zeitalter des Überflusses und der beispiellosen Wohltaten einläutet, die sich aus erlernten neuronalen Netzwerken ergeben. Komplexe Probleme, die sich einer Lösung widersetzen, und Ergebnisse, denen die Aura des Ungewissen anhaftet, finden keinen Anklang im modernen Diskurs, der zwischen auseinanderfallenden Kulturen und einer immer verlockenderen Zukunft schwankt.

An dieser Stelle sollte ich die Frage des Fortschritts und des Tempos, in dem Innovationen hervorgebracht werden, direkter angehen und mein Fazit, dass es kein breit angelegtes, schnelles exponentielles Wachstum von Erfindungen gibt, mit leicht nachprüfbaren Fakten untermauern. Glücklicherweise ist dies keine besonders schwierige Aufgabe. Uns stehen reichlich Daten zur Verfügung, um die Fortschritte bei den Rechnerkapazitäten und -geschwindigkeiten nach 1960 mit den Zuwächsen in allen anderen Schlüsselbereichen der modernen Wirtschaft zu vergleichen, und das Urteil ist eindeutig. Das schnelle exponentielle Wachstum war hinsichtlich der Fortschritte, die in der Festkörperelektronik und ihren Anwendungen in Geräten und Designs erzielt wurden, die von PCs und Handys bis hin zu Kommunikations- und Erdbeobachtungssatelliten sowie Daten- und Bildverarbeitung reichen, in der Tat bewundernswert. In fast allen anderen Bereichen der modernen Wirtschaft, von der Nahrungsmittelproduktion bis zum Fernverkehr, gab es jedoch keine Anzeichen für immer schnellere Innovationen.

DER MYTHOS DER IMMER SCHNELLEREN INNOVATIONEN

Das Innovationstempo und Wachstumsraten allgemein werden häufig missverstanden. Das liegt daran, weil viele eine falsche Vorstellung davon haben, was es bedeutet, dass eine bestimmte Variable exponentiell wächst. Exponentielles Wachstum bedeutet nicht, dass jede Größe, deren Zunahme damit beschrieben wird, schnell wächst. Bei einer linear sich steigernden Variable nimmt diese im gleichen Zeitraum immer um denselben Betrag zu. Eine exponentiell wachsende Variable hingegen bedeutet Veränderungsprozesse, in denen sich eine bestimmte Größe in gleichen zeitlichen Abständen stets um denselben Faktor verändert, und wenn dieser Faktor sehr niedrig ist, dauert es sehr lange, bis ein wesentlicher Unterschied zu erkennen ist. Hier ist ein Beispiel aus der Praxis, das den Unterschied im Lauf der Zeit verdeutlicht.

In den ersten beiden Jahrzehnten des 21. Jahrhunderts verzeichnete die Bevölkerung Afrikas ein relativ schnelles exponentielles Wachstum von durchschnittlich etwa 2,5 Prozent pro Jahr. Das bedeutet, dass die Bevölkerung bis 2020 von etwa 811 Millionen auf 1,34 Milliarden angewachsen ist, was einem Zuwachs von 65 Prozent entspricht. Die meisten unterernährten Kinder der Welt leben in Afrika, und Milch ist ein sehr guter Eiweißlieferant, um das Wachstum bei Kindern zu fördern. Dennoch stieg der durchschnittliche Milchertrag pro Kuh in Afrika in den ersten beiden Jahrzehnten des 21. Jahrhunderts nur um 0,8 Prozent pro Jahr. Die Erträge von Getreide, das als Grundnahrungsmittel dient, stiegen zwar schneller, aber ihr durchschnittlicher Anstieg von 1,3 Prozent war nur halb so hoch wie das Bevölkerungswachstum des Kontinents. Vergessen Sie auch die Fortschritte mit Blick auf Entsprechungen zum Bevölkerungswachstum: Seit einer Generation fällt der am schnellsten wachsende und ärmste Kontinent der Welt immer weiter zurück! Behalten Sie das im Hinterkopf, wenn ich das schnelle exponentielle Wachstum, das nur wenige Phänomene der realen Welt betrifft, mit den viel häufiger vorkommenden bescheidenen und niedrigen Raten des exponentiellen Wachstums vergleiche, die die meisten Maßnahmen und Errungenschaften des Menschen bestimmen.

Nichts hat das moderne Denken über das Tempo von Erfindungen und das Ausmaß von Innovationen so beeinflusst und verzerrt wie die rasanten exponentiellen Fortschritte der Festkörperelektronik. Zunächst gab es Transistoren (in den späten 1940er-Jahren), dann integrierte Schaltkreise (ab den frühen 1960er-Jahren) und Mikroprozessoren (ein Jahrzehnt später), gefolgt von einer ähnlich rasanten Zunahme ihres massenhaften Einsatzes in der industriellen Produktion, im Transportwesen, im Dienstleistungssektor, im Haushalt und in der Kommunikation. Die zunehmende Überzeugung, dass wir das Zeitalter des allmählichen Wachstums hinter uns gelassen haben, begann damit, dass wir immer mehr Komponenten auf einen Silizium-Wafer pressen konnten, ein Verfahren, dessen Regelmäßigkeit von Gordon Moore mit dem gleichnamigen Gesetz erfasst wurde. Ursprünglich sah es eine Verdoppelung alle 18 Monate vor, später jedoch wurde es auf etwa zwei Jahre korrigiert. Infolgedessen hatten wir im Jahr 2020 Mikrochips mit sieben Größenordnungen (das Siebenfache der Zehnerpotenz, >10 000 000) mehr Komponenten als der erste Mikroprozessor (Intel 4004), der 1971 auf den Markt kam.

Diese Fortschritte bildeten das Fundament für den rasanten Aufstieg von Unternehmen, die auf elektronischer Datenverarbeitung basieren, seien es Zahlungssysteme (PayPal), E-Commerce-Unternehmen (Alibaba, Amazon) oder soziale Medien (Facebook, jetzt Meta, Instagram, Twitter). Und sie haben es möglich gemacht, innerhalb eines Lebens von den Schwarz-Weiß-Fernsehern der 1950er-Jahre mit einer Diagonale von 30 Zentimetern (eingebettet in sperrige Geräte) zu an der Wand montierten Flachbildschirmen mit einer Diagonale von mehr als 200 Zentimetern überzugehen, die Millionen von Farben darstellen können: Wenn man von einer 30-Zentimeter-Diagonale zu einer 200-Zentimeter-Diagonale übergeht, erhält der Zuschauer eine etwa 44-mal größere Bildschirmfläche. Und der Übergang von klobigen Festnetztelefonen (mit hohen Gebühren für Ferngespräche) zu leichten, handtellergroßen Mobiltelefonen (deren Prozessorleistung weit über Gespräche und Standbilder hinausgeht, bis hin zum gelegentlichen Anschauen von Filmen in der U-Bahn) ist ein Sprung, dessen enormer qualitativer Unterschied nicht einmal einen sinnvollen Qualitätsvergleich ergibt.

Und um nur ein klassisches Beispiel für den Aufschwung der Elektronik zu nennen: Im August 1969, zwei Jahre vor dem Erscheinen des ersten Mikrochips, verfügte der Computer von Apollo 11, der die Kapsel zur Landung auf dem Mond steuerte, über gerade einmal 62 Byte Arbeitsspeicher (RAM) pro Kilogramm seiner (mit 32 Kilogramm eindeutig nicht tragbaren) Masse. Im Jahr 2022 verfügte ein gewöhnlicher Dell-Laptop, der zum Schreiben dieses Buches verwendet wurde, über etwa 3,5 Gigabyte RAM pro Kilogramm seiner tragbaren Masse (etwa 2,2 Kilogramm), was einem 1,75-milliardenfachen Leistungszuwachs entspricht. Es überrascht nicht, dass solche überwältigenden Zuwächse – die so groß sind, dass die meisten Leser sie nicht bemerkt hätten, wenn ich statt Milliarden Millionen oder Billionen geschrieben hätte –, die in so relativ kurzen Zeiträumen stattfinden, tiefe Eindrücke hinterlassen. Wir nehmen sie viel stärker wahr und halten sie für ungleich wichtiger als die unveränderten oder sich nur geringfügig verändernden Grundlagen unseres Lebens.

Darüber hinaus werden diese schnellen exponentiellen Zuwächse als Vorboten oder Grundlagen für ähnlich imposante Zunahmen in anderen Bereichen des wirklichen Lebens angesehen. Uns wird gesagt, ein schnelles exponentielles Wachstum, befeuert durch die Digitalisierung und Fortschritte in der künstlichen Intelligenz, herrsche bereits in Bereichen wie Solarzellen, Batterien, Elektroautos und sogar der urbanen Landwirtschaft vor. Und so gibt es neben den ständigen Medienberichten über verblüffende Erfindungen nun auch Bücher über exponentielle Technologien und exponentielle Unternehmen, über allgemeine Strategien für exponentielles Wachstum, über die sieben Grundvoraussetzungen für exponentielles Wachstum (und die acht Säulen, die für exponentielles Unternehmenswachstum benötigt werden) und, am mitreißendsten, über *The Exponential Era: Strategies to Stay Ahead of the Curve in an Era of Chaotic Changes and Disruptive Forces* und über *The Exponential Age: How Accelerating Technology is Transforming Business, Politics and Society*.

An dieser Stelle könnten wir der allseits bekannten Aufforderung folgen, die mit beruhigender Stimme vom Flugdeck kommt: Lehnen Sie sich zurück und entspannen Sie sich. Alles regelt sich von selbst, sicher angetrieben durch das rasante exponentielle Wachstum, das sich beschleunigt, zum Erliegen kommt, verändert und erhöht, während es eine neue Ära einläutet, in der es keine Krankheit und kein Elend, aber materiellen Reichtum im Überfluss gibt. Um keinen Zweifel daran zu lassen, was diese Verheißungen mit sich bringen, möchte ich vier Personen zitieren, die für ein immer schnelleres Wachstum eintreten. Ein Wachstum, das zu einem immer erstaunlicheren Verständnis, zu unendlichen Möglichkeiten und zu einem Überfluss an kommenden (fast kostenlosen) weltlichen Reichtümern führt: Joel Mokyr, Yuval Noah Harari, Azeem Azhar und Ray Kurzweil.

Joel Mokyr, ein amerikanischer Wirtschaftshistoriker, ist die Stimme, die sich in diesem nicht kleinzukriegenden Quartett am meisten zurückhält. Er wendet sich gegen diejenigen, die »das Ende der Erfindungen« sehen – ein Glaube, der seiner Meinung nach »in unserem Zeitalter sehr lebendig ist« –, aber dieser Glaube wird von keinem ernsthaften Studenten der Geschichte oder der Wissenschaft geteilt: Nicht das Ende der Erfindungen, sondern ihr aktuelles und zukünftiges Tempo ist umstritten, und in dieser Hinsicht gehört Mokyr, wie bereits im Eingangskapitel erwähnt, fest zu den Vertretern des »Immer schneller«. So prognostiziert er neue Antibiotika, die nicht zu Resistenzen bei den gängigen Krankheitserregern führen; Pflanzen, die so »trainiert« werden, dass sie mit symbiotischen Bakterien zusammenleben, um reichlich gebundenen Stickstoff zu produzieren, und die Beseitigung von Fettleibigkeit durch die Manipulation der »Stoffwechselfaktoren, die bestimmen, wer an Gewicht zunimmt«. Kühn, aber immer noch recht zurückhaltend, sieht er erfinderische Lösungen eher für einige anhaltende Probleme als für eine allgemeine Rettung voraus.

Im Gegensatz dazu beschreibt Yuval Noah Harari in seinem Buch *Homo Deus: Eine kurze Geschichte von morgen* eine Zukunft grenzenloser Erfindungen, in der dank der Beherrschung des Dataismus alles bekannt und erklärt sein wird: »Der Dataismus erklärt, dass das Universum aus Datenströmen besteht und der Wert eines jeden Phänomens oder einer Entität durch seinen Beitrag zur Datenverarbeitung bestimmt wird«, und daher »können wir die gesamte menschliche Spezies als ein einziges Datenverarbeitungssystem interpretieren, in dem der einzelne Mensch als Chip dient.« Und wenn dem so ist, dann wird der Dataismus »den Heiligen Gral der Wissenschaft liefern, der uns jahrhundertelang entgangen ist: eine einzige übergreifende Theorie, die alle wissenschaftlichen Disziplinen von der Musikwissenschaft über die Wirtschaftswissenschaften bis zur Biologie vereint«. Ich könnte keine bessere Erwiderung auf dieses dataistische Gulasch finden als David Berlinskis nahezu perfektes Urteil: »Der Dataismus dient vor allem dazu, Hararis große Leichtgläubigkeit auszudrücken ... Der Dataismus ist nicht der Heilige Gral ... er ist nicht dazu da, etwas zu vereinheitlichen ... Die Menschen sind nicht im Begriff, wie Götter zu werden. Harari ist falsch informiert worden.« In der Tat, und zwar gewaltig!

Azeem Azhar – ein Unternehmer, Investor, Gründer des Newsletters *Exponential View* und Autor von *Exponential: Wie wir mit der Geschwindigkeit technologischer Revolutionen Schritt halten können* – ist sogar noch mehr vom Aufstieg der Maschinen begeistert. Denn er sieht, dass neue Technologien »in einem immer schnelleren Tempo erfunden und normiert werden, während ihre Preise gleichzeitig rapide fallen«. Zu dieser Gruppe zählt er nicht nur Computer, KI und Biotechnologie, sondern auch erneuerbare Energien und die Energiespeicherung. Das Ergebnis ist, dass eine Welt kontinuierlichen Fortschritts vor der Tür steht: »Wir treten in ein Zeitalter des Überflusses ein. Die erste Phase in der Geschichte der Menschheit, in der Energie, Nahrung, Computer und vieles andere ganz einfach billig zu produzieren sein wird.« Das erinnert mich an das, was ich als Grundschüler im Reich des Bösen gehört habe. Zu jener Zeit versprachen unsere Machthaber eine ähnliche Art von irdischem Nirwana, sobald sie mit dem Aufbau des Kommunismus fertig wären.

Mit wahren Gläubigen – seien sie nun religiöser oder ideologischer Überzeugung oder Technik-Optimisten, die meinen, ein kontinuierlicher Fortschritt werde für ein Füllhorn an materiellen Gütern sorgen – kann man nicht vernünftig reden. Es gibt jedoch eine Sache, die ich zur Verteidigung von Harari und Azhar anführen kann. Im Gegensatz zu Ray Kurzweil, dem eifrigsten Verfechter eines exponentiell beschleunigten Innovationsoutputs, haben sie kein festes Datum für die Ankunft dieses allwissenden, alles erklärenden und Überfluss liefernden (im Wesentlichen kostenlosen!) irdischen Zustands genannt, und auch über das tatsächliche Innovationstempo haben sie keine konkreten Aussagen gemacht. Kurzweil, ein amerikanischer Erfinder und Futurist, der heute bei Google der Leiter der technischen Entwicklung ist, hat an beidem keine Zweifel. Ihm zufolge ist 2045 das Jahr, in dem die Intelligenz der Maschinen die menschliche Intelligenz übertroffen haben wird, in dem diese beiden Entitäten miteinander verschmelzen und wir unsterblich werden. Damit wird die Kolonisierung des Universums zu einer recht einfachen Aufgabe, da – als unvermeidliche Folge des immer schnelleren exponentiellen Wachstums, das in der sogenannten Singularität endet – das Wissen, das sich in alle Richtungen ausbreitet, das Universum mit Lichtgeschwindigkeit ausfüllen wird.

Aber das wird nicht der Fall sein. Das rasante exponentielle Wachstum, das für viele mikroprozessorgestützte Aktivitäten und Unternehmen, die der Öffentlichkeit solche Dienste anbieten, charakteristisch ist, ist bereits in eine maßvollere Expansionsphase eingetreten. Das Drucken mit immer kürzeren Lichtwellenlängen ermöglichte es, eine größere Zahl dünnerer Transistoren auf einem Mikrochip unterzubringen: Das Verfahren begann mit Transistoren von 80 Mikrometern Breite; 7-nanometerbasierte Chips sind heute üblich (ihre Breite beträgt nur den 0,0000875ten Teil des ersten Designs), und 2021 kündigte IBM den weltweit ersten 2-Nanometer-Chip an, der bereits 2024 produziert werden soll. Da die Größe eines Siliziumatoms etwa 0,2 Nanometer beträgt, wäre eine 2-Nanometer-Verbindung nur zehn Atome breit, und die physikalische Grenze dieses 50 Jahre alten Verkleinerungsprozesses ist offensichtlich in Sicht.

Zwischen 1993 (Pentium) und 2013 (AMD 608) stieg die Zahl der Transistoren in Einzelprozessoren von 3,1 Millionen auf 105,9 Millionen. Die endgültige Gesamtzahl ist sogar etwas höher, als das Moore'sche Gesetz vorschreibt (bei einer Verdoppelung alle zwei Jahre wären es 99,2 Millionen). Aber der Fortschritt hat sich verlangsamt. Im Jahr 2008 hatte der

Xeon-Prozessor 1,9 Milliarden Transistoren und ein Jahrzehnt später besaß der GC2 23,6 Milliarden, während eine Verdoppelung alle zwei Jahre die Gesamtzahl auf etwa 60 Milliarden hätte bringen sollen. Infolgedessen hat sich das Wachstum der besten Prozessorleistung von 52 Prozent pro Jahr zwischen 1986 und 2003 auf 23 Prozent pro Jahr zwischen 2003 und 2011 und schließlich auf weniger als 4 Prozent zwischen 2015 und 2018 verlangsamt. Wie in allen Fällen von Zuwachs hat sich eine S-Kurve gebildet, und die Zeit des sehr schnellen exponentiellen Wachstums ist Geschichte.

Noch wichtiger ist, dass das viel bewunderte Emporkommen der elektronischen Architektur und Leistung nach 1970 keine Entsprechung in fast allen anderen Aspekten unseres Lebens hat: Das schnelle exponentielle Wachstum hat weder die Fortschritte in den grundlegenden wirtschaftlichen Aktivitäten geprägt, von denen das Überleben der modernen Zivilisation abhängt – von den Ernteerträgen bis zu den Effizienzgewinnen bei der Energienutzung, von den Transportgeschwindigkeiten bis zu der Fähigkeit, große technische Projekte zu entwerfen und abzuschließen –, noch die entscheidenden Faktoren für Gesundheit und Lebensqualität, einschließlich der Quote der Entdeckung neuer Medikamente und der Zunahme der Lebenserwartung. Beispiele für diese Tatsachen gibt es zuhauf.

Die Instagram-App hatte am Tag ihres Starts 25 000 Nutzer, innerhalb von zehn Wochen waren es 10 Millionen: Das ist natürlich das Ergebnis eines schwindelerregenden, aber zwangsläufig nur vorübergehenden exponentiellen Wachstums: Wenn Instagram nicht beginnt, mit etlichen außerirdischen Zivilisationen zu kommunizieren, kann es nicht mehr Nutzer registrieren, als die Bevölkerung unseres Planeten zu bieten hat. Und ist der Verkauf von Instagram für mehr als 1 Milliarde Dollar an Facebook, als es gerade einmal 13 Mitarbeiter hatte, ein umwerfendes Beispiel für exponentielles Wachstum oder ein Paradebeispiel für die absurden Prioritäten der heutigen Gesellschaft? Schauen Sie sich nur die Bewertungen von Unternehmen an, die Milch, Brot oder Tomaten produzieren: Während man ohne einen konstanten Nachschub an Lebensmitteln nicht leben kann, würden Hunderte von Millionen Menschen den sofortigen Niedergang von Instagram oder TikTok nicht bemerken.

Und was ist wichtiger: der schwindelerregende, aber temporäre Aufschwung von Instagram oder die Tatsache, dass selbst während dieses Aufstiegs der weltweite Anteil der Menschen, die unterernährt sind, zunahm? Diese Quote ging eine Generation lang langsam und fast linear zurück und erreichte 2015 einen Tiefstand von 8,3 Prozent der Weltbevölkerung, ist aber seitdem wieder auf etwa 10 Prozent angestiegen. Nachdem der Anteil in nur drei Jahren um 4 Prozent gestiegen ist, liegt er in Afrika jetzt bei etwa 20 Prozent: Jeder vierte Mensch im subsaharischen Teil des Kontinents und fast jeder dritte in Zentralafrika leidet Hunger. Gleichwohl werden in der kommenden Generation mehr als 90 Prozent des weltweiten Bevölkerungswachstums im ohnehin schon hungernden Afrika zu finden sein. Und wir wissen, dass Unterernährung bei schwangeren Frauen und heranwachsenden Kindern in vielerlei Hinsicht eine lebenslange Strafe bedeutet, dass sie Erwachsene ihrer vollen Arbeitsfähigkeit beraubt und dass sie die Lebensqualität aller Menschen mindert.

Ganz gleich, ob wir die gestiegenen Erträge an Grundnahrungsmitteln (Getreide) betrachten, die für das Überleben von inzwischen 8 Milliarden (bald fast 10 Milliarden) Menschen erforderlich sind, oder die Prozesse, die für das Funktionieren der modernen Zivilisation unverzichtbar sind: Wir sehen keine Anzeichen für einen schnellen exponentiellen Fortschritt. Das Moore'sche Gesetz, das die Verdoppelung der Leistung von Mikroprozessoren etwa alle zwei Jahre (und in der frühesten Phase noch schneller) postuliert, impliziert eine hohe jährliche exponentielle Steigerungsrate (etwa 35 Prozent, im frühesten Entwicklungszeitraum sogar noch schneller), und in 50 Jahren an Verbesserungen hat das zu einer Zunahme von sieben Größenordnungen geführt (das heißt mehr als 10 000 000 000 Mal größer). Im Gegensatz dazu betrug der jährliche Anstieg unserer Nahrungsmittel-, Material- und Energieproduktion nur einen kleinen Bruchteil davon. Er resultiert aus sehr niedrigen exponentiellen Wachstumsraten, meist in der Größenordnung von 1 bis 2 Prozent pro Jahr; die erste Rate erhöht den Ausgangswert in 50 Jahren nur um das 1,65-Fache, während ein exponentielles Wachstum von 2 Prozent pro Jahr nach einem halben Jahrhundert zu einem 2,7-fach höheren Ergebnis führt.

Hier sind einige Ergebnisse der vergangenen Jahre mit Blick auf die Ernteerträge, die einem zu denken geben. In den ersten beiden Jahrzehnten des 21. Jahrhunderts stiegen die Reisernten in Asien um 1 Prozent pro Jahr. Die Erträge von Sorghum, dem Grundnahrungsmittel der afrikanischen Länder südlich der Sahara, stiegen nur um etwa 0,8 Prozent pro Jahr. Und im Jahr 2020 lagen die durchschnittlichen Erträge sowohl von australischem Weizen als auch von europäischen Kartoffeln nur um 1 Prozent höher als zwei Jahrzehnte zuvor, was eine winzige (weniger als 0,1 Prozent) jährliche Wachstumsrate bedeutet. Leider gibt es viele ähnlich niedrige Wachstumsraten in der Produktion tierischer Lebensmittel: Ich habe zuvor bereits das relativ schnelle Bevölkerungswachstum Afrikas mit den kaum wahrnehmbaren Zuwächsen bei der Milchproduktion pro Tier verglichen.

Ähnlich niedrige exponentielle Zuwachsraten kennzeichnen das Wirtschaftswachstum vieler Länder, die es am nötigsten haben voranzukommen. Seit 1960 ist das durchschnittliche Bruttoinlandsprodukt je Einwohner der afrikanischen Länder südlich der Sahara jährlich um nicht mehr als 0,7 Prozent gestiegen (inflationsbereinigt). In Brasilien liegt es seit der Hälfte dieser Zeit bei weniger als 2 Prozent, während es im außergewöhnlich schnell wachsenden China zwischen 1991 und 2019 bei über 5 Prozent lag. Die Wachstumsquoten des technischen Fortschritts, der Produktionskapazitäten und der Effizienz waren ähnlich verhalten. Der größte Teil der weltweiten Elektrizität wird von großen Dampfturbinen erzeugt, deren Wirkungsgrad sich in den vergangenen 100 Jahren um etwa 1,5 Prozent pro Jahr verbessert hat. Unsere Stahlproduktion wird zunehmend effizienter, aber der jährliche Rückgang des Energieverbrauchs bei der Herstellung dieses Metalls lag in den vergangenen 70 Jahren im Durchschnitt bei weniger als 2 Prozent. Und wie bereits erwähnt (abgesehen von der gescheiterten Concorde), hat sich die Durchschnittsgeschwindigkeit von Düsenflugzeugen seit 1958 nicht mehr erhöht.

In den zurückliegenden zehn Jahren hat der ein oder andere aufmerksame Leser viele Nachrichten über verblüffende Durchbrüche bei der Entwicklung von Batterien gesehen, aber ich kann in den vergangenen 50 Jahren keine immer schnellere Leistungsverbesserung dieser tragbaren Energiespeicher finden. Im Jahr 1900 hatte die beste Batterie (Blei-Säure) eine Energiedichte von 25 Wattstunden pro Kilogramm; im Jahr 2022 haben die besten Lithium-Ionen-Batterien, die in großem Maßstab eingesetzt und vermarktet werden (nicht die besten Versuchsvorrichtungen), eine zwölfmal höhere Energiedichte – und dieser Zuwachs entspricht einem exponentiellen Wachstum von nur 2 Prozent pro Jahr. Das entspricht in etwa der Leistungssteigerung vieler anderer industrieller Techniken und Geräte – und liegt um eine Größenordnung unter den Erwartungen des Moore'schen Gesetzes. Außerdem würden selbst Batterien mit der zehnfachen (kommerziellen) Energiedichte von 2022 (das heißt annähernd 3000 Wh/kg) nur etwa ein Viertel der in einem Kilogramm Kerosin enthaltenen Energie speichern, was verdeutlicht, dass batteriebetriebene Düsenflugzeuge in weiter Ferne sind.

Es wurde auch viel über einen umgekehrten exponentiellen Wandel geschrieben, nämlich über die sinkenden Kosten für photovoltaische Solarzellen, die zu nahezu wundersamen Durchbrüchen bei der Erzeugung von Solarstrom führen. Letztgenanntes ist besonders beliebt: Ich möchte Sie anspornen, die Berichte über die ständig und schnell fallenden Preise für Photovoltaikzellen (PV-Zellen) zu lesen. Sie werden sehen, dass wir, wenn sie der einzige bestimmende Faktor für die tatsächlichen Kosten der PV-Stromerzeugung wären, bald fast an den Punkt kämen, an dem die ersten Behauptungen über die nukleare Stromerzeugung Mitte der 1950er-Jahre auftauchten, nämlich dass die Solarstromerzeugung zu billig sei, um ihren Verbrauch zu messen, ja, dass sie sogar ein absolutes Geschenk sei.

In Wirklichkeit zeigen detaillierte US-Daten für PV-Anlagen für Privathaushalte (22 Paneele), dass die Modulkosten nur noch etwa 15 Prozent der Gesamtinvestition ausmachen. Der Rest entfällt auf bauliche und elektrische Komponenten (die Paneele müssen auf Stützen auf Dächern oder auf vorbereiteten Böden montiert werden), Wechselrichter (zur Umwandlung von Gleichstrom in Wechselstrom), Arbeitskosten und andere weiche Kosten. Offensichtlich tendiert keine dieser Komponenten, von Stahl und Aluminium bis hin zu Übertragungsleitungen, Genehmigungen, Inspektionen und Umsatzsteuern, gegen null. Daher zeigen die Gesamtkosten für die Installation (Dollar pro Watt Gleichstrom, den die Paneele liefern) eine deutlich abnehmende Verbesserungsrate: Zwischen 2010 und 2015 sind sie um 55 Prozent gesunken, zwischen 2015 und 2020 um 20 Prozent. Und diese Kosten beinhalten nicht die zusätzlichen Ausgaben, die mit dem zunehmenden Anteil intermittierender Quellen (Sonne und Wind) an der gesamten Stromerzeugung getätigt werden müssen.

Um längere Engpässe und Versorgungsunterbrechungen zu vermeiden, müssen entweder diese Stromerzeugungsarten durch ausreichende Abrufreserven gestützt werden oder die von der Sonnen- und Windenergie abhängigen Regionen müssen über zuverlässige Hochspannungsfernleitungen verfügen, um Strom von Orten zu beziehen, die nicht von vorübergehender starker Bewölkung oder einer länger anhaltenden Windstille betroffen sind. Die Kosten für dieses gesamte Stromversorgungssystem sind nicht gesunken, und der Bau von Hochspannungsleitungen, die für die Sicherheit großer Netze erforderlich sind, ist sowohl in den USA als auch in Europa hinter dem geplanten Bedarf zurückgeblieben. Die tatsächlichen Kosten für PV-Paneele sollten auch ihre Demontage und Entsorgung oder, besser noch, ihr Recycling einschließen. Und wenn die Kosten für die Stromerzeugung aus erneuerbaren Energien so stark gefallen sind, warum haben dann die drei EU-Länder – Dänemark, Irland und Deutschland – mit dem höchsten Energieanteil aus neuen erneuerbaren Quellen, nämlich Wind und Sonne, die höchsten Strompreise auf dem Kontinent? Im Jahr 2021 lag der EU-Durchschnitt bei 0,24 €/kWh, aber der irische Preis war 25 Prozent, der dänische Preis 45 Prozent und der deutsche Preis 37 Prozent höher.

Spielt offenbar keine Rolle. Solche Fragen, Mahnungen und Einwände – die sich auf grundsätzliche physikalische Realitäten, bekannte Konstanten, verfügbare Tarife und Kapazitäten beziehen – werden heute als fast irrelevant angesehen, als nichts weiter als Herausforderungen, die durch immer schneller werdende Innovationen zu meistern sind. Aber es gibt keine Anzeichen für eine solche radikale Beschleunigung; nichts deutet auf immer schnellere Erfindungen hin, die die wesentlichsten menschlichen Tätigkeiten anbelangen. Diese unvermeidliche Schlussfolgerung wird nun durch eine detaillierte Studie über Innovationen in amerikanischen Industrien gestützt, die sich über fast zwei Jahrhunderte erstreckte, von 1840 bis 2010. Die Autoren, vier amerikanische Wirtschaftswissenschaftler unter der Leitung von Bryan Kelly, verwendeten eine Textanalyse von Patentdokumenten, um neue Innovationsindikatoren zu erstellen und bahnbrechende Innovationen als die wichtigsten Patente zu identifizieren, um Indizes für langfristige Veränderungen in allen wichtigen Branchen zu erstellen.

Die Analyse erfasste die Entwicklung von Innovationswellen und lieferte eindeutige quantitative Belege für die zuvor gezogenen Schlussfolgerungen hinsichtlich des Zeitpunkts der grundlegendsten Innovationen, die die moderne Welt geschaffen haben. Die bahnbrechenden Patente in der Möbel-, Textil- und Bekleidungsindustrie, im Transportwesen, im Maschinenbau, in der Metallverarbeitung, in der Holz-, Papier- und Druckindustrie und im Bauwesen erreichten alle vor 1900 ihren Höhepunkt. Der Bergbau und die Gewinnung von Rohstoffen, die Kohle- und Erdölindustrie, die Mineralienverarbeitung, die Herstellung von Elektrogeräten sowie von Kunststoff- und Gummiprodukten hatten ihre Innovationswellen und -höhepunkte vor 1950. Die einzigen Industriebereiche mit Spitzenwerten nach 1970 waren die Landwirtschaft und die Nahrungsmittelindustrie (die Welle, die von genetisch veränderten Organismen dominiert wurde), die Medizintechnik (von MRT- und CT-Scannern bis hin zu chirurgischen Robotergeräten) und natürlich Computer und Elektroartikel.

Diese unbestreitbaren Erkenntnisse widerlegen alle Behauptungen über eine ständig steigende Innovationsrate und rücken die Behauptungen über die außergewöhnlichen Auswirkungen der jüngsten Erfindungen in eine angemessene historische Perspektive. Vielleicht können Sie diese Realität am besten verstehen, wenn Sie versuchen, sich die Welt ohne die Vorteile der jüngsten Innovationswelle vorzustellen, die wesentliche Durchbrüche in der Computer- und Elektronikbranche gebracht hat: eine Welt ohne Mikroprozessoren, ohne allgegenwärtige Computer und ohne soziale Medien. Das zu tun ist ganz einfach, denn das war die Welt der frühen 1970er-Jahre: Der erste Mikrochip von Intel wurde 1971 entwickelt, aber der erste 16-Bit-Mikroprozessor, der 8086, kam erst 1978 auf den Markt; Microsoft wurde 1975 gegründet, doch der erste massenproduzierte Personal Computer, der IBM PC, kam erst 1981 heraus.

Ohne diese Halbleiterkomponenten und -geräte war die Welt der frühen Siebziger eine Welt der neuen ertragreichen Weizen- und Reissorten, der effizienten Gasturbinen (für die Stromerzeugung und den Antrieb von Großraumflugzeugen), der großen Containerschiffe, der wachsenden Megastädte, der Telekommunikations- und Wettersatelliten sowie der Antibiotika und Impfstoffe. Es ist nur allzu offensichtlich, dass eine Wohlstandszivilisation mit hohem Energiegehalt und hoher Lebensqualität nicht auf den Elektronikstandard nach 1971 basiert: Die Entwicklung und Verbreitung der Elektronik war willkommen und hilfreich und wertvoll, aber ganz sicher nicht grundlegend.

Jetzt machen Sie das Gegenteil und versuchen, sich die heutige elektronikbasierte Welt ohne umfangreiche Stromerzeugung, ohne ertragreiche

Landwirtschaft, ohne die vorherrschenden Antriebsmaschinen (Motoren, Turbinen, Elektromotoren) und ohne die Massenproduktion von Materialien wie preiswertem Stahl, Stickstoffdünger und Aluminium bis hin zu noch leichteren Kunststoffen vorzustellen. Keines dieser grundsätzlichen Elemente der modernen Zivilisation beruht auf der weitverbreiteten Abhängigkeit von der Festkörperelektronik, ja nicht einmal auf ihrer Existenz: Ihre Verbreitung hat dazu beigetragen, dass die meisten dieser Prozesse einfacher zu verwalten, zu überwachen und zu verbessern sind, aber es gab sie schon Jahrzehnte vor dem Auftauchen der Festkörperelektronik im späten 20. Jahrhundert.

Und das historische Korrektiv geht sogar noch weiter. Denn die energetischen und materiellen Grundlagen der modernen Zivilisation reichen nämlich bis in die fünf Jahrzehnte vor dem Beginn des Ersten Weltkriegs und in einem überraschend hohen Maße bis in ein einziges Jahrzehnt, die 1880er-Jahre, zurück. In diesem Jahrzehnt wurden so viele für die moderne Zivilisation unverzichtbare Verfahren, Umwandlungsprozesse und Materialien erfunden und patentiert und in vielen Fällen auch erfolgreich auf den Markt gebracht, dass ihre Summe den Rekord dieses Jahrzehnts beispiellos und höchstwahrscheinlich unwiederholbar macht. Fahrräder, Registrierkassen, Verkaufsautomaten, Lochkarten, Rechenmaschinen, Kugelschreiber, Drehtüren und Antitranspirante (sowie Coca-Cola und das *Wall Street Journal*) könnte man als die kleineren Erfindungen und Innovationen des Jahrzehnts abtun.

Zu den Erfindungen von grundlegender und dauerhafter Bedeutung gehörte vor allem die nahezu vollständige Schaffung des Systems für die Stromerzeugung, Stromverteilung und Stromumwandlung. In diesem Jahrzehnt entstanden die weltweit ersten Kohle- und Wasserkraftwerke, Dampfturbinen (die Hauptstütze der thermischen Stromerzeugung), Transformatoren, Übertragungen (sowohl von Gleich- als auch von Wechselstrom) und Stromzähler, und Strom wurde von den neu erfundenen Glühbirnen, Elektromotoren und Aufzügen ebenso genutzt wie fürs Schweißen, für den städtischen Nahverkehr (Straßenbahnen) und die ersten Küchengeräte. Unsere an Mikrochips reiche Welt hängt von einer zuverlässigen Stromversorgung ab. Im Jahr 2020 lieferten Wärme- und Wasserkraftwerke immer noch mehr als 70 Prozent des gesamten Stroms, während die neuen erneuerbaren Energiequellen, Wind und Sonne, nur etwa ein Zehntel davon beisteuerten.

Die 1880er-Jahre waren auch das Jahrzehnt, in dem drei deutsche Ingenieure Autos mit Verbrennungsmotoren erfanden, ein schottischer Erfinder aufblasbare Gummireifen entwickelte, ein amerikanischer Chemiker Aluminium herstellte und ein amerikanischer Architekt den weltweit ersten mehrstöckigen Wolkenkratzer aus Stahlskelett fertigstellte. Die dauerhafte und grundsätzliche Bedeutung dieser Erfindungen liegt auf der Hand. Und es gab noch mehr: Zwischen 1886 und 1888 bewies Heinrich Hertz, dass James Clerk Maxwell recht hatte, als er elektromagnetische Wellen erzeugte und übertrug, ihre Frequenzen maß und sie korrekt zwischen »den akustischen Schwingungen der wägbaren Körper und den Lichtschwingungen des Äthers« einordnete. Hier begann die moderne Welt der immateriellen drahtlosen Kommunikation, wobei Mobiltelefone und soziale Medien die – wie ich sie nenne – Ableitungen der fünften Ordnung von Maxwells Ideen sind (Hertz war die zweite, die ersten Ausstrahlungen vor dem Ersten Weltkrieg die dritte, die massenhafte Verbreitung der Vakuumröhrenelektronik die vierte und die Festkörperelektronik die fünfte).

WAS WIR AM MEISTEN BENÖTIGEN

Das Urteil der Geschichte ist eindeutig: Ohne Erfindungen und die daraus sich ergebenden Innovationen hätten die modernen Gesellschaften ihre hohe Lebensqualität, einschließlich der Langlebigkeit, des Wohlstands, der Bildung und der Bewegungsfreiheit, nicht erreichen können. Diese sich anhäufenden, im Verbund wirksamen Erfindungen erreichten nach der Mitte des 19. Jahrhunderts einen neuen Höhepunkt (sowohl was ihre Menge als auch ihre transformativen Qualitäten betrifft) und wurden im 20. Jahrhundert weiterentwickelt. Es war die Zeit außergewöhnlich weitreichender Innovationen, die die Vorteile der bedeutsamsten Erfindungen (von Antibiotika und synthetischen Düngemitteln bis hin zu preiswertem Stahl und kostengünstiger Elektrizität) auf den größten Teil der Weltbevölkerung ausgeweitet haben, die jetzt fast 8 Milliarden Menschen umfasst.

Natürlich werden wir viele neue Erfindungen brauchen, um viele dauerhaft ungelöste Probleme anzugehen und neue Herausforderungen zu bewältigen. Wie bei jeder Liste können Sie sich im Internet umschauen, aber die meisten Optionen werden nur erbärmliche Klick-Köder sein, die Ihnen belangloses Zeug oder abstruse Science-Fiction-Fantasien präsentieren. Eine Liste der letzteren Kategorie, die sich mit noch nicht verwirklichten Ideen befasst, enthält den »essbaren Wackelpuddingbecher« und das »schwebende wolkenförmige Sofa«. Doch selbst »seriöse« Auflistungen sind voller unnötiger Nichtigkeiten oder Wünsche, die eher an Science-Fiction denken lassen: Müssen wir wirklich die Gedanken anderer Menschen lesen können, mit Außerirdischen kommunizieren oder ewig leben? Was die vermeintliche Verheißung letztgenannter Option angeht, so sollten Leser, die mit Jonathan Swifts Schriften nicht vertraut sind, seine Beschreibung der unsterblichen Struldbrugs in Luggnagg (*Gullivers Reisen*) zurate ziehen, um die eher zweifelhaften Vorteile eines ewigen Lebens zu bedenken.

Aber könnten wir nicht eine überschaubare Zahl – sagen wir 20 oder 40 – der wünschenswertesten Dinge finden, die auf den beiden folgenden Bedürfnissen beruhen, die eigentlich Vorrang haben sollten: nämlich die Grundlagen für ein würdiges Leben der Menschen auf der Welt zu verbessern, und zwar ohne dabei die Biosphäre übermäßig zu strapazieren? In physischer Hinsicht wäre damit gemeint, eine ausreichende Versorgung mit Nahrungsmitteln, Wasser, Energie und materiellen Notwendigkeiten sicherzustellen, die für ein gesundes Leben mit einer angemessenen Lebenserwartung erforderlich sind. In geistiger, sozialer und wirtschaftlicher Hinsicht würde dies bedeuten, die Möglichkeiten für Bildung und Beschäftigung – sprich Arbeitsplätze – zu gewährleisten und eine allgemein zugängliche, qualitativ hochwertige Gesundheitsversorgung bereitzustellen. Und all dies sollte so zustande kommen, dass genügend Ressourcen für das langfristige Überleben anderer Arten übrig bleiben – auch wenn die Gesamtzahl der menschlichen Spezies weiter zunimmt.

Das mag zwar ein vernünftiger Rahmen für die Auswahl der wünschenswertesten Erfindungen sein. Aber es liegt auf der Hand, dass es keine allgemeingültigen Maßstäbe geben kann, die ihre Auswirkungen bewerten, sobald sie Realität geworden sind, sodass sich die Rangfolge für den Bedarf an solchen Durchbrüchen nicht eindeutig festlegen lässt, nicht einmal eine Einteilung in relativ ähnliche Kategorien. Wir könnten eine bessere Gesundheit, eine längere Lebenserwartung und eine höhere Lebensqualität messen, indem wir die gemeinsamen Nenner der gewonnenen Lebensjahre (*life years*, kurz LYs) oder auch der gewonnenen qualitätsbereinigten Lebensjahre (*quality-adjusted life-years*, kurz QALYs) verwenden. Das QALY-Konzept wurde entwickelt, um Lebenslänge und Lebensqualität in einer einzigen Kennzahl zu vereinen, die für den Vergleich medizinischer Outcomes und als gemeinsamer Nenner für Kosten genutzt werden kann. Wie aber können wir einen lang ersehnten Durchbruch bei der Behandlung bestimmter hartnäckiger Krebsarten mit Durchbrüchen in der Pflanzengenetik, der Stromspeicherung oder der Stahlproduktion vergleichen?

Natürlich tragen alle diese Bereiche zur Lebensqualität bei: Zunahmen der QALYs wären ohne eine bessere Ernährung, eine zuverlässige Stromversorgung und etliche unersetzliche Verwendungszwecke für Stahlprodukte nicht möglich. Es gibt jedoch keine gemeinsame Messgröße, um ihre relative Bedeutung zu beurteilen oder sie hinsichtlich ihrer Unentbehrlichkeit zu hierarchisieren: Die Komplexität moderner Gesellschaften mit ihrer inzwischen enormen Dichte an Links und Feedbacks schließt das aus. Und einfache, nicht nach Rangfolge geordnete Listen mit den 10 oder 30 meistgewünschten Dingen sind vielleicht auch nicht besser: Sollten sie von Einzelpersonen erstellt werden, würden sie unvermeidlich persönliche Vorlieben und Neigungen widerspiegeln, und die mit der Aufgabe betrauten Gruppen finden es mitunter unmöglich, innerhalb der vorgegebenen Grenzen einen eindeutigen Konsens zu finden. Das Beste, was ich also tun kann, ist vielleicht Folgendes: das Ausmaß der Aufgaben, die erfinderisch bewältigt werden müssen und mit denen wir konfrontiert sind, zu erklären und gleichzeitig die wichtigste Lektion dieses Buches zu wiederholen: Das exponentielle Wachstum der Möglichkeiten von Mikroprozessoren und der von ihnen gesteuerten Geräte, von Computern bis hin zu Mobiltelefonen, ist eine Ausnahme und nicht die Norm, die die Erfindungswellen der jüngsten Vergangenheit dominiert.

Ich werde diese Herausforderungen anhand von zwei sehr unterschiedlichen Beispielen veranschaulichen. Ersten werde ich zurückblicken auf ein halbes Jahrhundert intensiver, gut unterstützter Erfindungsarbeit, um die Krebsbelastung in der heutigen Gesellschaft zu verringern. Zweitens werfe ich einen Blick auf das, was sich aus dem langsam entfaltenden Prozess der Dekarbonisierung ergeben wird, auf den Übergang von fossilen Brennstoffen zu Energien, deren Produktion und Umwandlung kein Kohlendioxid und Methan freisetzen – die beiden wichtigsten Treibhausgase, die für die vom Menschen verursachte globale Erwärmung verantwortlich sind. Damit will ich keineswegs sagen, dass das Tempo, in dem künftig die weltweiten CO_2-Emissionen reduziert werden, dem der Minimierung der Krebssterblichkeit ähneln wird. Ich verwende lediglich die gut dokumentierte Geschichte eines grundsätzlich schwierigen Unterfangens, um die wahrscheinliche Aufgabenstellung einer anderen komplexen (wenn auch qualitativ und quantitativ sehr unterschiedlichen) Transformation aufzuzeigen, die ohne große neue Erfindungen nicht möglich sein wird.

Wie bereits erwähnt, unterzeichnete Präsident Richard Nixon am 23. Dezember 1971 den National Cancer Act und leitete damit eine Reihe von staatlich geförderten Programmen ein, die als »Krieg gegen Krebs« bekannt wurden. Das war eine recht unglückliche Metapher, als würde ein zeitlich begrenzter Angriff ausreichen, um mehr als hundert Arten der Krankheit, darunter viele geschlechts- und altersspezifische Formen, zu besiegen. Der ursprüngliche Auftrag bestand lediglich darin, »die Forschung und die Anwendung der Forschungsergebnisse zu unterstützen, um die Inzidenz, Morbidität und Mortalität von Krebs zu verringern«. Das Gesetz gab keinen Zeitrahmen für die Erreichung bestimmter Ziele vor, aber das Ziel der endgültigen Ausrottung wurde angedeutet, als Nixon die Suche nach der Krebsbekämpfung mit der Mondlandung verglich, die nur zwei Jahre vor seiner Unterzeichnung des Gesetzes stattfand. Mehr als drei Jahrzehnte später, im Jahr 2003, rief Andrew von Eschenbach, damals Direktor des National Cancer Institute (NCI), dazu auf, »das Leiden und den Tod durch Krebs zu beseitigen, und zwar bis 2015« – und Präsident Obama sprach davon, »in unserer Zeit ein Heilmittel für Krebs« zu finden.

Wissenschaftler und Ärzte, die am besten über die Herausforderungen dieses Unterfangens informiert waren, haben immer erkannt, dass es nicht in erster Linie darum ging, die Entwicklung neuer Medikamente zu finanzieren oder neue Behandlungsmethoden zu entwickeln. Am dringendsten benötigt waren vielmehr wesentliche Fortschritte beim grundsätzlichen wissenschaftlichen Verständnis der Krebsentstehung, der Vererbbarkeit und des Krankheitsverlaufs. Die Aneignung dieses Grundlagenwissens ist natürlich ein langwieriger Prozess, und es überrascht nicht, dass – zurückblickend – die ersten 25 Jahre des »Kriegs gegen den Krebs« eher von vorsichtigem Optimismus als von einer Aufzählung der Erfolge geprägt waren. Bis 1996 wurden enorme Fortschritte bei der Behandlung und Heilung von Leukämien (der erfreulichste Rückgang war bei der akuten lymphatischen Leukämie bei Kindern zu verzeichnen) und Lymphomen erzielt, aber es war klar, dass das Ziel des NCI, die Krebssterblichkeit bis zum Jahr 2000 zu halbieren, nicht erreicht werden konnte. Tatsächlich stieg die allgemeine Krebssterblichkeit bis 1991 weiter an, als sie 215 Menschen pro 100 000 Einwohner erreichte, und die Prognosen für Patienten mit fortgeschrittenen metastasierenden Krebserkrankungen waren nur geringfügig besser als in den frühen 1970er-Jahren.

Nachdem die Krebssterblichkeit seit 1991 gesunken war, lag sie 1999 auf dem gleichen Niveau wie 1975, doch dann begann eine Periode stetigen Rückgangs. Zwischen 1999 und 2019 sank die altersstandardisierte, krebsbedingte Sterblichkeitsziffer in den USA um 27 Prozent, von etwa 201 auf etwa 156 Todesfälle pro 100 000 Einwohner, wobei der Rückgang bei Männern (31 Prozent) ausgeprägter war als bei Frauen (25 Prozent), Krebserkrankungen bei Männern (173 pro 100 000) aber immer noch häufiger vorkamen als bei Frauen (126 pro 100 000). Eine Altersstandardisierung ist für jeden historischen Vergleich unerlässlich, da die Todesraten durch Krebs mit dem Alter ansteigen (von etwa 10 pro 100 000 für Menschen in ihren frühen Dreißigern auf etwas mehr als 200 pro 100 000 für Menschen in ihren späten Fünfzigern) und weil die Bevölkerung der wohlhabenden Länder stetig altert.

Die wichtigsten neuen grundlagenwissenschaftlichen Fortschritte und Behandlungen, die zum Rückgang der Sterblichkeit beigetragen haben, begannen mit der Entdeckung der ersten Onkogene (krebsverursachende Gene), den am häufigsten mutierten Genen bei menschlichen Krebserkrankungen, und der Zulassung von Tamoxifen, einem Anti-Östrogen-Medikament zur Behandlung von Brustkrebs, in den 1970er-Jahren. Ein neues Onkogen, das mit den aggressiveren Formen von Brustkrebs in Verbindung gebracht wird, sowie der Zusammenhang zwischen dem humanen Papillomavirus und Gebärmutterhalskrebs wurden 1984 entdeckt. Ein Jahrzehnt später wurden Tumorsuppressorgene zur Bekämpfung von Brust- und Eierstockkrebs geklont, und in den späten 1990er-Jahren ließ die FDA die ersten monoklonalen Antikörper zur Behandlung von Non-Hodgkin-Lymphomen (Rituximab) und metastasierendem Brustkrebs (Trastuzumab) zu. Die ersten Impfstoffe gegen das humane Papillomavirus wurden 2006 und 2009 eingeführt, und 2010 kam der erste Impfstoff zur Behandlung von Krebs beim Menschen auf den Markt, der das eigene Immunsystem des Patienten nutzt, um metastasierenden Krebs einzudämmen.

Nach 2010 folgten neue monoklonale Antikörper zur Behandlung von fortgeschrittenem schwarzen Hautkrebs (Melanom), Brustkrebs und verschiedenen soliden Tumoren sowie die erste personalisierte Behandlung (Entnahme bestimmter Zellen eines Patienten, die genetisch verändert und anschließend dem Patienten wieder injiziert werden, um das Immunsystem zum Angriff auf Krebszellen anzuregen) für eine Art der Leukämie. Diese Fortschritte in der Behandlung gingen mit einer größeren Verbreitung von Vorsorgeuntersuchungen (Screenings) und Frühdiagnosen einher. Sie trugen dazu bei, dass die Fünf-Jahres-Überlebensraten im Vergleich zur Mitte der 1970er-Jahre erheblich anstiegen: am eindrucksvollsten von 47 auf 74 Prozent beim Non-Hodgkin-Lymphom, von 75 auf 91 Prozent beim Brustkrebs und von 82 auf 94 Prozent beim Melanom. Aber es gibt immer noch große Unterschiede zwischen den einzelnen Körperstellen: Die Fünf-Jahres-Überlebensrate bei Bauchspeicheldrüsenkrebs hat sich verdreifacht, liegt aber immer noch bei nur 9 Prozent. Die Überlebensrate bei Speiseröhrenkrebs hat sich mehr als vervierfacht und liegt nun bei 21 Prozent, während 98 Prozent der Patienten mit Schilddrüsenkrebs länger als fünf Jahre überlebt haben. Und trotz des Rückgangs des Rauchens ist Lungenkrebs nach wie vor die häufigste bösartige Erkrankung (sogar bei Frauen ist er etwa 45 Prozent häufiger als Brustkrebs), und hier stieg die Fünf-Jahres-Überlebensrate von 12 Prozent auf nur 20 Prozent.

Und der »Krieg« geht weiter, jetzt unter einem anderen Motto. Im Februar 2022 rief Präsident Biden erneut den »Cancer Moonshot to End Cancer as We Know It« aus, wenngleich dieser Schlagzeile auf der Website des Weißen Hauses ein Zusatz folgte, der etwas realistischer war: »Die Biden-Harris-Regierung setzt sich zum Ziel, die Krebstodesrate in den nächsten 25 Jahren um mindestens 50 Prozent zu senken und das Leben mit Krebs und die Überlebenschancen bei einer Krebskrankheit zu verbessern.« Gleichzeitig erinnert die steigende Sterblichkeitsrate in den USA durch Überdosen mit Drogen und verschreibungspflichtigen Medikamenten an die Tatsache, dass die hart erkämpften Errungenschaften durch zunehmende Verluste in anderen Bereichen weitgehend zunichte gemacht werden könnten. Im Jahr 2015 starben in den USA etwa 48 000 Menschen an einer Überdosis. In den zwölf Monaten bis April 2021 hatte sich die Zahl auf etwa 98 000 verdoppelt, verglichen mit etwa 320 000 Todesfällen durch sämtliche Krebsarten und 142 000 Todesfällen infolge von Lungenkrebs. In Anbetracht des Altersunterschieds zwischen den beiden Todesarten – der Tod durch eine Überdosis tritt meist bei Menschen unter 40 Jahren auf, während Krebstote in der Regel Menschen über 50 Jahre sind – könnte die jüngste Zunahme der Todesfälle, die im Zusammenhang mit Drogen und verschreibungspflichtigen Medikamenten stehen, die durch die neuesten Krebsbehandlungen gewonnenen Lebensjahre vollständig zunichtegemacht haben.

Sogar dieser sehr kurze Überblick macht zwei Aspekte deutlich: Erstens waren die früheren Forderungen nach einer relativ schnellen Ausrottung von Krebs recht unrealistisch. Und zweitens ist das Bestreben, die Krebssterblichkeit erheblich einzudämmen, ein langwieriger, mehrere Jahrzehnte dauernder generationenübergreifender Prozess mit ungleichen medizinischen Outcomes für Krebserkrankungen an bestimmten Körperbereichen. Ein weiterer Beleg dafür ist, dass der US-Kongress 2016 den »21st Century Cures Act« verabschiedet hat, dessen Ziel es ist, die Behandlung zu beschleunigen und Patienten schneller und effizienter mit neuen Innovationen zu versorgen. Und ich bin der Meinung, dass viele der Erfahrungen, die aus dem Krieg gegen Krebs gewonnen wurden, in hohem Maße auf andere Bemühungen anwendbar sind. Die Arten und Ziele dieser Anstrengungen mögen zwar ganz anders sein, aber deren immanente Komplexität und das Gesamtausmaß der letztlich erzielten Erfolge sind in ähnlicher Weise entmutigend.

Dies sind die wichtigsten Lehren: Das grundlegende (wissenschaftliche und technische) Verständnis muss konkreten Anwendungen vorausgehen (das ist vielleicht die offensichtlichste, aber immer wieder ignorierte Tatsache); ausschlaggebende Faktoren können sich verschlechtern, bevor sie besser werden; es ist unklug, Ergebnisse anhand von Daten näher zu beschreiben; selbst kurzfristige Ziele, die nicht mehr als zehn Jahre entfernt sind, werden verfehlt; einige beeindruckende Fortschritte werden neben kaum veränderten Realitäten erzielt; innerstaatliche und internationale Unterschiede (aus einer Vielzahl von Gründen) sind weiterhin von Bedeutung; anfängliche Kostenschätzungen werden eskalieren; und die Erfolge können teilweise durch neue Entwicklungen zunichtegemacht werden, die die hart erkämpften Errungenschaften untergraben.

All diese Lehren lassen sich auf jede realistische Einschätzung unserer Chancen, eine relativ schnelle globale Dekarbonisierung zu erreichen, anwenden. Zunächst einmal ist unser Bedarf an einem erheblich erweiterten wissenschaftlichen Grundverständnis und an den sich daraus ergebenden Wellen neuer Erfindungen, die für die weltweite Dekarbonisierung erforderlich sind, viel größer als allgemein anerkannt wird. Diese Suche – auf globaler Ebene und mit Massen, die in Milliarden von Tonnen gemessen werden – liegt am anderen Ende des Größenspektrums der molekularen Krebstherapien, aber auch sie wird stetige Erfindungswellen erfordern. Wie Bill Gates im Oktober 2021 feststellte: »Die Hälfte der Technologie, die benötigt wird, um die Emissionen auf null zu drücken, gibt es entweder noch nicht oder ist für einen Großteil der Welt zu teuer.« Will man diese Lücken schließen, liegt es auf der Hand, dass beispiellose Anstrengungen nötig sind, und zwar bei der Erfindung neuer Formen der Energiegewinnung, der Energiespeicherung und der Energieumwandlung, angefangen bei der Produktion von »grünem«, letztlich aber noch »grauem« Wasserstoff (dieses Gas wird derzeit fast ausschließlich durch die Dampfreformierung fossiler Brennstoffe, Erdgas und – in viel geringerem Maße – Kohle hergestellt) bis hin zur massenhaften Speicherung von Strom mit hoher Energiedichte.

Letzteres ist besonders dringlich, da die sich abzeichnende Energiewende hin zu kohlenstofffreiem Strom (vor allem aus Windkraft, Photovoltaik und Solarenergie) und kohlenstofffreien Kraftstoffen (Wasserstoff, Ammoniak, synthetische Kraftstoffe, die Kohlenstoff aus der Umwelt benötigen) von neuen, besseren Möglichkeiten der Stromspeicherung in großem Umfang stark profitieren würde. Aber selbst wenn wir Batterien bekämen, deren Energiedichte um eine Größenordnung, also eine 10er-Potenz, höher wäre als die der besten Lithium-Ionen-Batterien von heute, betrüge ihre Energiedichte immer noch weniger als ein Viertel der Energiedichte der hochreinen Flüssigkraftstoffe (Benzin, Kerosin, Dieselkraftstoff), die heute alle Formen des Transports beherrschen. Darüber hinaus müssten neue Batterien mit hoher Energiedichte eine noch nie da gewesene Kapazität erreichen, damit sie genügend Strom speichern können, um Megastädte in Zeiten zu versorgen, in denen Wind- und Sonnenenergie nicht zur Verfügung stehen (asiatische Megastädte, die wiederholt von Taifunen heimgesucht werden, sind das beste Beispiel für diesen enormen Speicherbedarf).

Dass die globale Erwärmung immer mehr zunimmt, bevor sie sich verringert, ist eine ausgemachte Sache: Selbst eine sofortige (und völlig theoretische) Einstellung aller Treibhausgasemissionen könnte nicht zu einer unmittelbaren Stabilisierung und einem Rückgang der durchschnittlichen Temperatur in der Troposphäre führen. Die Vorliebe der Verantwortlichen, auf großen Weltkonferenzen (wie auch für nationale Strategien) Dekarbonisierungsziele auf Jahre festzulegen, die mit einer Null oder einer Fünf enden (45 Prozent weniger Kohlenstoff bis 2030 weltweit; keine Kohlenstoffemissionen bei der Stromerzeugung in den USA bis 2035; Netto-Null-Emissionen [CO_2] weltweit bis 2050), ist offensichtlich ein Spielchen reiner Willkür, und das Erreichen dieser Ziele würde außergewöhnliche technische und wirtschaftliche Veränderungen auf globaler Ebene erfordern.

Ein paar Beispiele verdeutlichen das Wesen des Wunschgedankens, der hinter solchen Zielen steckt. Im Jahr 2000 lieferten fossile Brennstoffe 87 Prozent der weltweiten Primärenergie, während dieser Anteil im Jahr 2020 bei 83 Prozent lag; das entspricht einer jährlichen Verringerung von 0,2 Prozent. Heute aber wird uns gesagt, dass wir bis 2050 nicht mehr abhängig von Kohlenstoff sein sollten. Um jedoch in 20 Jahren von 83 Prozent auf null zu kommen, müssten wir jedes Jahr 2,75 Prozent des weltweiten fossilen Kohlenstoffs einsparen – eine fast 14-mal höhere Rate des Reduktionstempos, als wir es in den ersten beiden Jahrzehnten des 21. Jahrhunderts geschafft haben. Wo sind die technischen Möglichkeiten und die Finanzierung, die es uns erlauben würden, eine so große jährliche Reduktion sofort in die Tat umzusetzen und drei Jahrzehnte lang aufrechtzuerhalten?

Schon ein paar Beispiele aus den Zielen, die auf der UN-Klimakonferenz (COP26) im November 2021 angekündigt wurden, machen deutlich, wie außerordentlich unwahrscheinlich es ist, dass sie realisiert werden könnten. Das jüngste Ziel besteht darin, die weltweiten CO_2-Emissionen aus der Verbrennung fossiler Brennstoffe bis 2030 um 50 Prozent gegenüber dem Stand von 2010 (30,4 Milliarden Tonnen) zu senken. Das bedeutet, dass wir sie in den neun Jahren zwischen 2022 und 2030 um etwa 13,7 Milliarden Tonnen oder um einen jährlichen linearen Rückgang von durchschnittlich etwa 1,5 Milliarden Tonnen reduzieren müssten (Abb. 5.1).

Gehen wir davon aus, dass alle energieverbrauchenden Industrien diese Kürzungen gleichmäßig tragen werden und dass die weltweite Energienachfrage nicht wächst (in Wirklichkeit stieg sie während des Jahrzehnts vor der Pandemie um 2 Prozent pro Jahr).

Im Jahr 2019 wurden weltweit 1,28 Milliarden Tonnen Roheisen (Gusseisen) in Hochöfen produziert, die mit Kokskohle befeuert wurden. Dieses Roheisen wurde in Sauerstoffblaskonvertern gegeben, um etwa 72 Prozent des weltweiten Stahls herzustellen (der Rest stammt größtenteils aus Lichtbogenöfen, in denen Schrott geschmolzen wird). Ab 2022 gibt es kein einziges gewerblich betriebenes Stahlwerk mehr, in dem die Eisenerzreduktion

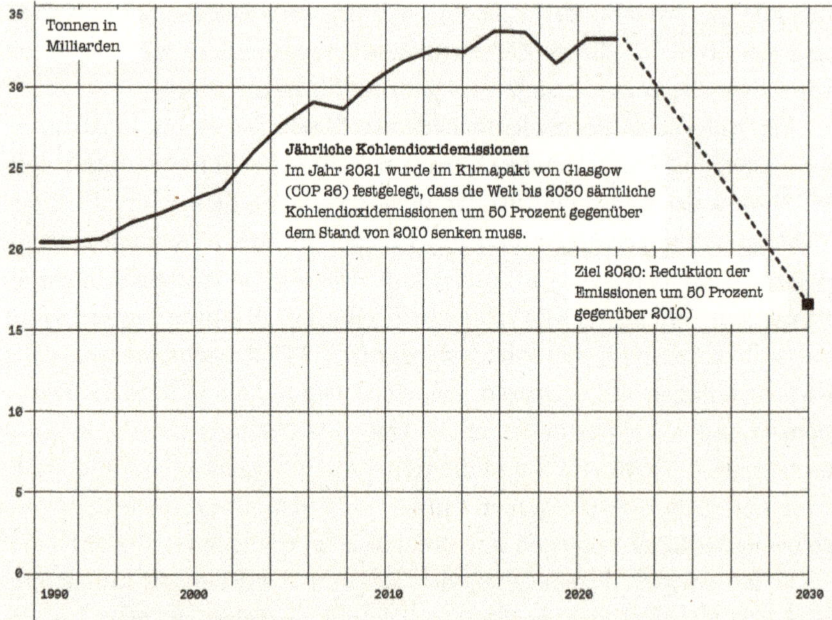

Abbildung 5.1 Globale Dekarbonisierung bis 2030. *Quelle*: Vaclav Smil, »Decarbonization Algebra«, *Spectrum*, Februar 2022; Daten der Internationalen Energieagentur und der UN-Klimarahmenkonvention.

durch Wasserstoff geschieht. Darüber hinaus wird heute fast der gesamte Wasserstoff durch die Reformierung von Erdgas erzeugt, und kohlenstofffreies Eisen würde eine noch nicht existierende Elektrolyse von Wasser in großem Maßstab erfordern, die mit erneuerbaren Energien betrieben wird. Eine Verringerung der heutigen Kohlenstoffabhängigkeit um 40 Prozent würde bedeuten, dass wir bis 2030 mehr als eine halbe Milliarde Tonnen Eisen – das ist mehr als die heutige Jahresproduktion aller Hochöfen der Welt außerhalb Chinas – mit »grünem« Wasserstoff anstelle von Koks verhütten müssten. Wie stehen die Chancen dafür?

Im Jahr 2021 waren circa 1,4 Milliarden Kraftfahrzeuge (etwa 1,2 Milliarden Autos, SUVs, Pick-ups und Vans sowie 200 Millionen Busse und Lastwagen) unterwegs, von denen weniger als 17 Millionen (nur etwa 1,2 Prozent) elektrisch betrieben wurden und 99 Prozent mit Benzin oder Dieselkraftstoff fuhren. Selbst wenn der weltweite Fuhrpark nicht zunähme, würde seine Dekarbonisierung in Höhe von 40 Prozent bis 2030 die Herstellung von etwa 570 Millionen neuen Elektrofahrzeugen (oder wasserstoff- oder ammoniakbetriebenen Fahrzeugen) innerhalb von neun Jahren erfordern. Das sind etwa 63 Millionen pro Jahr oder mehr als die gesamte weltweite Produktion aller Autos im Jahr 2019, und der gesamte Strom zur Herstellung dieser Kraftstoffe müsste aus kohlenstofffreien Quellen stammen. Wie stehen die Chancen dafür?

Es ist unvermeidlich, dass diese Ziele nicht erreicht werden (ein beispielloser Zusammenbruch der Weltwirtschaft könnte die einzige Möglichkeit sein, dies zu erreichen). Und während der Fortschritt, der eine vollständige Dekarbonisierung anvisiert, in einigen kleineren Ländern mit einer Fülle von Möglichkeiten zur Umstellung auf erneuerbare Energien (Norwegen, Island, Dänemark, Finnland) viel schneller als der globale Durchschnitt sein wird (wie es bereits der Fall ist), werden viele große, bevölkerungsreiche und immer noch einkommensschwache Volkswirtschaften (Indien, Pakistan, Indonesien, Nigeria) viel langsamer vorankommen. Was die Kosten anbelangt, so stehen wir erst am Anfang eines langen Übergangs (neue kohlenstofffreie Energiequellen deckten im Jahr 2020 weniger als 7 Prozent des Gesamtbedarfs). Und während wir damit rechnen können, dass einige bestimmte Umstellungen wesentlich billiger werden, wie es bei einigen bereits der Fall ist, kann zum jetzigen Zeitpunkt niemand gute Kostenschätzungen für die Entwicklung völlig neuer Infrastrukturen (wie die Erzeugung, den Transport und die Speicherung von »grünem« Wasserstoff, der Milliarden Tonnen Erdöl und Erdgas ersetzen soll) weltweit abgeben.

Das Streben nach Dekarbonisierung bietet auch gute Beispiele dafür, dass Erfolge nicht nur durch andere, gleichzeitig stattfindende Entwicklungen, sondern auch durch die Ausweitung der kohlenstofffreien Umwandlungen selbst teilweise zunichtegemacht werden, wobei die Stromerzeugung durch Windkraft der offensichtlichste Fall ist. Der Bau großer Windturbinen erfordert beträchtliche Mengen an Stahlbeton (Zement und Stahl) für die Fundamente, Stahl für die Türme und Maschinenhäuser, Kunststoffe für die großen Rotorblätter und Schmieröle für den reibungslosen Betrieb der Motoren. Die Turbinenteile werden mit großen Lastwagen, Schiffen und Schleppern zu ihren Standorten an Land oder auf See transportiert, und die Offshore-Standorte werden oft mit Hubschraubern bedient. Alle diese Komponenten und Transportmittel sind in hohem Maße auf fossilen Kohlenstoff angewiesen, sei es als Brennstoff (für die Herstellung von Stahl, Zement und Kunststoffen, für den Antrieb von Fahrzeugen und Schiffen), als Rohstoff (für die Herstellung von Kunststoffen) oder als Schmiermittel – und auch wenn beispielsweise die Windenergie einen großen Teil der heutigen Kohleverstromung verdrängen sollte, würde sich der Bedarf an dieser fossilen Kohlenstoffzufuhr rasch vervielfachen.

Diese Abhängigkeit ließe sich nur beseitigen, wenn all diese Produktions- und Transportprozesse (von der Stahl- und Zementherstellung bis hin zum Transport und zur Schmierung) mit kohlenstofffreien Energien versorgt würden. Dazu gehören die Verhüttung von Eisen ohne Koks (unter Verwendung von Wasserstoff), die Gewinnung von Rohstoffen aus Biomasse (statt aus Kohlenwasserstoffen) und die ausschließliche Verwendung von elektrisch oder mit Wasserstoff betriebenen Transportmitteln und synthetischen Schmiermitteln. Es bedarf keines tiefen technischen Verständnisses, um zu verstehen, dass ein derartiges, völlig kohlenstofffreies Ergebnis viele Jahrzehnte eines allmählichen Fortschritts erfordert. Darüber hinaus bedeutet diese Tatsache, dass wir, je schneller wir kohlenstofffreie Verfahren zur Energieerzeugung einfahren, umso mehr auf kohlenstoffbasierte Produktions- und Transportmethoden angewiesen sind, die nicht schnell durch kohlenstofffreie Verfahren ersetzt werden können, selbst wenn diese ohne Weiteres verfügbar wären – und das sind sie in den meisten Fällen nicht.

Der weltweite Luftverkehr ist ein weiteres gutes Beispiel für diese nicht vorhandenen Alternativen. Laut dem Glasgower Klimapakt soll die Welt bis 2030 ihre CO_2-Emissionen um 45 Prozent gegenüber dem Stand von 2010 senken. Dies entspricht einer Reduktion der globalen Emissionen um etwa 40 Prozent im Vergleich zum Jahr 2021 (nach dem pandemiebedingten Rückgang im Jahr 2020 hatten sie sich fast wieder auf das Niveau von 2019 erholt). Aber wie könnten wir die Emissionen bei den Verkehrsflügen, die jetzt vollständig von Kerosin abhängen, in nur neun Jahren um zwei Fünftel senken? Unsere besten handelsüblichen Batterien haben eine Energiedichte von etwa 300 Wh/kg, während Kerosin in der Luftfahrt mehr als 12 000 Wh/kg enthält.

Das ist ein Unterschied von mehr als dem 40-Fachen, und es wäre ein Wunder, wenn wir vor 2030 handelsübliche Batterien mit nur der Hälfte oder einem Drittel der Energiedichte von Kerosin hätten. Ebenso gibt es kein einziges wasserstoffbetriebenes Verkehrsflugzeug, das irgendwo in Betrieb ist. Die allseits bekannten Herausforderungen bei der Lagerung dieses (in flüssiger Form auf –253 °C gekühlten) Treibstoffs mit hoher Energiedichte in der Luft machen es zudem äußerst unwahrscheinlich, dass wir bis 2040 Flotten von wasserstoffbetriebenen Flugzeugen sehen werden. Eine 40-prozentige Kohlenstoffreduzierung bis 2030 würde jedoch voraussetzen, dass wir bis 2030 etwa 10 000 Flugzeuge ohne Kerosin (stattdessen elektrisch oder mit Wasserstoff) in Betrieb haben (die weltweite Flotte umfasst derzeit etwa 25 000 Flugzeuge), um etwa 1,8 Milliarden Passagiere CO_2-frei pro Jahr zu fliegen. Es liegt auf der Hand, dass selbst eine noch nie da gewesene Explosion an Erfindungen dies nicht möglich machen wird.

Aber es gibt noch einen anderen Weg, um zu sehen, welche Erfindungen am dringendsten benötigt werden, wobei die Prioritäten davon diktiert werden, wie sich die derzeitigen Verhältnisse ändern. Das bedeutet, dass wir eine deutliche Verringerung der bestehenden Ungleichheiten oder zumindest eine Beschränkung der Unterschiede in den Bereichen Gesundheit, Bildung und Einkommen anstreben sollten, vor allem der auffälligsten Unterschiede zwischen 1 Milliarde Menschen in den wohlhabenden Volkswirtschaften und den mehr als 3 Milliarden Menschen, die im Grunde am Existenzminimum leben, mit wiederkehrender Morbidität, vorzeitiger Sterblichkeit und somit verkürzten Lebenserwartungen. Die Deckung des grundlegenden Bedarfs an Wasser, Nahrungsmitteln, Energie und materiellen Notwendigkeiten stünde dann an erster Stelle.

Wir brauchen günstigere, mehr Platz sparende (auch modulare) und effektivere Wasseraufbereitungstechniken, die bis hin zum nahezu vollständigen Recycling reichen, und wir brauchen mehr Entsalzung. In der Landwirtschaft benötigen wir höhere Ernteerträge in den Ländern, in denen die meisten der fast 1 Milliarde Menschen leben, die derzeit unterernährt sind. Um diese Zahl zu verringern, brauchen wir auch einen gerechteren Zugang zu den verfügbaren Nahrungsmitteln und zur Versorgung mit Mikronährstoffen, von deren Knappheit viele benachteiligte Bevölkerungsgruppen betroffen sind und was zu sehr geringen Kosten behoben werden kann. Wie im Falle der Unterernährung haben fast 1 Milliarde Menschen immer noch keinen Zugang zu Elektrizität, und der durchschnittliche jährliche Energieverbrauch pro Kopf von mehr als 3 Milliarden Menschen (40 Prozent der Weltbevölkerung) liegt bei weniger als 25 Gigajoule je Kopf, also auf einem Niveau, das mit dem der wohlhabenden europäischen Länder und Nordamerikas in der Mitte des 19. Jahrhunderts vergleichbar ist! Es liegt auf der Hand, dass wir diese erschreckend niedrigen Zugangsraten und Verbrauchsdurchschnitte anheben müssen.

Zweifellos würden alle diese Erfordernisse von neuen Erfindungen profitieren, aber ein effektiver und relativ schneller Fortschritt in die richtige Richtung hängt nicht von ihnen ab. Die Befriedigung des Wasser- und Nahrungsmittelbedarfs der gesamten Weltbevölkerung ist nicht auf neue spektakuläre Erfindungen angewiesen (da alle wesentlichen Elemente bereits weit fortgeschritten sind und mancherorts bereits seit Jahrzehnten zuverlässig funktionieren), sondern auf bestimmte Innovationen, die diese Vorteile verbreiten und ihre Kosten senken würden. Das Gleiche gilt für die Elektrifizierung und die Erhöhung des durchschnittlichen Primärenergieverbrauchs. Diese Liste der erforderlichen Grundlagen lässt sich leicht um einige Punkte erweitern, die von Antibiotikaresistenz bis zu Verbesserungen im Bildungswesen reichen.

Auch hier könnten viele Erfindungen nützlich sein, aber wir wissen ja bereits, was wir hätten tun sollen und was wir tun sollten. Um die Verbreitung von antibiotikaresistenten Bakterien einzuschränken, müssen wir Antibiotika mit Bedacht verschreiben (und sie nicht übermäßig einsetzen, wie es in den wohlhabenden Nationen die Norm ist, oder sie rezeptfrei verkaufen, wie es in vielen Ländern mit niedrigem Einkommen üblich ist, oder jetzt allgemein im Internet) und keine präventive Massendosierung bei Haustieren zulassen, die jetzt das Zehnfache an Antibiotika erhalten wie Menschen. Hinsichtlich der richtigen Grundlagen einer Allgemeinbildung wissen wir, dass wir auch darüber verfügen können, ohne dass jedes Kind einen Computer besitzt oder wir übermäßig investieren müssen. Vergleichen Sie nur die Ergebnisse internationaler Tests in den Fächern Mathematik und Naturwissenschaftlichen, bei denen die USA in allen drei Bereichen – Lesen, Mathematik und Naturwissenschaften – hinter Polen rangieren, obwohl sie pro Schüler das Zweieinhalbfache für die Grundschulbildung und das Dreifache für die Bildung an der Highschool ausgeben.

Wir wissen sehr wohl, wie wir mit Blick auf all diese lästigen oder geradezu erniedrigenden Feststellungen Abhilfe schaffen können. Dafür bedarf es keiner genialen Erfindungen, vielmehr müssen die bekannten und bewährten Methoden, Kompetenzen und Verfahren konsequent ausgebaut werden. Im Großen und Ganzen könnte die Verbesserung und Erweiterung unserer Kenntnisse und unseres Wissens sowie deren allgemeine Verfügbarkeit mehr Menschen in kürzerer Zeit zugutekommen, als wenn wir uns zu sehr auf Erfindungen konzentrieren und hoffen, dass diese wundersame Durchbrüche bringen. Um den kritischen Stimmen zuvorzukommen: Ich argumentiere hier nicht gegen die beherzte Suche nach neuen Erfindungen, sondern plädiere lediglich für ein ausgewogeneres Gleichgewicht zwischen dem Streben nach (vielleicht, aber nicht unbedingt) verblüffenden Erfolgen in der Zukunft und dem Einsatz der Erkenntnisse und Errungenschaften, die wir zwar gut beherrschen, aber noch lange nicht flächendeckend verwenden.

Vielleicht ist das alles eine Frage der persönlichen Vorlieben, und ich war schon immer der Meinung, dass das Wichtigste zuerst kommt. Und das bedeutet, um zwei relevante Beispiele zu nennen: Der Mangel an Mikronährstoffen, der das Leben von Hunderten von Millionen Kindern zerstört, hat Priorität und muss unbedingt ein Ende finden, bevor es zu einer Personenbeförderung im Überschalltempo kommt. Gleichzeitig war ich schon immer Realist und Skeptiker. Mir ist klar, dass die Mittel für Erfindungen und Innovationen nie auf der Grundlage eines solchen Vergleichs an Bedürfnissen, der rein vernünftigen Überlegungen entspringt, bereitgestellt werden und dass mein Plädoyer für Prioritäten als unangebracht angegriffen werden könnte und nicht ambitioniert genug erscheint. Zudem könnte es aus vielerlei Gründen einfacher sein, die Suche nach Erfindungen, auch wenn sie mitunter eher bedenklich sind, zu unterstützen, als sich weiterhin um die Linderung des menschlichen Elends zu kümmern.

In jedem Fall werden wir nicht aufhören, neue Materialien, Produkte, Prozesse und Verfahren zu erfinden. Das bedeutet zugleich, dass wir nicht nur mit unvermeidlichen Fehlschlägen bei der Entwicklung rechnen müssen, die aus noch nie da gewesenen Herausforderungen und mangelnder Erfahrung resultieren. Wir müssen auch wiederholte und schwerwiegende Misserfolge einkalkulieren, die auf menschliche Vorlieben, Prioritäten, Voreingenommenheit und einem rational nicht nachvollziehbaren Festhalten an bestimmten Zielen zurückzuführen sind. In diesem Sinne und im Gegensatz zum Missverständnis, das Tempo an Erfindungen werde stetig zunehmen: *nihil novi sub sole* – Nichts Neues unter der Sonne.

WEITERFÜHRENDE LITERATUR

1. ERFINDUNGEN UND INNOVATIONEN: EINE LANGE GESCHICHTE UND DIE VERBLENDUNG DER MODERNE

ENTWICKLUNG UND GESCHICHTE

American Society of Mechanical Engineers. 2022 »Owens AR Bottle Machine.« Engineering History Landmarks no. 86. New York: ASME.

Librado, P., et al. 2021. »The Origins and Spread of Domestic Horses from the Western Eurasian Steppes.« *Nature* 598:634–640.

Shea, J. J. 2016. *Stone Tools in Human Evolution: Behavioral Differences among Technological Primates*. Cambridge: Cambridge University Press.

Smil, V. 2018. *Energy and Civilization: A History*. Cambridge, MA: MIT Press.

Smil, V. 2014. *Making the Modern World: Materials and Dematerialization*. Chichester: Wiley.

ERFINDUNGEN UND INNOVATIONEN

Akana, J., et al. 2012. Portable display device. US Patent USD670,286S1, filed November 23, 2010, and issued November 6, 2012.

Brooks, D. E. 2013. Diane's manna. US Patent US8,609,158B2, filed June 20, 2012, and issued December 17, 2013.

Brown, A. E., and H. A. Jeffcott. 1932. *Beware of Imitations*. New York: Viking Press.

Carayannis, E. G. 2013. *Encyclopedia of Creativity, Invention, Innovation and Entrepreneurship*. Berlin: Springer.

Chan, C. L. 2015. »Fallen Behind: Science, Technology, and Soviet Statism.« *Intersect: The Stanford Journal of Science, Technology, and Society* 8, no. 3.

Electronic Frontier Foundation. 2022. »Stupid Patent of the Month.« Electronic Frontier Foundation.

Hannas, W. C., and D. K. Tatlow., eds. 2021. *China's Quest for Foreign Technology: Beyond Espionage.* London: Routledge.

Perry, R. 1973. *Comparison of Soviet and US Technology.* Santa Monica, CA: Rand Corporation.

Sykes, A. O. 2021. »The Law and Economics of 'Forced' Technology Transfer and Its Implications for Trade and Investment Policy (and the U.S.–China Trade War).« *Journal of Legal Analysis* 13:127–171. https://doi.org/10.1093/jla/laaa007.

Tenner, E. 1997. *Why Things Bite Back: Technology and the Revenge of Unintended Consequences.* New York: Vintage.

Immer schneller?

Cannon, K. M., and D. T. Britt. 2019. »Feeding One Million People on Mars.« *New Space* 7, no. 4 (December): 245–254.

Kurzweil, R. 2006. *The Singularity Is Near.* New York: Penguin.

Mokyr, J. 2014. »The Next Age of Invention: Technology's Future Is Brighter Than Pessimists Allow.« *City Journal* 24 (Winter): 12–21. https://www.city-journal.org/html/next-age-invention-13618.html.

SpaceX. 2022. »Mars & Beyond: The Road to Making Humanity Multiplanetary.« SpaceX.com. https://www.spacex.com/human-spaceflight/mars/.

US Patent and Trademark Office. 2021. U.S. Patent Activity Calendar Years 1790 to the Present (database). https://www.uspto.gov/web/offices/ac/ido/oeip/taf/h_counts.htm.

Gescheiterte Pläne

Cooper, G., and B. Sinclair. 1990. »Failed Innovations – ICOHTEC Symposium, Hamburg, August 1989.« *Technology and Culture* 31:496–499.

Herring, S. D. 1989. *From the Titanic to the Challenger: An Annotated Bibliography on Technological Failures of the Twentieth Century.* New York: Garland Press.

Petroski, H. 1985. *To Engineer Is Human: The Role of Failure in Successful Design.* New York: St. Martin's Press.

Petroski, H. 2001. »The Success of Failure.« *Technology and Culture* 42:321–328.

Schiffer, M. B. 2019. *Spectacular Flops: Game-Changing Technologies That Failed.* Clinton Corners, NY: Eliot Werner Publications.

Tracy, P. 2022. »Apple's 12 Most Embarrassing Product Failures.« https://gizmodo.com/apple-failures-newton-pippin-butterfly-keyboard-macinto-1849106570.

Die reale Welt

Centers for Disease Control and Prevention. 2020. »Road Traffic Injuries and Deaths – A Global Problem.« CDC, National Center for Injury Prevention and Control (last reviewed December 14).

McNish, J., and S. Silcoff. 2015. *Losing the Signal: The Untold Story behind the Extraordinary Rise and Spectacular Fall of BlackBerry*. New York: Flatiron Books.

Newall, P. 2018. *Ocean Liners: An Illustrated History*. Barnsley: Seaforth Publishing.

Smil, V. 2016. *Still the Iron Age: Iron and Steel in the Modern World.* Oxford: Elsevier.

2. ERFINDUNGEN, DIE ERST WILLKOMMEN UND SPÄTER UNERWÜNSCHT WAREN

VERBLEITES BENZIN

Zündungsklopfen

Lounici, M. S., et al. 2017. »Knock Characterization and Development of a New Knock Indicator for Dual-Fuel Engines.« *Energy* 141, 2351e2361.

Zhen, X., et al. 2012. »The Engine Knock Analysis – An Overview.« *Applied Energy* 92:628–636.

Oktanzahlen

Anderson, J. E., et al. 2012. »Octane Numbers of Ethanol-Gasoline Blends: Measurements and Novel Estimation Method from Molar Composition.« SAE Technical Paper 2012–01–1274. doi: 10.4271/2012–01–1274.

Stolark, J. 2016. »Fact Sheet: A Brief History of Octane in Gasoline: From Lead to Ethanol.« White Paper. Washington, DC: Environmental and Energy Study Institute.

Geschichte des verbleiten Benzins

Boyd, T. A. 2002. *Charles F. Kettering: A Biography*. Fairless Hills, PA: Beard Books.

Hagner, C. 1999. *Historical Review of European Gasoline Lead Content Regulations and Their Impact on German Industrial Markets*. Geesthacht: GKSS-Forschungszentrum Geesthacht GmbH.

Landrigan, P. J. 2002. »The Worldwide Problem of Lead in Petrol.« *Bulletin of the World Health Organization* 80:768.

Midgley, T. IV. 2001. *From the Periodic Table to Production: The Life of Thomas Midgley, Jr., the Inventor of Ethyl Gasoline and Freon Refrigerants*. Corona, CA: Stargazer Publishing.

Nriagu, J. O. 1990. »Rise and Fall of Leaded Gasoline.« *The Science of the Total Environment* 92:13–28.

Robert, J. C. 1983. *Ethyl – A History of the Corporation and the People Who Made It*. Charlottesville: University of Virginia Press.

Kontroversen über verbleites Benzin in den 1920er-Jahren

Denworth, L. 2009. *Toxic Truth: A Scientist, a Doctor, and the Battle over Lead*. Boston: Beacon Press.

Kovarik, W. 2003. »Ethyl: The 1920s Conflict over Leaded Gasoline and Alternative Fuels.« Personal website of Prof. Kovarik. billkovarik.com.

Kovarik, W. 2005. »Milestones: Leaded Gasoline.« *International Journal of Occupational and Environmental Health* 11:384–397.

Rosner, D., and G. Markowitz. 1985. »A 'Gift of God'? The Public Health Controversy over Leaded Gasoline during the 1920s.« *American Journal of Public Health* 75:344–352.

Sicherman, B. 1984. *Alice Hamilton: A Life in Letters*. Cambridge, MA: Harvard University Press.

Das Ende des bleihaltigen Benzins

Newell, R. G., and K. Rogers. 2003. »The U.S. Experience with the Phasedown of Lead in Gasoline.« Discussion Paper. Washington, DC: Resources for the Future. https://web.mit.edu/ckolstad/www/Newell.pdf.

Nielsen, C. 2021. *Unleaded: How Changing Our Gasoline Changed Everything*. New Brunswick, NJ: Rutgers University Press.

US EPA (Environmental Protection Agency). 1985. *Costs and Benefits of Reducing Lead in Gasoline: Final Regulatory Impact Analysis.* Washington, DC: Office of Policy Analysis.

Bleivergiftungen

Lewis, J. 1985. »Lead Poisoning: A Historical Perspective.« *EPA Journal* 11, no. 4 (May): 15–18.

Needleman, H. L. 1999. »History of Lead Poisoning in the World.« Tucson, AZ: Center for Biological Diversity.

Riva, M. A., et al. 2012. »Lead Poisoning.« *Safety and Health at Work* 3:11–16.

Neurotoxizität von Blei bei Kindern

Aizer, A., et al. 2016. »Do Low Levels of Blood Lead Reduce Children's Future Test Scores?« NBER Working Paper 2258. Cambridge, MA: National Bureau of Economic Research.

Bellinger, D. C., 2011. »The Protean Toxicities of Lead: New Chapters in a Familiar Story.« *International Journal of Environmental Research and Public Health* 8:2593–2628.

Canfield, R. L., et al. 2004. »Impaired Neuropsychological Functioning in Lead-Exposed Children.« *Developmental Neuropsychology* 26:513–540.

Markowitz, G., and D. Rosner. 2014. *Lead Wars: The Politics of Science and the Fate of America's Children.* Berkeley: University of California Press.

Mason, L. H., et al. 2014. »Pb Neurotoxicity: Neuropsychological Effects of Lead Toxicity.« *Biomedical Research International*, article ID 840547.

Nwobi, N. L., et al. 2019. »Positive and Inverse Correlation of Blood Lead Level with Erythrocyte Acetylcholinesterase and Intelligence Quotient in Children: Implications for Neurotoxicity.« *Interdisciplinary Toxicology* 12:136–142.

DDT

Die Entdeckung von DDT, seine Eigenschaften und sein Nutzen

IPCS INCHEM. 1999. *DDT.* Poisons Information Monograph 127. https://inchem.org/documents/pims/chemical/pim127.htm.

Müller, P. H. 1948. »Dichloro-Diphenyl-Trichloroethane and Newer Insecticides.« Nobel Lecture, December 11, 1948. https://www.nobelprize.org/uploads/2018/06/muller-lecture.pdf.

Müller, P. H. 1961. »Zwanzig Jahre wissenschaftliche-synthetische Bearbeitung des Gebietes der synthetischen Insektizide.« *Naturwissenschaftliche Rundschau* 14:209–219.

National Academy of Sciences, Committee on Research in the Life Sciences. 1970. *The Life Sciences.* Washington, DC: National Academy of Sciences.

Der stumme Frühling

Carson, R. 2019 (1962). *Der stumme Frühling*, München, C.H. Beck.

Culver, L., et al., eds. 2012. *Rachel Carson's Silent Spring Encounters and Legacies.* Munich: Rachel Carson Center.

Dunlap, T. R., ed. 2008. *DDT, Silent Spring, and the Rise of Environmentalism.* Seattle: University of Washington Press.

Jameson, C. M. 2013. *Silent Spring Revisited.* London: A&C Black.

Kroll, G. 2001. »The 'Silent Springs' of Rachel Carson: Mass Media and the Origins of Modern Environmentalism.« *Public Understanding of Science* 10:403–420.

DDT-Verbot in den USA

Ruckelshaus, W. 1972. »Consolidated DDT Hearing: Opinion and Order of the Administrator.« *Federal Register* 37:13369–13376.

Secretary of State. 2016. »Bill Ruckelshaus: The Conscience of 'Mr. Clean'.« Legacy Washington.

Sweeney, E. M. 1972. »Hearing Examiner's Recommended Findings, Conclusions, and Orders.« *Federal Register*, April 25, 40 CFR 164.32.

Whitney, C. 2012. »The Silent Decade: Why It Took Ten Years to Ban DDT in the United States.« *Virginia Tech Undergraduate Historical Review* 1. http://doi.org/10.21061/vtuhr.v1i0.5.

Ausdünnung von Eierschalen

Barker, R. J. 1958. »Notes on Some Ecological Effects of DDT Sprayed on Elms.« *Journal of Wildlife Management* 22:269–274.

Falk, K., et al. 2018. »Raptors Are Still Affected by Environmental Pollutants: Greenlandic Peregrines Will Not Have Normal Eggshell Thickness until 2034.« *Ornis Hungarica* 26:171–176.

Peakall, D. B. 1993. »DDE-Induced Eggshell Thinning: An Environmental Detective Story.« *Environmental Review* 1:13–20.

Ratcliffe, D. A. 1958. »Broken Eggs in Peregrine Eyries.« *British Birds* 51:23–26.

Ratcliffe, D. A. 1967. »Decrease in Eggshell Weight in Certain Birds of Prey.« *Nature* 215:208–210.

DDT und Malaria

Bouwman, H., et al. 2011. »DDT and Malaria Prevention: Addressing the Paradox.« *Environmental Health Perspectives* 119:744–747.

Buxton, P. A. 1945. »The Use of the New Insecticide DDT in Relation to the Problems of Tropical Medicine.« *Transactions of the Royal Society of Tropical Medicine and Hygiene* 38:367–400. https://doi.org/10.1016/0035-9203(45)90039-3.

Dagen, M. 2020. »History of Malaria and Its Treatment.« In G. L. Patrick, ed., *Antimalarial Agents*, Amsterdam: Elsevier, 1–48.

Palmer, M. 2016. »The Ban of DDT Did Not Cause Millions to Die from Malaria.« https://www.semanticscholar.org/paper/The-ban-of-DDT-did-not-cause-millions-to-die-from-Palmer/0e6812f87d27be92effac4fe8bfd414bc8f82476.

Pruett, B. D. 2013. »Dichlorophenyltrichloroethane (DDT): A Weapon Missing from the U.S. Department of Defense's Vector Control Arsenal.« *Military Medicine* 178:243–245.

UN Environment Program. 2001. *Stockholm Convention on Persistent Organic Pollutants.* New York: UNEP.

UN Environment Program. 2010. *Ridding the World of POPs: A Guide to the Stockholm Convention on Persistent Organic Pollutants.* Geneva: Stockholm Convention Secretariat, UNEP. http://chm.pops.int/Portals/0/Repository/CHM-general/UNEP-POPS-CHM-GUID-RIDDING.English.PDF.

World Health Organization. 2011. *The Use of DDT in Malaria Vector Control.* Geneva: WHO.

World Health Organization. 2020. *World Malaria Report 2020: 20 Years of Global Progress and Challenges.* Geneva: WHO.

DDT und die Auswirkungen auf die Gesundheit des Menschen

Eskenazi, B., et al. 2009. »The Pine River Statement: Human Health Consequences of DDT Use.« *Environmental Health Perspectives* 117:1359–1367.

Larsen, N. 2021. »Thomas Midgley, the Most Harmful Inventor in History.« Podcast.https://www.bbvaopenmind.com/en/science/research/thomas-midgley-harmful-inventor-history.

Rogan, W. J. and A. Chen. 2005. »Health Risks and Benefits of Bi(4-Chlorophenyl)-1,1,1-Trichloroethane (DDT).« *Lancet* 366:763–773.

US Department of Health and Human Services. 2019. »Toxicological Profile for DDT, DDE, and DDD.« Washington, DC: USDHHS.

FLUORCHLORKOHLENWASSERSTOFFE (FCKW)

FCKW

Calm, J. M. 2008. »The Next Generation of Refrigerants: Historical Review, Considerations, and Outlook.« *International Journal of Refrigeration* 31:1123–1133.

Giunta, C. J. 2006. »Thomas Midgley, Jr., and the Invention of Chlorofluorocarbon Refrigerants: It Ain't Necessarily So.« *Bulletin for the History of Chemistry* 31:66–74.

McLinden, M. O., and M. L. Huber. 2020. »(R)Evolution of Refrigerants.« *Journal of Chemical & Engineering Data* 65:4176–4193.

Midgley, T. Jr. 1937. »From the Periodic Table to Production.« *Industrial and Engineering Chemistry* 29:241–244.

Midgley, T. Jr., and A. L. Henne. 1930. »Organic Fluorides as Refrigerants.« *Industrial and Engineering Chemistry* 22:542–545.

Midgley, T. Jr., A. L. Henne, and R. R. McNary. 1931. Heat transfer. US Patent 1,833,847, issued November 24, 1931.

Midgley, T. IV. 2001. *From the Periodic Table to Production: The Life of Thomas Midgley, Jr., the Inventor of Ethyl Gasoline and Freon Refrigerants.* Corona, CA: Stargazer Publishing.

Rigby, M., et al. 2013. »Re-evaluation of the Lifetimes of the Major CFCs and CH_3CCl_3 Using Atmospheric Trends.« *Atmospheric Chemistry and Physics* 13:2691–2702.

Sicard, A. J., and R. T. Baker. 2020. »Fluorocarbon Refrigerants and Their Syntheses: Past to Present.« *Chemical Reviews* 120:9164–9303.

FCKW und Ozon

Cagin, S., and P. Dray. 1993. *Between Earth and Sky: How CFCs Changed Our World and Endangered the Ozone Layer.* New York: Pantheon.

Dotto, L., and H. Schiff. 1978. *The Ozone War.* Garden City, NY: Doubleday & Co.

Douglass, A. R., et al. 2014. »The Antarctic Ozone Hole: An Update.« *Physics Today* 67, no. 7 (July): 42. doi: 10.1063/PT.3.2449.

Farman, J. C., et al. 1985. »Large losses of Total Ozone in Antarctica Reveal Seasonal ClO_x/NO_x Interaction.« *Nature* 315:207–210.

Lovelock, J. E. 1971. »Atmospheric Fluorine Compounds as Indicators of Air Movements.« *Nature* 230:379.

Molina, M. J. 1995. »Polar Ozone Depletion.« Nobel Lecture, December 8, 1995. https://www.nobelprize.org/uploads/2018/06/molina-lecture.pdf.

Molina, M. J., and F. S. Rowland. 1974. »Stratospheric Sink for Chlorofluoromethanes: Chlorine Atom Catalyzed Destruction of Ozone.« *Nature* 249:810–812.

NASA. 2019. »Ozone Hole Is the Smallest on Record Since Its Discovery.« NASA, October 21. https://www.nasa.gov/feature/goddard/2019/2019-ozone-hole-is-the-smallest-on-record-since-its-discovery.

NASA. 2020. »Large, Deep Antarctic Ozone Hole in 2020.« NASA Earth Observatory, September 20. https://earthobservatory.nasa.gov/images/147465/large-deep-antarctic-ozone-hole-in-2020.

Newman, P.A., et al. 2009. »What Would Have Happened to the Ozone Layer If Chlorofluorocarbons (CFCs) Had Not Been Regulated?« *Atmospheric Chemistry and Physics* 9:2113–2128.

Roan, S. 1989. *Ozone Crisis: The 15-year Evolution of a Sudden Global Emergency.* New York: John Wiley & Sons.

Rowland, F. S. 1995. Nobel Lecture in Chemistry. December 8. https://www.nobelprize.org/uploads/2018/06/rowland-lecture.pdf.

Solomon, S. 1999. »Stratospheric Ozone Depletion: Review of Concepts and History.« *Review of Geophysics* 37:375–316.

Stolarski, R. S., and R. J. Cicerone. 1974. »Stratospheric Chlorine: A Possible Sink for Ozone.« *Canadian Journal of Chemistry* 52:1610–1615.

Tevini, M., ed. 1993. *UV-B Radiation and Ozone Depletion: Effects on Humans, Animals, Plants, Microorganisms, and Materials.* Boca Raton, FL: Lewis Publishers.

FCKW-Verbot und Ersatz von Kühlmitteln

Maxwell, J., and F. Briscoe. 1997. »There's Money in the Air: The CGC Ban and DuPont's Regulatory Strategy.« *Business Strategy and the Environment* 6:276–286.

Reimann, C. R. 2018. »Observing the Atmospheric Evolution of Ozone-Depleting Substances.« *Geoscience* 350:384–392.

United Nations Environment Program. 2020. *Montreal Protocol on Substances That Deplete the Ozone Layer.* Nairobi: UNEP.

3. ERFINDUNGEN, DIE UNSER LEBEN BESTIMMEN SOLLTEN – UND ES NICHT TUN

LUFTSCHIFFE

Geschichte

Dwiggins, D. 1980. *The Complete Book of Airships – Dirigibles, Blimps and Hot Air Balloons.* Shrewsbury: Airlife.

Folkes, J. 2008. »Balloons, Airships and Kites – Lighter Than Air: Past, Present and Future.« *Aeronautical Journal* 112:421–429.

Liao, L., and I. Pasternak. 2009. »A Review of Airship Structural Research and Development.« *Progress in Aerospace* 45:83–96.

MacMechen, T. R., and C. Dienstbach. 1912. »The Greyhounds of the Air.« *Everybody's Magazine* 27:290–304.

Robinson, D. H. 1973. *Giants in the Sky: History of the Rigid Airship.* Henley-on-Thames: Foulis.

Swinfield, J. 2012. *Airship: Design, Development and Disaster.* London: Conway.

Toland, J. 1972. *The Great Dirigibles: Their Triumphs and Disasters.* Mineola, NY: Dover Publishers, 1972.

Luftschiffe beim Militär

Dienstbach, C., and T. R. MacMechen. 1909. »The Aerial Battleship.« *McClure's Magazine* 33:422–434.

Jamison, L., et al. 2005. *High-Altitude Airships for the Future Force Army.* Santa Monica, CA: Rand Corporation.

Robinson, D. W. 1976. *USAF History of Manned Balloons and Airships.* Maxwell Air Force Base, AL: USAF.

Robinson, D. W. 1997. *The Zeppelin in Combat: A History of the German Naval Airship Division, 1912–1918.* Seattle: University of Washington Press.

Zeppeline

Archbold, R., and K. Marschall. 1994. *Hindenburg: An Illustrated History.* New York: Warner Books.

Botting, D. 2001 *Dr. Eckener's Dream Machine: The Great Zeppelin and the Dawn of Air Travel.* New York: Henry Holt and Co.

Brooks, P. 2004. *Zeppelin: Rigid Airships 1893–1940. London*: Putnam Aeronautical Books.

Clausberg, K. 1979. *Zeppelin: Die Geschichte eines unwahrscheinlichen Erfolges.* München: Schirmer/Mosel.

de Syon, G. 2001. *Zeppelin! Germany and the Airship, 1900–1939.* Baltimore, MD: Johns Hopkins University Press.

Dick, H. G., and D. H. Robinson. 1985. *The Golden Age of the Great Passenger Airships Graf Zeppelin & Hindenburg.* Washington, DC: Smithsonian Institution Press.

DiLisi, G. A. 2017. »The Hindenburg Disaster: Combining Physics and History in the Laboratory.« *Physics Teacher* 55:268.

Eckener, H. 1929. Rigid airship with separate gas cells. US Patent 1,724,009, issued August 13, 1929.

Eckener, H. 1958. *My Zeppelins.* London: Putnam and Co.

Lehmann, E. 1937. *Zeppelin: The Story of Lighter-Than-Air Craft.* London: Longmans, Green and Co.

Majoor, M. 2000. *Inside the Hindenburg.* Boston: Little, Brown and Co.

Sattelmacher, A. 2021. »Shuffled Zeppelin Clips: The Flight and Crash of LZ 129, Hindenburg in the Archives.« *Isis* 112:352–360.

Zeppelin, F. 1899. Navigable balloon. US Patent 1,621,195, filed December 29, 1897, and issued March 14, 1899.

Die Zukunft

Ling, J. 2020. »The Age of the Airship May Be Dawning Again.« *Foreign Policy*, February 29.

Miller, S., et al. 2014. *Airships: A New Horizon for Science.* Pasadena, CA: Keck Institute for Space Studies. www.kiss.caltech.edu/study/airship/.

Prentice, B. E., et al. 2021. »Transport Airships for Scheduled Supply and Emergency Response in the Arctic.« *Sustainability* 13:5301.

Windischbauer, F., and J. Richardson. 2005. »Is There Another Chance for Lighter-Than-Air-Vehicles?« *Foresight* 7:54–65.

Villamizar, H. 2022. »Air Nostrum Orders a Fleet of Airlander Airships.« *Airways Magazine,* June 17, 2022. https://airwaysmag.com/air-nostrum-airlander-airships.

KERNSPALTUNG

Der Weg zur Kernspaltung

Hahn, O., and F. Strassman. 1939. »Über den Nachweis und das Verhalten der bei der Bestrahlung des Urans mittels Neutronen entstehenden Erdalkalimetalle.« *Naturwissenschaften* 27:11–15.

Lanouette, W. 1992. *Genius in Shadows: A Biography of Leo Szilard.* New York: Charles Scribner's Sons.

Meitner, L., and O. R. Frisch. 1939. »Disintegration of Uranium by Neutrons: A New Type of Nuclear Reaction.« *Nature* 143:239–240.

Geschichte des Atomstroms

Eisenhower, D. D. 1953. Atoms for Peace Speech to the 470th Plenary Meeting of the United Nations General Assembly. https://www.iaea.org/about/history/atoms-for-peace-speech.

Beck, P. W. 1999. »Nuclear Energy in the Twenty-First Century: Examination of a Contentious Subject.« *Annual Review of Energy* 24:113–138.

Lovering, J. R., et al. 2016. »Historical Construction Costs of Global Nuclear Power Reactors.« *Energy Policy* 91:371–382.

Marcus, G. 2010. *Nuclear Firsts: Milestone on the Road to Nuclear Power Development.* La Grange Park, IL: American Nuclear Society.

Murray, R. L. 2009. *Nuclear Energy.* Oxford: Elsevier.

Atomstromerzeugung in den USA

Cantelon, P. L. 1984. *The American Atom: A Documentary History of Nuclear Policies from the Discovery of Fission to the Present, 1939–1984.* Philadelphia: University of Philadelphia Press.

Cowan, R. 1990. »Nuclear Power Reactors: A Study in Technological Lock-in.« *Journal of Economic History* 50:541–567.

Forsberg, C. W., and A. M. Weinberg. 1990. »Advanced Reactors, Passive Safety, and Acceptance of Nuclear Energy.« *Annual Review of Energy* 15:133–152.

Holl, J. M., et al. 1985. *United States Civilian Nuclear Power Policy, 1954–1984: A History*. Washington, DC: US Department of Energy.

Kaplan, S. 2008. *Power Plants: Characteristics and Costs*. Washington, DC: Congressional Research Service.

Lowen, R. S. 1987. »Entering the Atomic Power Race: Science, Industry, and Government.« *Political Science Quarterly* 102:459–479.

Nuclear Regulatory Commission. 2011. *Reactor Designs, Safety, Emergency Preparedness, Security, Renewals, New Designs, Licensing, American Plants, Decommissioning*. Washington, DC: NRC.

Parker, L., and M. Holt. 2007. Nuclear Power: Outlook for New U.S. Reactors. Washington, DC: Congressional Research Service.

Pope, D. 1991. »Seduced and Abandoned? Utilities and WPPSS Nuclear Plants 4 and 5.« *Columbia Magazine*, Fall 1991.

Rockwell, T. 1992. *The Rickover Effect: How One Man Made a Difference*. Annapolis, MD: Naval Institute Press.

Atomare Risiken und Unfälle

Chapin, D. M., et al. 2002. »Nuclear Power Plants and Their Fuel as Terrorist Target.« *Science* 297:1997–1999.

Mahaffey, J. 2019. *Atomic Accidents: A History of Nuclear Meltdowns and Disasters: From the Ozark Mountains to Fukushima*. Oakland, CA: Pegasus Books.

Nuclear Energy Agency. 2002. *Chernobyl: Assessment of Radiological and Health Impacts*. Paris: NEA.

Weinberg, Alvin M. 1972. »Social Institutions and Nuclear Energy.« *Science* 177:27–34.

Schnelle Brüter

Cochran, T. B., et al. 2010. *Fast Breeder Reactor Programs: History and Status*. Princeton, NJ: International Panel on Fissile Materials.

International Atomic Energy Agency. 2012. *Status of Fast Reactor Research and Technology Development*. Vienna: IAEA. https://www-pub.iaea.org/MTCD/Publications/PDF/te_1691_web.pdf.

Judd, A. M. 1981. *Fast Breeder Reactors: An Engineering Introduction*. Oxford: Pergamon.

Sokolski, H. 2019. »The Rise and Demise of the Clinch River Breeder Reactor.« *Bulletin of the Atomic Scientists*, February 6. https://thebulletin.org/2019/02/the-rise-and-demise-of-the-clinch-river-breeder-reactor/.

Small Modular Reactors (Kleine modulare Reaktoren)

IAEA. 2021. Small nuclear power reactors.

Oklo. 2021. »What Could You Do with a MW-Decade of Emission-Free Power?« https://oklo.com.

Rolls Royce. 2021. »Small Modular Reactors – Rolls-Royce.« https://www.rolls-royce.com/innovation/small-modular-reactors.aspx.

TerraPower. 2021. The Natrium Reactor: From Research to Reality. https://www.terrapower.com/natrium-reactor-reality-2021.

World Nuclear Association. »Small Nuclear Power Reactors.« http://world-nuclear.org.

ÜBERSCHALLFLUG

Geschichte

Bisplinghoff, R. L. 1964. »The Supersonic Transport.« *Scientific American* 210, no. 6:25–35.

Culick, F. E. C. 1979. »The Origins of the First Powered, Man-Carrying Airplane.« *Scientific American* 241, no. 1: 86–100.

International Civil Aviation Organization. 1960. *Annual Report of the Council to the Assembly for 1959*. Montreal: ICAO. https://www.icao.int/assembly-archive/Session13E/A.13.REP.1.P.EN.pdf.

Allgemeine Betrachtungen

Carioscia, S. A., et al. 2019. *Challenges to Supersonic Flight*. Alexandria, VA: Institute for Defense Analyses.

Edwards, G. 1974. »The Technical Aspects of Supersonic Civil Transport Aircraft.« *Philosophical Transactions of the Royal Society of London*. Series A, Mathematical and Physical Sciences 275:529–565.

Nowlan, F. S., and K. W. Comstock. 1965. »The Assessment of Supersonic Transport Operating Costs.« *SAE Transactions* 73:685–697.

Tang, R. Y., et al. 2018. *Supersonic Passenger Flights.* Washington, DC: Congressional Research Service.

Concorde

Bureau d'Enquêtes et d'Analyses pour le Sécurité de l'Aviation Civil. 2002. *Accident on 25 July 2000 at La Patte d'Oie in Gonesse (95) to the Concorde Registered F-BTSC Operated by Air France.* Paris: BEA.

Butcher, L. 2010. *Aviation: Concorde.* London: Library House of Commons.

Buttler, T., and J. Carbonel. 2018. *Building Concorde: From Drawing Board to Mach 2.* Forest Lake, MN: Specialty Press.

Glancy, J. 2016. *Concorde: The Rise and Fall of the Supersonic Airliner.* Boston: Atlantic Books.

Johnman, L., and F. M. B. Lynch. 2002. »The Road to Concorde: Franco-British Relations and the Supersonic Project.« *Contemporary European History* 11:229–252.

Smith, R. K. 2019. »The Supersonic Airliner Fiasco: Frenzied International Aeronautical Saga of Communicable Obsessions, 1956–1976.« *Air Power History,* Fall, 5–20.

Trubshaw, B. 2019. Concorde: *The Complete Inside Story.* Cheltenham: History Press.

US-amerikanischer SST (Überschalltransport)

Bedwell, D. 2012. »Supersonic Gamble.« *Aviation History Magazine,* May. https://www.historynet.com/supersonic-gamble.htm.

Office of Technology Assessment. 1980. *Impact of Advanced Air Transport Technology.* Washington, DC: OTA.

Jüngere Projekte

Boom Supersonic. 2022. »Boom – Supersonic Passenger Airplanes.« https://boomsupersonic.com/.

Lockheed Martin. 2022. »X-59.« https://www.lockheedmartin.com/en-us/products/quesst.html.

Schneider, D. 2021. »The Recent Supersonic Boom. *Spectrum IEEE,* August.

Spike Aerospace. 2022. »The Spike S-512 Supersonic Jet: Fly Supersonic. Do More.« https://www.spikeaerospace.com/.

4. ERFINDUNGEN, AUF DIE WIR NOCH WARTEN

REISEN IN EINEM (BEINAHE-)VAKUUM (HYPERLOOP)

George Medhurst

London Mechanics' Register 1825. London and Edinburgh Vacuum Tunnel Company. 1825. *London Mechanics' Register* 1:205–207.

Medhurst, G. 1812. *Calculations and Remarks, Tending to Prove the Practicality, Effects and Advantages of a Plan for the Rapid Conveyance of Goods and Passengers Upon an Iron Road Through a Tube of 30 Feet in Area, by the Power and Velocity of Air.* London: D. N. Shury.

Medhurst, G. 1827. *A New System of Inland Conveyance, for Goods and Passengers, Capable of Being Applied and Extended Throughout the Country; and of Conveying All Kinds of Goods, Cattle, and Passengers, with the Velocity of Sixty Miles in an Hour, at an Expense That Will Not Exceed the One-Fourth Part of the Present Mode of Travelling, Without the Aid of Horses or Any Animal Power.* London: T. Brettell.

Isambard K. Brunel

Buchanan, R. A. 1992. »The Atmospheric Railway of I. K. Brunel.« *Social Studies of Science* 22:231–243.

Robert H. Goddard

Goddard, R. H. 1914. »Bachelet's Frictionless Railway at Basis a Tech Idea.« *Worcester Polytechnic Institute Journal* 1914:12–21.

Goddard, R. H. 1950. Vacuum tube transportation system. US Patent 2,511,979A, filed May 21, 1945, issued June 30,1950.

Scientific American. 1909. »The Limit of Rapid Transit.« *Scientific American* 101, no. 1: 366.

Émile Bachelet

Bachelet, É. 1912. Levitating transmitting apparatus. US Patent 1,020,942, issued March 19, 1912.

B. P. Weinberg

Weinberg, B. 1917. »Traveling at 500 Miles Per Hour in the Future Electric Railway.« *Electrical Experimenter* 1917:794.

Weinberg, B. 1919. »Traveling at 500 Miles an Hour.« *Popular Science Monthly* 1919:705.

R. B. Davy

Davy, R. B. 1920. Vacuum-railway. US Patent 1,336,782, issued April 13, 2020.

Robert Salter

Salter, R. M. 1972. *The Very High Speed Transit System.* Santa Monica, CA: Rand Corporation.

Salter, R. M. 1978. *Trans-Planetary Subway Systems – A Burgeoning Capability.* Santa Monica, CA: Rand Corporation.

Hyperloop

Armagana, K. 2020. »The Fifth Mode of Transportation: Hyperloop.« *Journal of Innovative Transportation* 1, no. 1: 1105.

Hyperloop TT. 2022. »The Future Is Now Boarding.« Hyperloop Transportation Technologies. https://www.hyperlooptt.com.

Klühspies, J. et al. 2022. *Hyperloop? Ergebnisse einer internationalen Umfrage im Verkehrswesen.* Munich: The International Maglev Board.

Musk, E. 2013. »Hyperloop Alpha.« https://www.tesla.com/sites/default/files/blog_images/hyperloop-alpha.pdf.

Nøland, K. 2021. »Prospects and Challenges of the Hyperloop Transportation System: A Systematic Technology Review.« IEEE Access 9:28439–28458. https://ieeexplore.ieee.org/stamp/stamp.jsp?arnumber=9350309.

Virgin Hyperloop. 2021. »Virgin Hyperloop.« https://virginhyperloop.com.

STICKSTOFFBINDENDES GETREIDE

Geschichte der diazotrophen Bakterien

Beijerinck, M. W. 1888. »Die Bakterien der Papilionaceen-Knöllchen.« *Botanische Zeitschrift* 46:725–804.

Boddey, R. M., and J. Döbereiner. 1995. »Nitrogen Fixation Associated with Grasses and Cereals: Recent Progress and Perspectives for the Future.« *Fertilizer Research* 42:241–250.

Borlaug, N. 1970. »Nobel Prize Acceptance Speech.« December 10. https://www.nobelprize.org/prizes/peace/1970/borlaug/acceptance-speech/.

Burrill, T. J., and R. Hansen. 1917. »Is Symbiosis Possible between Legume Bacteria and Non-Legume Plants?« *Agricultural Experimental Station Bulletin* 202:115–181.

Döbereiner, J. 1988. »Isolation and Identification of Root Associated Diazotrophs.« *Plant and Soil* 110:207–212.

Hellriegel, H., and H. Wilfarth. 1888. »Untersuchungen über die Stickstoffernährung der Gramineen und Leguminosen.« *Beilage der Zeitschrift des Vereins für die Rübenzuckerindustrie.* Berlin: Kayssler.

Löhnis, F. 1921. »Nodule Bacteria of Leguminous Plants.« *Journal of Agricultural Research* 20:543–556.

Smil, V. 2001. *Enriching the Earth: Fritz Haber, Carl Bosch and the Transformation of World Food Production.* Cambridge, MA: MIT Press.

Stickstofffixierung in Getreide

Beatty, P. H., and A. G. Good. 2011. »Future Prospects for Cereals That Fix Nitrogen.« *Science* 333:416–417.

Bloch, S. E. et al. 2020. »Harnessing Atmospheric Nitrogen for Cereal Crop Production.« *Current Opinion in Biotechnology* 62:181–188.

Crookes, W. 1898. »Address of the President before the British Association for the Advancement of Science, Bristol, 1898.« *Science* 8:561–575.

Huisman, R., and R. Geurts. 2020. »A Roadmap toward Engineered Nitrogen Fixing Nodule Symbiosis.« *Plant Communications.* https://doi.org/10.1016/j.xplc.2019.100019

Pankiewicz, V. C. S., et al. 2019. »Are We There Yet? The Long Walk towards the Development of Efficient Symbiotic Associations between Nitrogen-Fixing Bacteria and Non-Leguminous Crops.« *BMC Biology* 17:99.

Rosenblueth, M., et al. 2018. »Nitrogen Fixation in Cereals.« *Frontiers in Microbiology* 9:1794. doi: 10.3389/fmicb.2018.0179.

Sharma, P., et al. 2016. »Biological Nitrogen Fixation in Cereals: An Overview.« *Journal of Wheat Research* 8, no. 2: 1–11.

Yang, J., et al. 2018. »Polyprotein Strategy for Stoichiometric Assembly of Nitrogen Fixation Components for Synthetic Biology.« *Proceedings of the National Academy of Sciences* 115, no. 36: E8509–E8517.

Kürzliche Entwicklungen

Azotic Technologies. 2018. »Azotic's Natural Nitrogen Fixing Technology Is Now Commercially Available in the USA.« https://www.azotictechnologies.com/news-and-insight/latest-news/heading-5/#:~:text=After%20positive%20field%20trial%20results,results%20and%20feedback%20from%20growers.

Azotic Technologies. 2021. »Envita Technologies.« https://www.azotic-na.com/science-behind-envita.

Schwartz, J., et al. 2020. *Practical Farm Research 2020.* https://www.beckshybrids.com/portals/0/sitecontent/literature/2020–2021-literature/Becks-2020-PFRBook.pdf.

Schwartz, J., et al. 2021, *Practical Farm Research 2021.* https://www.beckshybrids.com/portals/0/sitecontent/literature/2021–2022-literature/PFR-Book-2021-web.pdf.

US Food and Drug Administration. 2021. *GMO Crops, Animal Food, and Beyond.* Washington, DC: US FDA.

Witt, M., et al. 2020. *On-Farm Corn Nitrogen Enhancer Foliar Treatment Demonstration Trials.* Ames: Iowa State University.

KONTROLLIERTE KERNFUSION

Sonne

Bethe, H. A. 1967. »Energy Production in Stars.« Nobel Lecture, December 11. https://www.nobelprize.org/uploads/2018/06/bethe-lecture.pdf.

Physik der Kernfusion

Glasstone, S. 1974. *Controlled Nuclear Fusion.* Washington, DC: US Atomic Energy Commission.

Kikuchi, M., et al., eds. 2012. *Fusion Physics.* Vienna: International Atomic Energy Agency.

Geschichte der Kernfusionsforschung

Chou, C. B., et al. 2016. *Fusion Energy via Magnetic Confinement: An Energy Technology Distillate.* Princeton, NJ: Andlinger Center for Energy and the Environment.

Coppi, B. 2016. »Relevance of Advanced Nuclear Fusion Research: Breakthroughs and Obstructions.« *American Institute of Physics Conference Proceedings* 1721, no. 1,020003. https://doi.org/10.1063/1.4944012.

Dean, S. O. 2013. *Search for the Ultimate Energy Source: A History of the U.S. Fusion Energy Program.* New York: Springer.

El-Guebaly, L. 2010. »Fifty Years of Magnetic Fusion Research (1958–2008): Brief Historical Overview and Discussion of Future Trends.« *Energies* 3:1067–1086.

Lopes Cardozo, N. J., et al. 2016. »Fusion: Expensive and Taking Forever?« *Journal of Fusion Energy* 35:94–101

Shafranov, V. D. 2001. »On the History of the Research into Controlled Thermonuclear Fusion.« *Uspekhi Fizicheskikh Nauk* 44:835–865.

Tokamaks

Zohm, H. 2019. »On the Size of Tokamak Fusion Power Plants.« *Philosophical Transactions of the Royal Society A* 377: 20170437. http://dx.doi.org/10.1098/rsta.2017.043.

ITER

ITER. 2021. »What Is ITER?« https://www.iter.org/proj/inafewlines.

Trägheitsfusion

Nuckolls, J., et al. 1972. »Laser Compression of Matter to Super-High Densities: Thermonuclear (CTR) Applications.« *Nature* 239:139–142.

Zylstra, A. B., et al. 2022. »Burning Plasma Achieved in Inertial Fusion.« *Nature* 601:542–548.

Kalte Fusion (LENR)

Ball, P. 2019. »Lessons from Cold Fusion: 30 Years On.« *Nature* 569:601.

Berlinguette, C. P., et al. 2019. »Revisiting the Cold Case of Cold Fusion.« *Nature* 570:45–51.

Nagel, D. J. 2021. »Experimental Status of LENR.« PowerPoint presentation. Washington, DC: US Department of Energy.

Die Zukunft

Ball, P. 2021. »The Race to Fusion Energy.« *Nature* 599:562–566.

Dabbar, P. 2021. »Fusion Breakthrough Dawns a New Era for US Energy and Industry. The Hill, September 10. https://thehill.com/opinion/technology/571722-fusion-breakthrough-dawns-a-new-era-for-us-energy-and-industry/.

Enter, S., et al. 2018. »Approximation of the Economy of Fusion Energy.« *Energy* 152:489–497.

European Fusion Development Agreement. 2012. *Fusion Electricity: A Roadmap to the Realisation of Fusion Energy*. Culham: EFDA.

Galchen, R. »Green Dream.« *New Yorker*, October 11, 22–28.

Hirsch, R. L. 2015. »Fusion Research: Time to Set a New Path.« *Issues in Science and Technology* Summer 2015:35–42.

International Atomic Energy Agency. 2021. »Fusion Energy.« IAEA Bulletin, May.

Jassby, D. 2017. »Fusion Reactors: Not What They're Cracked Up to Be.« *Bulletin of the Atomic Scientists*, April 19.

Young, C. 2021. »We Are Now One Step Closer to Limitless Energy from Nuclear Fusion.« *Interesting Engineering* September 9, 2021.

5. TECHNIK-OPTIMISMUS, ÜBERTREIBUNGEN UND REALISTISCHE ERWARTUNGEN

DURCHBRÜCHE, DIE KEINE SIND

Gandy, S. 2021. »6 Ways the FDA's Approval of Aduhelm Does More Harm Than Good.« *STAT*, June 15. https://www.statnews.com/2021/06/15/6-ways-fda-approval-aduhelm-does-more-harm-than-good/.

Hall, B. H. 2020. »Patents, Innovation, and Development.« NBER Working Paper 27203. Cambridge, MA: National Bureau of Economic Research.

McDonald, L. 2017. »What Is Tony Seba Smoking?« *EVAdoption News*, May 20. https://evadoption.com/what-is-tony-seba-smoking-evadoption-news-may-20–2017/.

Norris, M. 2020. »Brain-Computer Interfaces Are Coming. Will We Be Ready?« *The RAND blog*. Santa Monica, CA: Rand Corporation, August 27.

Pham, C., and F. Gilbert. 2021. »Predicting the Future of Brain-Computer Interface Technologies: The Risky Business of Irresponsible Speculation in News Media.« *Bioethics Forum* 12:15–28.

RethinkX. 2017. *Transportation Report*. https://www.rethinkx.com/transportation.

Rosario, C. 2019. »4 Problems with Electronic Health Records.« Advanced Data Systems Corporation, October 16. https://www.adsc.com/blog/problems-with-electronic-health-records.

SpaceX. 2017. »Mars & Beyond.« https://www.spacex.com/human-spaceflight/mars/.

Sumner, P., et al. 2014. »The Association between Exaggeration in Health-Related Science News and Academic Press Releases: Retrospective Observational Study.« *British Medical Journal* 2014:349. doi: 10.1136/bmj.g7015.

DER MYTHOS DER IMMER SCHNELLEREN INNOVATIONEN

Azhar, A. 2021. *The Exponential Age: How Accelerating Technology Is Transforming Business, Politics, and Society*. New York: Diversion Books.

Berlinski, D. 2018. »Godzooks.« *Inference* 3, no. 4. https://inference-review.com/article/godzooks.

Harari, Y. 2017. *Homo Deus: Eine Geschichte von Morgen*. München: C. H. Beck

Kurzweil, R. 2005. *The Singularity Is Near*. New York: Penguin.

Kurzweil, R. 2021. »Kurzweil: Tracking the Acceleration of Intelligence.« http://www.kurzweilai.net/.

Mokyr, J. 2014. »The Next Age of Invention: Technology's Future Is Brighter Than Pessimists Allow.« *City Journal* 24 (Winter): 12–21. https://www.city-journal.org/html/next-age-invention-13618.html.

Mokyr, J. 2017. *A Culture of Growth: The Origins of the Modern Economy*. Princeton, NJ: Princeton University Press.

Medikamente

Kinch, M. S. 2015. »An Overview of FDA-Approved Biologics Medicines.« *Drug Discovery Today* 20:393–398.

Kinch, M. S., et al. 2013. »An Overview of FDA-Approved New Molecular Entities: 1827–2013.« *Drug Discovery Today* 19:1033–1039.

Ricciarelli, R., and E. Fedele. 2017. »The Amyloid Cascade Hypothesis in Alzheimer's Disease: It's Time to Change Our Mind.« *Current Neuropharmacology* 15:926–935.

US Food and Drug Administration. 2022. Drug Approvals and Databases.

Luftfahrt

Ahlgren, L. 2021. »Embraer Launches a Fleet of 4 New Sustainable Aircraft Designs.« Simple Flying, November 8. https://simpleflying.com/embraer-sustainable-aircraft-designs/.

Bailey, J. 2019. »Who Is Alice? An Introduction to the Bizarre Eviation Electric Aircraft.« *Simple Flying*, June 26. https://simpleflying.com/eviation-alice-electric-aircraft.

Eviation. 2022. »Sustainable, Economical Aviation.« http://eviation.com.

Universal Hydrogen. 2021. »Fueling Carbon- Free Flight.« https://hydrogen.aero/.

Zunum Aero. 2019. »Bringing You Electric Air Travel Out to a Thousand Miles.« https://zunum.aero/.

Künstliche Intelligenz

Anderson, J., et al. 2018. *Artificial Intelligence and the Future of Humans.* Washington, DC: Pew Research Center.

Choi, C. Q. 2021. »7 Revealing Ways AIs Fail.« *IEEE Spectrum* September 2021:42–47.

Jordan, M. I. 2021. »Stop Calling Everything 'Artificial Intelligence'.« Mind Matters: News, April 7, 2021. https://mindmatters.ai/2021/04/ai-researcher-stop-calling-everything-artificial-intelligence/#:~:text=Jordan%20(pictured)%20adds%2C,talking%20as%20if%20we%20do.%E2%80%9D.

Kissinger, H., et al. 2021. *The Age of AI.* Boston: Little, Brown and Co.

Pretz, K. 2021. »Stop Calling Everything AI, Machine-Learning Pioneer Says.« *IEEE Spectrum*, September, 58–59.

Roitblat, H. L. 2020. *Algorithms Are Not Enough: Creating General Artificial Intelligence.* Cambridge, MA: MIT Press.

Strickland, E. 2021. »The Turbulent Past and Uncertain Future of AI.« *IEEE Spectrum*, October, 27–31.

Thompson, N. C., et al. 2021. »Deep Learning's Diminishing Returns.« *IEEE Spectrum*, October, 51–55.

Das Moor'sche Gesetz

Hall, E. C. 1996. *Journey to the Moon: The History of the Apollo Guidance Computer.* Washington, DC: American Institute of Aeronautics and Astronautics.

Hennessy, J. 2019. »The End of Moore's Law & Faster General Purpose Computing, and a Road Forward.« Faculty paper, Stanford University, March. https://opennetworking.org/wp-content/uploads/2020/12/9_2.05pm_John_Hennessey.pdf.

Moore, G. E. 1965. »Cramming More Components onto Integrated Circuits.« *Electronics* 38, no. 8: 114–117.

Moore, G. E. 1975. »Progress in Digital Integrated Electronics.« Technical Digest, *IEEE International Electron Devices Meeting*, 11–13.

Moore, G. E. 2003. »No Exponential Is Forever: But 'Forever' Can Be Delayed!« Paper presented at IEEE International Solid-State Circuits Conference, San Francisco. http://ieeexplore.ieee.org/document/1234194/.

Rupp, K., and S. Selberherr. 2011. »The Economic Limit to Moore's Law.« *IEEE Transactions on Semiconductor Manufacturing* 24, no. 1: 1–4.

Smil, V. 2015. »Moore's Curse.« *IEEE Spectrum*, April, 26.

Wachstum in der heutigen Zeit

Cunningham. C. 2020. »TV Screen Sizes over Time.« VAVA, February 10. http://blog.vava.com/the-evolution-of-tv-screen-sizes-past-and-future-the-largest-4k-tv/.

European Commission. 2021. »Electricity Price Statistics.« Eurostat. https://ec.europa.eu/eurostat/statistics-explained/index.php?title=Electricity_price_statistics#:~:text=The%20EU%20average%20price%20in,was%20%E2%82%AC0.2369%20per%20kWh.

Feldman, D., et al. 2021. *U.S. Solar Photovoltaic System and Energy Storage Cost Benchmark: Q1 2020.* Technical Report NREL/TP-6A20–77324. US Department of Energy, National Renewable Energy Laboratory, January.

Kelly, B., et al. 2020. »Measuring Technological Innovation over the Long Run.« NBER Working Paper 25266. Cambridge, MA: National Bureau of Economic Research.

Smil, V. 2005. *Creating the 20th Century: Technical Innovations of 1867–1914 and Their Lasting Impact.* New York: Oxford University Press.

Smil, V. 2006. *Transforming the 20th Century: Technical Innovations and Their Consequences.* New York: Oxford University Press.

Smil, V. 2016. *Still the Iron Age: Iron and Steel in the Modern World.* Amsterdam: Elsevier.

Smil, V. 2019. *Growth: From Microorganisms to Megacities.* Cambridge, MA: MIT Press.

UN Food and Agricultural Organization. 2021. *The State of Food Security and Nutrition in the World 2021.* Rome: FAO.

UN Food and Agriculture Organization. 2022. Crops and Livestock Products (database). Food and Agriculture Statistics, FAOSTAT.

World Bank. 2022. GDP Per Capita (Constant 2015 US$) (database). https://data.worldbank.org/indicator/NY.GDP.PCAP.KD.

Zu, C., and H. Li. 2011. »Thermodynamic Analysis on Energy Densities of Batteries.« *Energy and Environmental Science* 4:2614–2625.

Krebs

American Cancer Society. 2021. *Cancer Treatment and Survivorship: Facts & Figures 2019–2021.* Atlanta: American Cancer Society, 2019. https://www.cancer.org/content/dam/cancer-org/research/cancer-facts-and-statistics/cancer-treatment-and-survivorship-facts-and-figures/cancer-treatment-and-survivorship-facts-and-figures-2019–2021.pdf.

Farrelly, C. 2021. »50 Years of the 'War on Cancer': Lessons for Public Health and Geroscience.« *Geroscience* 43:1229–1235.

Memorial Sloan Kettering Cancer Center. 2021. »Mission Possible? Revisiting the 'War on Cancer' 50 Years Later.« *MSK News*, Winter. https://www.mskcc.org/msk-news/winter-2020/mission-possible-revisiting-war-cancer-50-years-later.

National Cancer Institute. 2020. »Milestones in Cancer Research and Discovery.« Washington, DC: National Institutes of Health.

National Cancer Institute. 2021. »National Cancer Act of 1971.« Washington, DC: National Institutes of Health, February (last update). https://www.cancer.gov/about-nci/overview/history/national-cancer-act-1971.

Obama, B. 2009. Address to Joint Session of Congress. Remarks of President Barack Obama – Address to Joint Session of Congress. https://obamawhitehouse.archives.gov/the-press-office/remarks-president-barack-obama-address-joint-session-congress.

Rehemtulla, A. 2009. »The War on Cancer Rages On.« *Neoplasia* 11:1252–1263.

Sporn, M. B. 1996. »The War on Cancer.« *Lancet* 347:1377–1382.

von Eschenbach, A. C. 2003. »NCI Sets Goal of Eliminating Suffering and Death due to Cancer by 2015.« *Journal of the National Medical Association* 95:637–639.

Weir, H. K., et al. 2015. »The Past, Present, and Future of Cancer Incidence in the United States: 1975 through 2020.« *Cancer* 121:1827–1837.

White House. 2022. »Fact Sheet: President Biden Reignites Cancer Moonshot to End Cancer as We Know It.« Press release, February 2.

Dekarbonisierung

Breakthrough Energy. 2021. »Breakthrough Energy Catalyst and Major Corporations Announce Partnership to Accelerate the Clean Energy Transition.« https://www.breakthroughenergy.org/catalyst-announcement.

International Energy Agency. 2020. *Global EV Outlook 2020.* IEA, June. https://www.iea.org/reports/global-ev-outlook-2020.

International Energy Agency. 2021. »CO_2 Emissions: Global Energy Review 2021.« IEA. https://www.iea.org/reports/global-energy-review-2021/co2-emissions.

Smil, V. 2017. *Energy Transitions: Global and National Perspectives.* Santa Barbara, CA: Praeger.

Smil, V. 2021. »SUVs Ascendant.« *IEEE Spectrum*, September, 22–23.

Smil, V. 2021. »Electric Flight.« *IEEE Spectrum*, November, 22–23.

UN Framework Convention on Climate Change, Glasgow Climate Pact. 2021. »Draft text on 1/CMA.3.« November 13. https://unfccc.int/sites/default/files/resource/Overarching_decision_1-CMA-3_1.pdf.

STICHWORTVERZEICHNIS

C

D

Der Stoff, aus dem die Zukunft ist

Markus Petruch, Dominik Walcher

Der Bioökonomie gehört die Zukunft: Der Wandel weg von allem Fossilen und hin zu einer Gesellschaft, die mit nachwachsenden Rohstoffen haushaltet, wird einer der großen Transformationsprozesse des 21. Jahrhunderts sein.
Dass dieser Wandel möglich ist und eine biobasierte Zukunft schon heute beginnen kann, beweisen Markus Petruch und Dominik Walcher mit diesem Buch. Sie beschreiben die große Vielfalt an nachwachsenden Rohstoffen aus Pflanzen, Pilzen, Algen, Bakterien und Reststoffen und erklären, wie die Materialwende aussehen könnte. Ob Neuinterpretationen von altem Wissen oder Hightech-Innovationen – die 101 vorgestellten Produkte, Materialien und Ideen zeigen auf geniale Weise, dass biobasierte, kreislauffähige und klimafreundliche Lösungen entweder schon heute verfügbar oder zum Greifen nah sind.

304 Seiten | Klappenbroschur | 25,00 € (D) | 25,80 € (A) | ISBN 978-3-95972-625-2